激光熔覆
耐蚀耐磨涂层

崔洪芝 著

Corrosion and
Wear Resistant Coating
by Laser Cladding

化学工业出版社
·北京·

内容简介

《激光熔覆耐蚀耐磨涂层》介绍激光表面改性技术在智能制造、绿色制造和高端装备创新工程中的应用。本书在阐述激光的基本特性及其在激光熔覆中的应用原理与特点的基础上，通过科研实例对激光熔覆在高熵合金涂层方面的应用进行了讲解，从成分设计、物相组成、组织调控等方面展开讲解了通过外加与原位形成强化相的方式，以提高高熵合金涂层的耐磨损、抗腐蚀性能，应对复杂严酷环境对金属材料表面性能的要求。

本书可供材料专业、机械专业从事激光加工领域工作的科学研究人员、工程技术人员和研究生参考。

图书在版编目（CIP）数据

激光熔覆耐蚀耐磨涂层 / 崔洪芝著. -- 北京：化学工业出版社，2025. 2. -- ISBN 978-7-122-46819-2

Ⅰ. TG174.445

中国国家版本馆 CIP 数据核字第 202410VK61 号

责任编辑：李玉晖　　文字编辑：蔡晓雅
责任校对：宋　玮　　装帧设计：张　辉

出版发行：化学工业出版社
（北京市东城区青年湖南街 13 号　邮政编码 100011）
印　　装：北京云浩印刷有限责任公司
787mm×1092mm　1/16　印张 12¾　字数 281 千字
2025 年 4 月北京第 1 版第 1 次印刷

购书咨询：010-64518888　　售后服务：010-64518899
网　　址：http：//www.cip.com.cn
凡购买本书，如有缺损质量问题，本社销售中心负责调换。

定　　价：98.00 元

前言 Preface

腐蚀、磨损及其交互作用是导致海工装备大量零部件快速失效的重要因素，特别是随着海工强国战略的进一步推进实施，装备的重型化以及服役环境的复杂化更加剧了这一模式的损伤，其造成的损失可高达国民经济总产值的5%。激光表面改性技术不论在新产品制造还是失效部件的修复方面都发挥了重要作用，促进了智能制造、绿色制造和高端装备创新工程的飞速发展。激光表面改性技术的成熟度得到质的飞跃，是表面工程中公认的先进技术，必将在未来工业当中占据举足轻重的位置。

本书首先对激光的基本特性及其在激光熔覆中的应用原理与特点进行讲述，然后通过具体科研实例对激光熔覆在高熵合金涂层方面的应用进行阐述，从成分设计、物相组成、组织调控等方面详细阐述了如何通过外加与原位形成强化相的方式提高高熵合金涂层的耐磨损、抗腐蚀性能，以应对复杂严酷环境对金属材料表面性能的要求。本书内容为笔者近几年科研成果的积累，包括第2章外加陶瓷强化高熵合金涂层、第3章原位合成陶瓷强化高熵合金涂层、第4章金属间化合物强化高熵合金涂层以及第5章对不同元素对于高熵合金磨损腐蚀性能影响机制的讨论。本书内容主要面向材料与机械背景的工程师、在读研究生以及对激光加工感兴趣的科研人员。

本书在编写过程中，为了系统性和完整性而引用了部分国内外同行、专家学者的论文或者专著，在此对相关文献的作者表示衷心的感谢。本书所涉及的研究内容得到了国家自然科学基金项目（U2106216，51971121）、山东省泰山学者攀登计划（tspd20161006）等多个科研项目的资助，在此表示衷心的感谢。

由于作者水平有限，内容难免有不妥之处，恳请广大读者予以批评指正。

著者

目录 Contents

1 绪论

1.1 激光原理及在表面改性中的应用

1.1.1 激光原理

激光与普通光源相比具有亮度高、方向性好和高度相干性的特点，原因是激光由受激辐射产生，而普通光源是自发辐射。激光束可以通过透镜、反射镜加以聚焦，形成高能量密度光斑。气体激光器亮度值约为 10^8 W/(cm^2 · sr)，固体激光器可达 10^{11} W/(cm^2 · sr)，而太阳光的亮度值为 2×10^3 W/(cm^2 · sr)。并且激光的亮度值可以通过调整光斑大小与输出功率来调控。激光的高度方向性体现在其微小的发散角，从谐振腔中发出的光是反射镜多次反射后没有明显偏离谐振腔轴线的光波。一般气体激光器工作物质均匀，腔长足够，其发散角可以控制在 10^{-3} rad。小发散角可以使激光在传递较长距离后能够保证获得极高的功率密度。相干性是区别激光与普通光源的重要特征，当两列振动方向相同、频率相同、相位固定的单色波叠加后，光的强度在叠加区不是均匀分布的，而是在一些地方有极大值，一些地方有极小值。这种在叠加区出现的光强分布呈稳定的强弱相间的现象即为光波的相干性。普通光源各发光中心是自发辐射，彼此相互独立，没有相位关系，相干性很差，而激光是受激辐射占优势，再加上谐振腔的作用，各发光中心是相互密切联系的，在较长时间内有恒定的相位差，能形成稳定的干涉条纹，所以激光具有高相干性。

激光的基本原理就是在激光器内实现受激辐射，抑制自发辐射。光的辐射具有波粒二象性，即光是一种电磁波，具有波动性，有一定的频率与波长。此外，光亦是光子流，具有一定的能量和动量。不同的条件下，光的波动性与粒子性会具有不同的倾向性。如光的干涉、衍射以波动性为主，而光与物质相互作用时以粒子性为主。

光波作为一种电磁波，其变化的电场与磁场相互激发，从而形成在空间传播的电磁场。电磁波按照波长可以分为无线电波、红外光、可见光、紫外光、X 射线及 γ 射线。目前激光器中所用到的电磁波波长在 0.3～30μm 范围内，接近可见光范围，相应频率为 10^{13}～10^{15} Hz。当光与物质相互作用时，由于光的粒子性更为明显，此时可以将光看作是以光速运动的粒子流，和其他基本粒子一样，光子同样具有能量和动量。量子电动力学从理论上将光的电磁波动理论与光子理论统一起来，进而阐明了光的波粒二象性。

(1) 原子能级与跃迁

物质由原子、分子或者离子构成，原子由带正电的原子核与绕其运动的电子构成，正负电荷量相等。电子一方面绕原子核做轨道运动，一方面自身做自旋运动。原子中的电子状态由四个量子数确定。

① 主量子数 n ($n=1,2,3,\cdots$)：主量子数大体决定了电子的能量值。不同的主量子数表示电子在不同的壳层运动。

② 辅量子数 l [$l=0,1,2,3,\cdots,(n-1)$]：表征电子有不同的轨道角动量。对于辅量子数为 $l=0$、1、2、3 的单子，依次用 s、p、d、f 表示，成为 s 电子、p 电子…

③ 磁量子数 m_l（$m_l=0,\pm1,\pm2,\cdots,\pm l$）：磁量子数可以决定轨道角动量在外磁场方向上的分量。

④ 自旋磁量子数 m_s（$m_s=\pm1/2$）：决定了电子自选角动量在外磁场方向上的分量。

不同的量子数对应着不同的运动状态，相应地，具有不连续的能量值，即通常所说的电子能级。原子处于最低能级成为基态，高于基态时称为激发态。

低能级状态最为稳定，因此处于高能级的原子总是倾向于释放自身能量，恢复到低能级。但不是所有高能级原子都可以通过辐射光子跃迁到低能级，而是需要满足辐射跃迁准则，同理从低能级跃迁到高能级也需要满足辐射跃迁准则。这种通过发射或者吸收光子使得原子出现能级跃迁的现象即为辐射跃迁。非辐射跃迁表示原子在不同能级的跃迁不是伴随着光子的发射或者吸收，而是将能量与其他原子进行交换，无须满足跃迁准则。

原子辐射或者吸收光子并非在任意两个能级之间都能发生跃迁，能级必须满足一定的准则才能发生跃迁。跃迁必须改变奇偶态，原子发射或者吸收光子只能出现在一个偶态能级到另一个奇态能级，或者一个奇态能级到另一个偶态能级之间。多电子原子的总自旋量子数、总轨道量子数以及总角动量量子数不发生变化。

（2）光和物质的相互作用

原子、分子或离子辐射光和吸收光的过程与原子的能级跃迁关联。光与物质的原子、分子相互作用有三种不同的基本过程，即自发辐射、受激辐射及受激吸收。对一个包含大量原子的系统，这三种过程总是同时存在并紧密联系的。不同情况下，各个过程所占比例不同，普通光源中自发辐射起主要作用，激光器受激辐射起主要作用。对于由大量同类原子组成的系统，原子能级数目很多，要全部讨论这些能级间的跃迁，问题就很复杂，也无必要。为突出主要矛盾，只考虑与产生激光有关的原子的两个能级。

在通常情况下，处在高能级的原子是不稳定的。在没有外界影响时，它们会自发地从高能级向低能级跃迁，同时放出光子。这种与外界影响无关的、自发进行的辐射称为自发辐射。自发辐射的特点是每个发生辐射的原子都可看作是一个独立的发射单元，原子之间毫无联系，而且各个原子开始发光的时间参差不一，所以各列光波频率虽然相同，但各列光波之间没有固定的相位关系，各有不同的偏振方向，并且各个原子所发的光将向空间各个方向传播。所以自发辐射的光是非相干光。

符合辐射跃迁准则的原子系统在受到外来能量光照时，处在高能级的原子有可能吸收外来光的激励作用跃迁到较低的能级，同时发射一个与外来光子相同的光子。这种情况的发光即为受激辐射。其特点是，只有外来光子的能量等于两个能级的能量差时，才能引起受激辐射；受激辐射所发出的光子与外来光子特性完全相同，即频率、相位、偏振方向与传播方向相同。受激辐射的结果是使得光强度得到放大，其相同的光子数量增加。受激辐射与自发辐射完全不同，自发辐射只与原子本身有关，而受激辐射不仅与原子性质有关，还同入射光的频率、强度等有关，且发出的光的性质也不相同。自发辐射不受外界辐射影响，大量原子的自发辐射相位无规则分布，不相干。受激辐射的原子相位不是无规则分布，是在外部辐射控制下的发光过程，具有与外界辐射场相同的相位。

受激吸收与受激辐射是两个相反过程。低能级原子受到一个外来光子的激励后，全部吸收光子能量，自身跃迁到更高的能级，这一过程就是受激吸收。

光作用于原子系统后，会同时发生自发辐射、受激吸收与受激辐射三个过程。在单色光作用下，系统达到平衡态后，其受激吸收的光子总数总是等于自发辐射与受激辐射的光子数之和。

(3) 激光的形成条件

① 介质中光的受激辐射放大。

光与物质相互作用的过程中存在两个过程：受激吸收与受激辐射。如果受激吸收过程强于受激辐射，则光通过物质时光子数量减少，光强变弱，此时无法形成激光。如果受激辐射过程强于受激吸收过程，则光子数量逐渐增多，光逐渐增强，此时就有可能形成激光。因此，受激辐射大于受激吸收是形成激光的基本条件之一。如何使受激辐射大于吸收？通常情况下，介质处于热力学平衡状态，粒子密度根据其自身能量状态符合玻尔兹曼分布规律，即大多数粒子都处于较低的能级上。此时，光通过这些粒子时，受激吸收大于受激辐射，光强减弱。因此，在热平衡时形成激光是不可能的。此时需要通过外部能量输入，将介质中低能级上的粒子大量抽运到高能级上，使高低能级粒子数出现反转，此时的介质称为增益介质。当光子通过增益介质时，所引起的受激辐射就会大于受激吸收，此时便具备了形成激光的基本条件。因此，要获得连续的激光输出，就需要一个激励能源，能够把介质中的粒子源源不断地从低能级抽运到高能级上，同时激光的工作介质能够在激励能源的作用下形成粒子数密度翻转分布，使得受激辐射在介质中占据主导地位。

② 有谐振腔。

高能级粒子发光可以通过受激辐射与自发辐射的形式进行，若以自发辐射为主，则为普通光源。要形成激光，必须使得受激辐射成为增益介质的主要发光过程，在这一过程中，需要谐振腔的作用。通过增加增益介质中所传播的光的能量密度可以使受激辐射的概率超过自发辐射。当光通过增益介质时，会因为受激辐射而形成光放大，同时光的能量密度随着穿过增益介质的长度按照指数规律增长，即增益介质越长，光的能量密度越高。因此，可以通过增加增益介质长度来增加光的能量密度。通过谐振腔即可实现该功能。普通光学谐振腔即在介质两端设置两块相互平行的反光镜，使光在期间反射数次以增加行程，提高光强，最终通过其中一面反射镜的小孔射出，形成激光。反射镜之间的增益介质将其中的光进行放大，不断地反射使得光的能量密度不断提高，从而使受激辐射概率高于自发辐射。这种光学谐振腔保证了输出的激光具有良好的方向性。

1.1.2 激光表面改性技术手段

随着国家在深海、深地以及深空领域的不断发展，装备的服役环境日趋复杂严苛，部件表面性能不佳造成的腐蚀、磨损以及疲劳开裂导致的设备服役寿命与安全性降低造成了巨大的经济损失与资源浪费。我国是制造业和工业大国，这些失效模式导致大量工件报废，工作效率降低，企业成本居高不下。为了提高金属材料的表面综合性能，各种表面改性技术日益凸显，如热喷涂、电镀、磁控溅射等。作为“万能加工工具”的激光随着近几年产业的发展越来越多地应用于材料的表面改性之中。激光加工绿色环保，且已被证实可以有效地解决材料的这些损伤形式，保证设备安全运行。

激光表面改性是表面工程制造中的先进手段之一，通过激光与材料表面的相互作用，调控材料表面微观组织结构、相组成与化学成分等，利用快速冷却效应赋予材料优异的结构与功能特性。其主要方式有激光表面退火、相变硬化、激光重熔淬火、表面合金化、非晶化、激光表面冲击强化以及表面熔覆等技术，这些方法可以在金属构件表面形成细小均匀、深度可控的高质量表面强化层，提高材料的硬度，促进成分均匀化，从而实现基体材料在耐磨性、耐蚀性及抗高温性能等方面的综合提升。采用这些技术一方面克服了原来基材采用整体高合金带来的制造工艺上的难题，另一方面实现了高性能低成本制造。激光作用在工件表面，根据不同工况条件的要求，采用的激光改性技术的路线、方案各异。如工件表面淬火采用激光相变硬化技术；当基材为沉淀硬化不锈钢时采用激光表面固溶强化技术；对表面要求有一定粗糙度和硬度的工件应采用激光熔凝强化技术；当工件表面要求具有耐磨、耐蚀、耐热等性能且不改变几何尺寸时，应采用激光合金化、激光非晶化或激光冲击硬化等技术；如要求在工件表面增加一定厚度的耐磨、耐蚀或耐热等合金层应采用激光熔覆技术。

1.2 激光熔覆技术原理与特点

激光熔覆技术将具有特殊性能的材料用激光加热，熔覆于基体金属表面，获得与基体形成冶金结合且具有目标性能的熔覆层。根据需求的不同，可以在金属表面制备具有耐磨、耐蚀、抗氧化、耐热等性能的涂层材料，从而可以以较低的成本获取优异的性能。激光熔覆能量密度高，熔覆速率快，稀释率低，广泛应用于金属表面改性与修复，在有效降低成本的同时节约了大量贵重金属。

激光熔覆涉及多学科领域，包括材料、流体、传热等。近年来大功率激光器快速发展。激光熔覆所用的功率在几百瓦到数千瓦不等。熔覆时，高能束激光使熔覆粉末（丝材）与基材表面一起熔化、凝固，根据工艺要求，可以制备出单道从微米到毫米尺度的涂层。熔覆过程中冷却速度可达 10^6℃/s，高的冷却速度可以有效降低成分偏析，提高元素的固溶度，细化晶粒。

按照激光光束与粉末的作用形式，可将激光熔覆分为同轴送粉、旁轴送粉以及预置粉末三种形式。旁轴送粉是指粉末的输送和激光束分开，彼此独立不同轴。一般使用外侧送粉的方式，粉末在重力的作用下提前堆积在基体表面，然后经过激光光斑扫描，完成激光熔覆过程。旁轴送粉完全依赖重力的作用，为避免预置在基体上的熔覆粉末被吹散，不能施加保护气体，粉末利用率以及熔覆效率较低，对粉末质量要求高。同轴送粉技术是指激光光束位于熔覆中心，熔覆粉末围绕激光呈环状分布，激光光斑与粉斑同轴。粉末在送粉保护气作用下聚焦于光斑，实现熔覆，但传统的同轴激光熔覆效率低，其粉末利用率只有 50%～70%，大部分粉末在气流作用下发生碰撞扩散，在熔池里发生飞溅，以及相当比例的金属粉末不能吸收激光能量而被浪费。因此，为了实现更高的熔覆效率，提高粉末利用率，德国的 Frauhofer ILT 研究所于 2012 年首先提出了超高速激光熔覆的概念，这一技术在2017年被引入中国市场并实现工程应用。超高速激光熔覆与传统激光熔覆的区别在于粉斑聚焦位置在熔池的上方，大部分的激光能量作用于熔化金属粉末，粉末在到达熔池之前已经处于熔化或者半熔融状态，从而有效提高了热效率与粉末利用率，因此可以实现更高的熔覆速度。由于超高速激光熔覆技术显著的技术优势，受到国内外企业、学者的广泛关注。

激光熔覆主要具有以下优点：①快速加热和凝固，激光熔覆冷却速率较快，约为$10^3 \sim 10^6 K/s$，快速凝固获得非平衡组织，组织细小致密，可有效避免成分偏析，有助于高熵合金固溶体的形成；②涂层厚度可控，激光熔覆涂层厚度一般在0.5～5mm；③涂层稀释率和热影响区较小，高能束激光束对基体热影响小，涂层稀释率一般小于5%，远低于等离子熔覆技术，有效保证了涂层成分和性能不受基体元素影响；④涂层与基体呈冶金结合，结合力强。

激光熔覆粉末的供给方式主要包括预涂和同步送粉两种方式。预涂法是将熔覆粉末与黏结剂相结合，均匀涂在经过预处理的基体表面，激光束使熔覆粉末和基体表面熔化，凝固后形成冶金结合。预涂法不受粉末体系的限制，粉末利用率高，调整合适的工艺参数可较好地控制粉末飞溅现象。同步送粉法是熔覆粉末以惰性气体为载体，配合自身重力作用实现送粉，激光束将熔覆粉末在到达基体表面之前加热至熔融或半熔融状态，到达表面建立熔池后发生扩散和混合，并快速凝固形成冶金结合的涂层。同步送粉法具有操作简单、激光能量吸收率高、涂层内部无气孔和加工成形性良好等优点。

激光熔覆可通过改变激光功率、扫描速率、光斑直径等工艺参数调控涂层的性能。在熔覆过程中，激光束通过在基体表面熔化熔覆粉末和基体建立了一个同步移动的熔池，激光功率可用于调整熔池的大小和改变气孔产生，熔池中的流场会使枝晶生长方向和枝晶取向发生偏转，改变枝晶的晶体取向，在不同取向的枝晶之间出现新的晶界。激光功率太小往往导致涂层与基体不能良好地冶金结合，涂层易剥落，相反激光功率过大会造成基体表面温度急剧升高，建立的熔池较大，较大的稀释率会破坏涂层的固有性质，严重影响涂层质量和性能。扫描速率决定了激光束与熔覆粉末的交互作用时间，速率过小会导致涂层吸收能量增多，基体熔化严重，稀释率较大，而扫描速率过大导致涂层与基体稀释率减小，严重影响涂层成形性。光斑直径是由激光束与熔覆材料的聚焦量来调控的，通过改变光斑直径可以调节激光比能量的大小，最佳的光斑直径可以改善涂层表面质量，发挥涂层有益的综合性能。因此，采用激光熔覆制备涂层时，选择合适的激光工艺参数是保证获得高质量涂层的关键。

激光熔覆作为先进的表面改性技术，可明显改善基体表面耐磨耐蚀性能。Zhuang等采用激光熔覆在Ti6Al4V基体表面制备了Ni-Ti-Si涂层，Ti_2Ni、Ti_5Si_3和少量$TiSi_2$相的存在导致涂层硬度提升至基体硬度的两倍，韧性Ti_2Ni相和硬质Ti_5Si_3、$TiSi_2$相使涂层具有良好的耐磨性能。在高温氧化过程中，涂层形成TiO_2、Al_2O_3和SiO_2的氧化膜，明显提高Ti6Al4V基体的抗氧化性。Jiang等采用激光熔覆在304不锈钢基板上制备$CoFeNi_2V_{0.5}Nb_{0.75}$和$CoFeNi_2V_{0.5}Nb$高熵合金涂层，硬质Fe_2Nb型Laves相和韧性FCC固溶体基体强韧结合，Laves相能有效抵抗磨粒磨损，而FCC基体有效避免脆性断裂，与304钢基体相比，涂层的耐磨性大幅提高。

激光熔覆制备金属基复合涂层，有机结合金属的强韧性、优异工艺性和增强体的高硬耐磨、耐高温和抗腐蚀性能，是提高涂层使用性能的最有效途径，在实际生产领域中得到了应用和推广。陆海峰等采用激光熔覆在45钢基体表面制备WC/Ni基复合涂层，硬质WC颗粒弥散镶嵌在韧性Ni基合金中，获得良好的高强韧匹配，涂层硬度较45钢提高2.7倍，耐磨性能显著提高。Liu等采用激光熔覆在AISI 1045钢上制备原位合成TiC颗粒增强$AlCoCrFeNiTi_x$（$x=0$，0.2，0.4，0.6，0.8，1.0）高熵合金复合涂层，结果表明涂层由富Fe-Cr的BCC相、富Al-Ni的BCC相和微纳米尺度的TiC颗粒组成，Ti倾向于在Al-Ni的BCC相中溶解，细化等轴晶，$AlCoCrFeNiTi_{1.0}$涂层通过固溶强化、弥散强化和细晶强化作用得到强化，最高平均硬度为860.1HV0.3，同时在室温和高温下表现出最佳的耐磨性。

1.3 能场辅助激光熔覆技术

由于激光熔覆快速加热与冷却的特点，凝固过程通常在毫秒内完成，涂层的气孔、夹杂以及裂纹等缺陷难以避免。单纯的激光熔覆往往只能通过调整其自身工艺参数来优化涂层微观组织，但是由于多种参数的协同影响，往往难以兼顾不同参数的匹配，耗时费力，效率低，并且只能调整外部传热边界，无法控制熔池内部的流动情况，难以对熔覆组织中的晶粒尺寸、晶体取向以及多种缺陷进行有效调控。而能场辅助激光熔覆技术作为材料表面改性领域新兴的先进技术之一，可有效突破上述技术瓶颈，提高熔覆效率与质量。其基本原理是激光热源与其他能场（电场、磁场、超声波、热场等）在材料表面改性过程中相互作用，主要目的是通过外加能场实现对液态金属流动行为的控制，从而调控其凝固组织，以实现材料在成形、缺陷、表面质量、微观组织以及力学性能方面的改善。该技术可以有效克服单一激光源的弱点，结合不同能场的辅助作用突破表面改性技术瓶颈，目前已成为激光熔覆技术的重点发展方向之一。

（1）磁场辅助激光熔覆技术

在激光熔覆过程中外加磁场可以有效调控熔池的运动与凝固行为，以实现对微观组织与性能的调控。磁场具有清洁、无接触、控制精度高的特点，该技术已经被广泛应用于铸造领域，其主要形式有静态磁场、旋转磁场以及脉冲电磁场等。磁场影响凝固行为的机制通常为由洛伦兹力引起的流体运动和磁力导致的磁化效应。在这两种机制的作用下，磁场能够有效降低熔覆层的孔隙率，提高材料致密度，并且可有效降低裂纹敏感性，提高材料的成形性，同时在外加磁场作用下，可有效降低晶粒尺寸与微观织构的形成，改善成分偏析，降低各向异性，提高材料的强度、塑性以及抗疲劳性等力学性能。

在目前的磁场辅助激光表面改性技术研究中，磁场的形式分为静态恒定磁场与交变磁场。在恒定的磁场作用下，感应洛伦兹力与熔池流动方向相反，可有效抑制熔池的流动程度，从而降低对流效果。而交变磁场的施加会产生两个方向相反的旋转运动，加剧熔池对流运动，从而改变熔池中的传质与传热过程，实现对凝固过程的调控，从而有针对性地调控涂层的微观组织。

（2）超声辅助激光熔覆技术

超声作用于熔池同样可以通过改变凝固物理场实现对涂层微观组织的调控，从而实现对涂层性能的改善。在辅助熔覆过程中，超声波通过振动的形式引入，形成声空化与声流效应，可以改善熔融金属的流动性，增强元素扩散能力，控制熔池行为。超声波的作用形式可以通过超声探头直接作用于熔池上方，也可以通过振动的形式从基体下方介入。声空化是超声辅助熔覆的主要作用形式，其通过超声诱导熔池中气穴的形成破坏凝固枝晶，催化再结晶，从而细化晶粒，其效果主要受控于超声的强度。它主要分为三个阶段，首先是空化泡的形成，在该阶段超声在熔体中传播会引起液态合金在平衡位置振动。声波正压会导致分子间距离降低，形成压缩效应；负压则会导致分子间距离增大，形成拉伸效应。当声波强度足够大时，熔体分子间距离超过临界极限，会导致液体完整性破坏，形成空穴。然后，在负压的持续作用下，形成的空穴进一步长大，遇到正压则再次闭合，在整个过程中出现膨胀与压缩的交替过程。在该过程中，空泡会变得不稳定，到达一定极限后便会发生爆炸，极高的瞬时压力会在空化泡爆炸瞬间释放，冲击熔体，击碎形成的晶体结构，从而改变微观组织。声流效应是通过超声诱导惯性力的作用改变熔池的流动行为，声场流体的运动分为两部分，一是质点在平衡位置的往复运动，二是质点的平衡位置不断移动。声波作用于熔体后，由于熔体自身的黏度以及对声波的吸收，声波在传播方向上不断衰减，形成声压梯度，从而能够促进熔池流动与混合，降低熔池的温度梯度，促进合金元素的均匀化分布，降低热应力。另一方面，熔体对于声波的吸收转化为熔体内部动能，形成很大的剪切力，打碎已经凝固的枝晶，抑制晶粒生长。

在声空化与声流效应的共同作用下，超声辅助可有效提高涂层的致密度，改善微观组织，细化晶粒，降低织构的形成，促进元素与强化相的均匀分布，从而实现力学性能与功能特性的同步提升。

（3）热场辅助激光熔覆技术

热场是激光熔覆过程中常用的辅助能场，可以有效提高熔覆材料的利用率，提高熔覆效率。根据作用形式的差异，可将热场分为基体加热、熔覆材料加热以及涂层热处理三种方式。基体材料加热最为常见，该方式能够有效降低涂层的温度梯度，缓解热应力与涂层裂纹敏感性，提高熔覆效率。该热场可以通过感应加热或者电阻加热的形式实现。熔覆材料的预热在激光熔丝工艺中较为常见，即热丝熔覆。将丝材预热到较高温度后，软化的丝材进入熔池可以更加快速熔化，提高激光吸收率，促进熔池稳定性。丝材可以通过高频感应加热、电阻加热等方式实现预热。涂层热处理是在熔覆过程中对已经沉积完成的涂层进行二次加热。如激光/等离子弧组合热源，这种组合热源可有效调控熔池及其附近区域的温度场。当辅助热源在主热源前方时，辅助热源可先预热熔池附近的集体材料，如果辅助热源在后，则起到原位退火处理效果，可以降低温度梯度与冷却速率。此种形式的组合热源可控性高，可有效提高熔覆质量。研究表明，通过热场辅助激光熔覆可有效提高涂层的致密度，降低残余应力，减少气孔与裂纹数量，改善涂层的微观组织，进而提高综合力学性能。

1.4 激光熔覆技术存在的问题

激光熔覆过程中，熔池存在的时间非常短暂，较多的工艺参数之间相互耦合关联，仅仅通过工艺实现全窗口的工艺调控，想制备出具有最佳性能的涂层十分困难。如，调控激光的工艺参数仅仅能够改变熔池的外部传热边界，而无法控制熔池内部的流动方向以及枝晶的生长方向，因此难以获得特定的凝固组织与性能。评价激光熔覆层质量的优劣主要从两个方面来考虑：一是宏观上，考察激光熔覆道形状、表面不平度、裂纹、气孔等：二是微观上，考察是否形成良好的组织、稀释率、能否满足所要求的使用性能。目前研究工作的重点是熔覆设备的研制与开发、熔覆过程动力学模拟、合金成分设计、微裂纹形成原理和控制方法、熔覆层与基体之间的结合等。

激光熔覆技术进一步应用面临的主要问题如下。

① 冶金质量。激光熔覆技术未完全实现产业化的主要原因是熔覆层质量的不稳定性。激光熔覆过程中，加热和冷却的速度极快，最高加热速度可达 10^6℃/s。由于熔覆层和基体材料的温度梯度和线膨胀系数的差异，可能在熔覆层中产生多种缺陷，主要包括气孔、微裂纹、应力与变形、表面不平度等。涂层材料与基材材料两者理想结合应是在界面上形成致密的、低稀释度的、较窄的交互扩散带。而这一冶金结合除与激光加工工艺及熔覆层的厚度有关外，主要取决于熔覆合金与基材材料的性质。良好的润湿性和自熔性可以获得理想的冶金结合。但是，熔覆层合金与基材材料的多种物理性质差异往往过大，则形成不了良好的冶金结合。如果熔覆层合金熔点过高，则熔覆层熔化少，表面光洁度下降，且基材表层过烧严重污染覆层；同时合金元素的蒸发，使收缩率增加，破坏了覆层的组织与性能。如果基材难熔，则界面张力增大，涂层与基材间难免产生孔洞和夹杂。在激光熔覆过程中，在满足冶金结合时，应尽可能地减少稀释率。研究表明，对于不同的基材材料，与覆层合金化时所能得到的最低稀释率并不相同。

② 气孔控制。在激光熔覆层中气孔是一种非常有害的缺陷，它不仅易成为熔覆层中的裂纹源，并且对要求气密性很高的熔覆层也危害极大，另外它也将直接影响熔覆层的耐磨、耐蚀性能。它产生的原因主要是涂层粉末在激光熔覆以前氧化、受潮或有的元素在高温下发生氧化反应，在熔覆过程中就会产生气体。再者由于激光处理是一个快速熔化和凝固的过程，产生的气体如果来不及排出，就会在涂层中形成气孔。此外还有多道搭接熔覆中的搭接孔洞、熔覆层凝固收缩时带来的凝固孔洞以及熔覆过程中某些物质蒸发带来的气泡。激光熔覆层中的气孔是难以避免的，但与喷涂涂层相比，激光熔覆层的气孔明显减少。在激光熔覆过程中可以采用一些措施加以控制，常用的方法是严格防止合金粉末储运中的氧化，在使用前要烘干去湿，激光熔覆时要采取防氧化的保护措施，根据试验选择合理的激光熔覆工艺参数等。

③ 激光熔覆过程中成分及组织不均匀。在激光熔覆过程中往往会产生成分不均匀，即成分偏析以及由此带来的组织不均匀。首先，在激光熔覆加热时，其加热速度极快会带来从基材到熔覆层方向上的极大的温度梯度，这一梯度的存在必然导致冷却时熔覆层的定向先后凝固，根据金属学知识可知先后凝固的熔覆层中必然成分不同。加之凝固后

冷却速度也极快，元素来不及均匀化热扩散，引起成分偏析。其次，是由于熔池的对流而带来的成分偏析。由于激光辐射能量的分布不均，熔覆时必然要引起熔池对流，这种熔池对流往往造成覆层中合金元素宏观均匀化，因为熔池中物质的传输主要靠液体流动（即对流）来实现，但同时熔池对流也将带来成分的微观偏析。另外，由于合金的性质，如黏度、表面张力及合金元素间的相互作用等都将对熔池的对流产生影响，故它们也必将对成分偏析造成影响。要完全消除激光熔覆中成分偏析是不可能的，但可以通过调整激光与熔覆金属的相互作用时间或者调整激光束类型（改变熔池整体对流为多微区对流）等改变工艺参数的手段来达到适当抑制激光熔覆层的成分偏析的目的，以便得到组织较为均匀的熔覆层，满足设计要求的覆层性能。在多道搭接熔覆时，由于搭接区冷却速率以及被搭接处有非均质结晶形核，搭接区出现与非搭接区不同的组织结构，从而使多道搭接激光熔覆中组织不均匀。

④ 激光熔覆层的开裂敏感性。这一点是困扰国内外研究者的难题，也是工程应用及产业化的主要障碍，特别是针对金属陶瓷复合熔覆层。目前虽然已经对微裂纹的形成和扩展进行了研究，但是控制方法与措施尚不成熟，很大程度上限制了这一技术的应用范围。激光熔覆裂纹产生的主要原因是激光熔覆材料和基材材料在物理性能上存在差异，加之高能密度激光束的快速加热和急冷作用，使熔覆层中产生极大的热应力。通常情况下，激光熔覆层的热应力为拉应力，当局部拉应力超过涂层材料的强度极限时，就会产生裂纹，由于激光熔覆层的枝晶界、气孔、夹杂处强度较低且易于产生应力集中，裂纹往往在这些地方产生。在熔覆层中加入低熔点的合金材料，可以减缓涂层中的应力集中，降低开裂倾向。在激光熔覆涂层中尝试加入适量的稀土，可以增加涂层韧性，使激光熔覆过程中熔覆层裂纹明显减少。这些措施虽然能解决一些问题，但还不能很好地解决钛合金熔覆的开裂、气孔和夹杂，因此开发研制适合钛合金熔覆的材料是很有必要的。在激光熔覆工艺方面，为了获得高质量的熔层，可进一步开发新型的激光熔覆技术，如梯度涂覆采用硬质相含量渐变涂覆的方法，可获得熔层内硬质相含量连续变化且无裂纹的梯度熔层，此外涂层前后进行合适的热处理如采用预热和激光重熔的方法，也能有效防止熔覆层中裂纹和孔洞的产生。

1.5 激光熔覆技术的应用

激光熔覆是先进加工技术的重要组成部分，最初的工业应用是 Rolls-Royce 公司于 20 世纪 80 年代初对 RB211 涡轮发动机壳体结合部件进行的硬面熔覆。激光熔覆技术作为材料表面改性技术的一个重要方向，对材料表面的强化主要在两个方面，即耐腐蚀（包括耐高温腐蚀）和耐磨损。激光熔覆目前已成为新材料制备、零部件修复和绿色再制造领域的重要手段之一，广泛应用于航空航天、汽车、石化、船舶、模具等领域。与传统的堆焊、等离子熔覆相比，激光熔覆冷却速率快、熔覆效率高、涂层稀释率低、对基体热影响区小、精度高、可控性好，因此应用前景十分广阔。目前主要应用于抗磨损、耐腐蚀、抗冲蚀、抗氧化以及生物医疗等诸多方面。

耐磨熔覆涂层广泛应用于煤炭开采、农业机械、汽车工业、风力涡轮机叶片等领域以防止零件的过度磨损。在煤炭开采中，由于工作环境苛刻，对煤矿开采机械零部件的性能要求高。其中巷道支护中的液压立柱的主要失效形式是镀层的划伤、剥落以及腐蚀，传统镀层采用的是高污染的电镀工艺，逐渐被取缔，激光熔覆技术可以对液压支柱的表面进行修复强化，制备一层具有耐磨性与耐蚀性的熔覆层，有效延长装备的使用寿命，符合国家对于环保、节能以及可持续发展与绿色制造的战略要求。另外，截齿作为采煤机挖掘的主要受力部件，其使用寿命决定了设备的开采效率，采用激光熔覆技术强化的截齿表面具有更加优异的抗磨损、抗冲击性能，有效地提高了掘进效率，从而有效降低了生成成本。

在电子、汽车、电机等产品中，60％～80％的零部件都要依靠模具成形。模具的种类很多，按照用途的不同，大致可分为冷作模具、热作模具、注塑模具、其他模具四大类。模具零件在服役过程中产生了过量变形、断裂破坏和表面损伤等现象后，将丧失原有的功能，达不到预期的要求，或变得不安全可靠，以致不能继续正常地工作，这些现象统称为模具失效。基本失效形式有断裂及开裂、磨损、疲劳及冷热疲劳、变形、腐蚀。采用表面强化技术，赋予模具表面高强度、高硬度，以及耐磨、耐蚀、耐热和抗咬合等超强性能，可延长模具寿命数倍至数十倍。

在海工装备领域，轴类零件常处于大负荷工况条件下，工作过程中，其表面往往需承受摩擦、挤压、冲击和腐蚀等综合作用，容易造成磨损、疲劳、腐蚀等失效形式。如果零件失效后直接报废，将会造成成本的增加和资源的浪费，不符合“减量化、再利用、资源化”绿色循环经济的原则。如果利用激光熔覆技术将此类失效和报废的轴类零件进行再制造，使其达到新品甚至优于新品的性能，将具有重大的经济效益和社会意义。

在汽车制造领域，汽车的发动机活塞和阀门、气缸内槽、齿轮、排气阀座以及一些精密微细部件要求具有高的耐磨耐热及耐蚀性能，因此激光熔覆在汽车零部件制造中得到了广泛的应用。例如在汽车发动机铝合金缸盖阀座上用激光熔覆直接形成铜合金阀座圈，取代传统的粉末冶金/压配阀座圈，可改善发动机性能，降低生产成本，延长发动机阀座圈的工作寿命。

在生物医学领域，钛及其合金作为生物医用材料，因具有良好的性能而受到人们的关注，但其耐腐蚀性、生物相容性及金属离子潜在的副作用却使钛合金在生物体中的应用受到限制。通过激光熔覆技术可使钛及其合金满足在生理条件下的生物活性、生物相容性等多方面要求。一些生物陶瓷成分具有良好的生物活性和生物相容性，利用这些具有良好生物学性能的材料改善钛合金的表面性能成为研究热点之一。激光熔覆技术不仅一定程度地改善了钛合金的表面生物性能，还可以解决或避免熔覆层与界面结合不牢的问题。

1.6　高熵合金及其涂层

高熵合金（high-entropy alloys，HEAs）作为一种重要的合金设计新思想受到了材料科学家的广泛关注。多主元的设计理念为开发多种性能一体化的新材料提供了广阔的设计空间。在其四大效应的作用下，目前设计的高熵合金展现出了诸多优异的性能，如高低温强韧性、优异的耐磨性、良好的耐腐蚀性、优良的高温性能以及抗辐照能力。这些优异的性能使得这些高熵合金体系具有多种工业领域的应用潜力。但是由于高熵合金设计中组元近等原子比的特点、高成本金属元素占比高，从而导致制备大尺寸熔炼样品的成本极大地提高，限制了合金的推广与应用。而通过表面改性的方式，采用高能束制备高熵合金涂层可以充分在尽可能低的成本下赋予基体材料高熵合金的优异性能。

1.6.1 高熵合金的定义

从组成成分的角度，最早的一篇论文将高熵合金定义为由五种或五种以上的元素以等摩尔比或近等摩尔比的形式制备的合金，合金中组元含量在5%～35%（原子分数）。同时高熵合金还可以通过微合金化来调节合金的性能，这样就进一步扩展了高熵合金的成分空间。然而，这种基于成分含量的定义并未考虑熵值的大小，对于是否形成单相固溶体也没有做出说明。

从统计学角度，玻尔兹曼方程给定了计算一个系统构型熵的方法，其表达式为：

$$\Delta S_{conf} = k_B \ln w \tag{1-1}$$

式中，k_B 是玻尔兹曼常数，1.380649×10^{-23}J/K；w 是体系中颗粒所能获得的能量状态。对于一个具有 n 元体系的单相固溶体而言，其每摩尔物质的理想构型熵为：

$$\Delta S_{mix} = -R \sum_{i=1}^{n} c_i \ln c_i \tag{1-2}$$

式中，c_i 是每种组元的摩尔分数；R 是气体常数，8.314J/(mol·K)。

高熵合金的定义来源于构型熵的大小，理想二元固溶体的构型熵为 $0.69R$，中熵合金（三元、四元）构型熵在 $0.69R \sim 1.61R$ 之间，而高熵合金的构型熵大于等于 $1.61R$。玻尔兹曼方程可以计算元素成分随机分布时的构型熵，但对于实际晶体而言，原子尺度的随机分布很难实现，因为其不仅受到原子尺寸大小的影响，还与不同元素之间的混合焓有关，同时该定义也没有考虑温度的影响，而温度会影响原子的有序排列程度，进而影响构型熵的大小，并且对于高熵合金熵的临界值的界定同样存在分歧。此外，还有一部分学者将合金是否形成单相固溶体作为划分高熵合金的依据，该定义同样存在着分歧，例如，五元合金等摩尔混合时，在熔点温度附近，混合熵对吉布斯自由能的贡献可与很多金属间化合物的形成焓相当，从而抑制化合物的形成，在凝固时更容易形成固溶体。但是随着温度的下降，实际合金中也出现金属间化合物或者非晶等。虽然高熵合金的定义存在诸多的争议与分歧，但是可以明确的是，这种设计思想已经打开了合金设计的新领域。

目前，在这种设计思想的指导下，学者们从不同的背景出发，针对各种服役工况对合金进行了设计开发、性能测试与应用尝试，如难熔高熵合金、共晶高熵合金、高熵非晶合金以及各种合金的涂层等，合金的名称也从最初的高熵合金逐渐演化为多主元合金(MPEAs)、成分复杂合金（CCAs)、高浓度固溶体（CSSs）等多种形式，极大地推动了新材料的发展。

1.6.2 高熵合金相形成准则

如何通过合理的成分设计与工艺方法制备出目标物相一直是材料学研究的重点方向，目前对于高熵合金物相的设计存在以下三个准则：热力学准则、价电子浓度准则以及几何准则。这些准则在一定程度上能够成功预测合金体系的物相组成。

在热力学中，平衡热力学方法通过计算体系中可能形成的不同物相的吉布斯自由能来确定合金中的稳定相。对于特定的合金体系，凝固前后，形成固溶体与形成化合物所对应的吉布斯自由能的变化为：

$$\Delta G_m = \Delta H_m - T_m \Delta S_m \tag{1-3}$$

$$\Delta G_f = \Delta H_f - T_m \Delta S_f \tag{1-4}$$

式中，ΔG_m、ΔH_m、ΔS_m 为形成固溶体时吉布斯自由能变化、焓变与熵变；ΔG_f、ΔH_f、ΔS_f 分别为凝固形成化合物时的吉布斯自由能变化、焓变与熵变；T_m 为组元的平均熔点。

因此，从上式可以看出，在热力学平衡条件下，凝固得到的是固溶体还是化合物，将取决于哪种产物的吉布斯自由能降低更大。对于高熵合金而言，只有在其形成固溶体时体系才具有最大的构型熵，此时由于原子的无序排列，没有化合物的形成，因此，混合焓非常小，可以忽略；而形成化合物时，由于原子结构的周期性排列，使其构型熵非常小，可以忽略。因此，凝固的最终产物由形成焓与混合熵之间的竞争决定，即 ΔH_f 与 $T_m\Delta S_m$（此时为热力学平衡条件）。

单相固溶体高熵合金通常由五种及以上元素以近等摩尔比组成，具有很高的构型熵，同时组元之间的原子尺寸差异小，混合焓小，因此合金在凝固温度附近时 $T_m\Delta S_m > |\Delta H_f|$，即此时固溶体混合熵的作用比化合物的形成焓更能降低体系的吉布斯自由能，从而获得固溶体组织。反之，如果体系中组元之间的化合物形成焓变作用强于熵变导致的吉布斯自由能的降低，则体系就出现元素选择性偏析，形成化合物，从而形成多相合金。

根据同样的热力学原理，张勇进一步提出热力学参数 Ω，指出当 $\Omega > 1.1$ 时，合金易形成单相固溶体。

$$\Omega = \frac{T_m \Delta S_m}{|\Delta H_{mix}|} \tag{1-5}$$

上述方法在一定程度上能够预测物相的形成规律，但是由于没有考虑混合焓与形成焓之间的差别，无法清晰地区分固溶体与化合物相的界限。因此，O. N. Senkov 与 M. Claudia Troparevsky 将混合焓与形成焓、混合熵与化合物形成熵加以区分，分别引入 K_1 与 K_2 两个系数，代表形成化合物与固溶体熵与焓的差别。

$$\Delta H_f = K_1 \Delta H_m, \Delta S_f = K_2 \Delta S_m \tag{1-6}$$

式中，$K_1 > 1$，$0 \leqslant K_2 < 1$；ΔH_f 为化合物形成焓；ΔH_m 为固溶体混合焓；ΔS_f 为化合物形成熵；ΔS_m 为固溶体混合熵。此时形成固溶体的条件为：

$$\Delta H_m - T\Delta S_m < \Delta H_f - T\Delta S_f \tag{1-7}$$

$$K_1 = \frac{\Delta H_f}{\Delta H_m} < -\frac{T\Delta S_m}{\Delta H_m}(1-K_2) + 1 \equiv K_1^{cr}(T), \text{即 } K_1^{cr}(T) > \Delta H_f/\Delta H_m \tag{1-8}$$

通过该准则能够更为准确地预测合金中是否会有金属间化合物的形成。

Ye 同样采用形成焓，结合混合余熵提出了参数 ϕ，$\phi=\frac{S_c-S_H}{|S_E|}$，并通过对目前高熵合金的数据统计，发现 $\phi=20$，可以将单相高熵合金与多相合金区分开来。

从几何尺寸角度，不同尺寸的元素原子相互混合时，点阵会发生畸变，因而会导致固有应变的产生。在二元合金中，经常采用 Hume-Rothery 准则来解释溶质原子的固溶度，而在高熵合金中没有明确的溶质溶剂之分，各组元以近等摩尔比例混合，不同的原子尺寸势必会导致密排结构的晶格发生畸变，诱发畸变能，成为相变的驱动力。晶格畸变的程度通常通过平均原子尺寸差来表征，其表达式为：

$$\delta=100\sqrt{\sum_{i=1}^{n}x_i\left(1-\frac{r_i}{\bar{r}}\right)^2} \tag{1-9}$$

式中，δ 为原子尺寸不匹配度；x_i 为合金中第 i 种元素的摩尔分数；r_i 为合金中第 i 种元素的原子半径；$\bar{r}$ 为平均原子半径。

当平均原子尺寸差小于 5%时，HEAs 趋向于形成单相固溶体，大于 10%时，则趋向于形成化合物或者非晶态结构，介于 5%～10%之间时，HEAs 趋向于形成多相结构。这一研究结论与 Ichirou Moriguchi 提出的硬球模型结论一致。但是该模型只是单纯从几何角度出发，并未考虑化学因素的影响，如电负性。

热力学准则与几何尺寸能够分析体系平衡态是单相还是多相，但是对于合金的固溶体类型无法区分，即无法明确固溶体的晶格结构，而价电子浓度规则 VEC 提供了形成的固溶体晶体类型的有效判据。根据 Hume-Rothery 原理，当组元之间没有强烈的原子尺寸效应时，VEC 是影响固溶体结晶行为的重要参数。VEC 包括了所有的价电子数量，包含 d 壳层电子数。其值可通过下式计算：

$$\text{VEC}=\sum_{i=1}^{n}c_i(\text{VEC})_i \tag{1-10}$$

研究发现，当 VEC>8.0 时，高熵合金凝固所形成的固溶体为 FCC 结构，当 VEC 小于 6.87 时，固溶体为 BCC 结构，处于二者之间时为混合物相。

尽管目前提出的诸多准则能够有效预测高熵合金的物相，但由于其数量众多，无法通过试错法逐一研究每一种成分体系，同时多主元合金导致构筑相图也变得非常困难。因此，除了建立理论模型以外，计算模拟的方法也可用于快速研究高熵合金的物相组成，包括基于密度泛函理论（DFT）的第一性原理计算等，但是这些方法同样面临着巨大的计算成本与周期问题，限制了它们的应用，不适合进行大规模合金成分筛选。计算相图作为一种半经验的计算方法，可用于快速预测高熵合金的平衡相。CALPHAD（计算相图）可根据已有的二元和三元体系的数据，通过直接计算给定温度和压强下的吉布斯自由能最小值来预测多组分体系的平衡相，从而提高了计算效率，同时降低了计算成本。

1.6.3 高熵合金涂层磨损性能

研究发现许多高熵合金涂层可以达到很高的硬度，有效抵抗外载荷引起的塑性变形，从而具有优异的耐磨性能。高熵合金中各组分互为溶质，使其点阵具有明显的晶格畸变效应，大大提高了固溶强化效果，提高了涂层的硬度；鸡尾酒效应提供了更为广阔的成分设计空间，根据不同的需求，可以制备出各种陶瓷相、金属间化合物以及非晶相强化的高熵合金复合涂层，大幅度提高其磨损性能，但同时也应当充分考虑硬度的提高带来的塑性下降，避免脆性断裂的发生。此外，某些合金元素，如 Mo、W 等可作为润滑剂有效降低涂层的摩擦系数，起到润滑减摩的效果。因此，基于高熵合金的四大效应，结合涂层制备的各种先进技术，开发具有优异磨损性能的高熵合金涂层具有广阔的前景。

以金属间化合物作为强化相是高熵合金涂层提高硬度的主要方式之一。Cantor 合金为单相 FCC（面心立方）结构，在室温与液氮温度下均具有优异的强韧性，但是其硬度较低，耐磨性差。为了提高体系的耐磨性，通常向 FCC 基体相中加入原子半径差异较大的元素，如 Al、Ti、Mo、Nb 等，通过固溶强化、析出强化或者促进形成 BCC（体心立方）相以提高基体的硬度，从而改善涂层的耐磨性。

Al 元素作为常用的合金化元素，具有促进金属材料从 FCC 结构向 BCC 结构转变的作用。向 $Al_xCoCrFeNiMn$ 体系中添加不同含量的 Al 元素可以调节体系的物相组成，使其从单一的 FCC 相逐渐转变为 BCC 结构。不同的物相含量对体系的磨损、腐蚀以及抗高温氧化性能具有显著影响。研究发现，硬度的提高有效促进了耐磨性的增强，符合 Archard 原理。较低含量的 Al 元素以固溶的方式存在于晶体中，体系保持 FCC 结构，此时屈服强度低，在外载荷作用下，摩擦副容易压入基体，导致塑性变形，往复磨损过程中发生严重的塑性黏着磨损；而当 $x=2.0$ 时体系以高硬度的 BCC 相为主，可有效抵抗摩擦副的犁削作用，磨痕变浅，表面变得光滑，磨屑变得细小，为典型的磨粒磨损特征。同样，在 $Al_xCoCrFeNiSi$ 体系中，加入不同含量的 Al 元素，通过喷涂与激光重熔的方式研究涂层的物相与性能，发现 Al 元素的增加促进 BCC 相转变为 BCC/B2、Cr_3Si 复合物相，在析出强化、晶界强化与第二相 Cr_3Si 的共同作用下，涂层的硬度显著提高，表现出磨粒磨损与氧化磨损的特点，同时有效降低了涂层的摩擦系数，磨痕变得平滑，犁沟变窄、变浅。在等离子喷涂 $CoCrFeNiSiAl_x$ 体系中，Al 元素的增加并未对喷涂涂层的物相产生明显的影响，涂层始终以 BCC 结构为主，同时存在少量的 FCC 相。但是干滑动磨损体积呈现下降趋势，说明 Al 的增加对涂层干滑动耐磨性有所改善，当 $x=1.5$ 时，涂层的磨损体积最小。而涂层在热处理后，不同 Al 含量的涂层物相出现差异，显微硬度也得到了提升，整体干滑动耐磨性均得到显著改善，但是在水滑动摩擦条件下，无论是否热处理，Al 含量的多少对耐磨性影响不大。水滑动下磨损体积减小归因于水分子在摩擦副与试样之间的润滑作用，有效避免二者的直接接触，同时可有效降低接触点温度，带走磨屑，降低三体磨损。Xiang 在纯钛基体上通过脉冲激光熔覆制备了 $CoCrFeNiNb_x$（$x=0$，1）高熵合金涂层，由于原子尺寸效应，Nb 的加入提高了固溶强化效果，促进了高硬度的 Cr_2Ti 与 Cr_2Nb Laves 相的形成，使合金的最高硬度达到 1008HV。

表 1-1 列出了激光与等离子熔覆技术所制备出来的高熵合金涂层，可以看出金属元素合金化可调节物相组成，有效提高涂层的硬度，从而改善其耐磨性。

表 1-1　高熵合金金属涂层

体系	制备方法	变量添加范围	最高硬度/HV	物相
$Al_xCoCrFeNiMn$	等离子熔覆	Al(0.5～2.0)	631.1($Al_{2.0}$)	FCC+BCC
$CoCr_{2.5}FeNi_2Ti_x$	激光熔覆	Ti(0～1.5)	480($Ti_{1.5}$)	FCC+BCC
$CoCrFeNiAl_xTi_y$	烧结+重熔	Al(0/0.5)Ti(0/0.5)	859($Al_{0.5}$,$Ti_{0.5}$)	BCC+IM
$AlFeCrNiMo_x$	等离子熔覆	Mo(0.25～1.5)	747.64($Mo_{1.0}$)	BCC+MoNi
$AlFeCrCoNiMo_x$	激光熔覆	Mo(0.25～1.5)	750($Mo_{1.0}$)	BCC
$CoFeNi_2V_{0.5}Nb_{(0.75/1.0)}$	激光熔覆	Nb(0.75/1.0)	—	FCC+Laves
$MoFe_{1.5}CrTiWAlNb_x$	激光熔覆	Nb(1.5～3)	910(Nb_3)	BCC+(Nb,Ti)C+Laves
MoFeCrTiWAlNb	激光熔覆	—	1050	BCC+(Nb,Ti)C+Laves
NiCrCoTiV	激光熔覆/重熔	—	约 900	BCC+$(Ni,Co)Ti_2$
$(CoCrFeMnNi)_{85}Ti_{15}$	等离子熔覆	—	910.5	FCC+BCC+σ 相
TiZrNbWMo	激光熔覆	—	1300	BCC+β 相

在陶瓷强化高熵合金复合涂层中陶瓷相可以通过原位反应和外加的方法实现，该类涂层通过综合韧性基体与高硬度陶瓷实现强韧配合，提高涂层的耐磨性。硬质陶瓷颗粒，如 TiC、TiB_2、NbC、WC、$Cr_{23}C_6$ 等，具有高硬度、高熔点、高温化学性能稳定的特点，可以有效提高涂层的摩擦性能。由于金属元素与 B、C、N 等非金属元素之间的混合焓很低，所以一般可以通过它们之间的反应形成硬质陶瓷相来改善涂层的摩擦性能。在 $CoCrFeNiCuSi_{0.2}$ 高熵合金体系中加入不同含量的 Ti 与 C 元素，通过激光熔覆的方法制备的涂层中树枝晶为 FCC 相，作为硬质陶瓷相的承载基体，TiC 陶瓷颗粒分布在晶间区域，作为耐磨相，其含量随着 Ti 与 C 的增加逐渐提高，涂层的硬度也随之提高，同时摩擦系数随之降低。当 $(Ti, C)_x=1$ 时，体系具有最高的硬度与最小的磨损体积。TiC 也可以直接通过外加的方式加入涂层中，Jiang 等在 FeCoCrAlCu 体系中加入不同含量的 TiC 粉末，通过激光熔覆的方法实现涂层制备，研究 TiC 含量对涂层耐磨性的影响。加入的 TiC 在熔覆过程中并未完全分解，当 TiC 含量达到 50%（质量分数）时，涂层的硬度超过 1000HV。涂层的磨损体积随 TiC 含量的提高逐渐减小，摩擦系数也逐渐降低。Cheng 运用等离子熔覆制备原位 TiC/TiB_2 增强 CoCrFeNiCu $(Ti, B_4C)_x$ 高熵合金涂层。当 $0.1\leqslant x\leqslant 0.2$ 时，涂层物相为 FCC、BCC 和 TiC 相；$0.3\leqslant x\leqslant 0.5$ 时，形成了高体积分数的双相 TiC/TiB_2 陶瓷强化相。涂层的显微硬度得到提升，其耐磨性也相应增强。Peng 采用激光熔覆与等离子熔覆的方法制备了非原位 WC 增强 CoCrFeNi 高熵合金涂层。激光熔覆涂层基体的硬度是等离子涂层基体的两倍，对 WC 颗粒有更好的滞留作用，激光熔覆涂层耐磨性更好。

表 1-2　陶瓷强化高熵合金复合涂层

体系	制备方法	变量添加范围	硬度/HV	基体/强化相
$(FeNiCoCrTi_{0.5})C_x$	激光熔覆	金刚石 3%/6%/12%（质量分数）	700～950	BCC/TiC、$Cr_{23}C_6$

续表

体系	制备方法	变量添加范围	硬度/HV	基体/强化相
$Al_xCoCrFeNiSi$	等离子喷涂/激光重熔	x=0.5～2.0	1255($Al_{2.0}$)	BCC/Cr_3Si
$CoCrCuFeNiSi_{0.2}/(Ti,C)_x$	激光熔覆	x=0.5/1.0/1.5	517.2($Ti_{1.0}$,$C_{1.0}$)	FCC/TiC
AlCoCrFeNi/NbC	激光熔覆	10%/20%/30%(质量分数)	525(NbC 20%)	BCC、FCC/NbC 颗粒
$CoCrCuFeNi(Ti,B_4C)_x$	等离子熔覆	0.1≤x≤0.5	9.14GPa(x=0.5)	FCC、BCC/TiC-TiB_2
FeCoCrNi/WC	等离子熔覆	10%/20%/30%/40%/50%/60%/70%(质量分数)	61.9HRC(WC≠70%)	FCC/WC、W_2C、W_3C、Fe_3W_3C
FeCoCrNi/WC	等离子熔覆	20%(质量分数)	—	FCC/WC、M_2C
FeCoCrNi/WC	激光熔覆	20%(质量分数)	—	FCC/WC、Fe_3W_3C
$AlCoCrFeNiTi_x$	激光熔覆	x=0.2/0.4/0.6/0.8/1.0	1027.5($Ti_{1.0}$)	BCC/TiC 颗粒
$(FeCoCrAlCu)(TiC)_x$	激光熔覆	10%/30%/50%(质量分数)	10.82GPa(TiC 50%)	BCC/TiC
$CoCr_2FeNiTi_x$	激光熔覆	x=0/0.5/1	642($Ti_{1.0}$)	FCC/Laves 相
$FeCrNiCoB_x$	激光熔覆	x=0.5/0.75/1.0/1.25	约 900($B_{1.25}$)	FCC/M_2B
TiVCrAlSi	激光熔覆	—	约 900	BCC/$(Ti,V)_5Si_3$

如表 1-2 所示，无论是外加陶瓷相还是原位形成的方法都可以有效提高涂层的硬度，改善耐磨性。原位合成的方法得到的涂层陶瓷强化相分布更加均匀，结合力更强。采用外加强化相时，要严格控制强化相的尺寸与含量，尺寸过大、含量过高会导致强化相与基体结合不牢固，在剪切力作用下容易破碎、脱落，不能起到强化作用，而粒度太小在熔覆过程中高能束作用下被分解同样无法得到期望的涂层。

通过外加陶瓷相或者原位形成的方式提高其耐磨性的过程可解释为：摩擦副在滑动过程中同时接触到涂层中的软基体相与硬陶瓷相，由于基体与陶瓷相的性质不同，对摩擦副作用下的应力的响应也不同，软基体相与摩擦副作用部位应力超过材料的屈服强度，发生塑性变形，高硬度陶瓷相则未发生塑性变形，而是将应力传递到了陶瓷相与基体的结合区域，增大接触面积，缓解应力集中；在摩擦副往复作用下，韧性基体由于塑性变形的加剧脱落形成磨屑，而在陶瓷相与基体结合部位由于大量变形协调位错堆积，逐渐演化成微裂纹，失去对陶瓷相的滞留作用，同时伴随着陶瓷相的脆性断裂，而逐渐脱落，如此一来，脱落的陶瓷相夹杂在摩擦副与涂层之间，形成三体磨损。因此可以看出，提高基体材料的屈服强度，增强陶瓷相与基体的界面结合性质，提高结合强度以及调整陶瓷相的微观分布状态是提高涂层耐磨性的关键因素。

1.6.4 高熵合金涂层腐蚀性能

提高材料表面的耐腐蚀性是改善部件服役性能，提高服役寿命的有效手段。高熵合金成分组合的多样性使得通过调整合金成分，改善涂层的耐蚀性具有十分重要的研究前景。与传统合金相比，在高熵效应与涂层制备工艺的共同作用下，高熵合金涂层容易形成单相固溶体，比熔炼的块体合金具有更加均匀的成分与微观组织，可有效降低微电池的数量与电偶腐蚀驱动力，更有利于形成稳定、均匀的钝化膜，从而提高耐蚀性。

涂层在制备过程中通常要经历快速加热和冷却的过程，可以有效地降低元素的偏析程度，提高体系的固溶度，使成分更加均匀，有助于耐蚀性的提高。已有实验证明成分相同的涂层比块体具有更好的耐腐蚀性能，并且越来越多的研究表明高熵合金涂层具有优异的耐蚀性。

高熵合金涂层的耐蚀性取决于三个要素，第一是合金的成分，这会影响钝化膜的性质，以及组成相的相对电偶特性；第二，腐蚀环境；第三，制备工艺。大多数高熵合金都具有高含量的钝化元素，如 Cr、Mo、Ti 等，在腐蚀介质中具有很强的钝化效果。多相高熵合金的耐蚀性下降与物相电位特性有关。Cu 在一些合金中对耐蚀性不利，因为 Cu 容易导致元素偏析，在腐蚀介质中作为阳极，遭到选择性腐蚀。某些化合物相则通常作为初始腐蚀位置，在电偶效应作用下围绕其迅速腐蚀。

表 1-3 总结了室温下溶液中的高熵合金涂层动电位极化测试得到的参数。其中，Cr 元素含量的增加可有效提高 $AlCoCr_xFeNi$ 合金在 NaCl 溶液中的耐蚀性，而 $Al_xCoCrFeMnNi$ 合金中 Al 的加入会降低体系的耐蚀性。在 $AlCoCrFeNiTi_x$ 合金中，当 $x=1.0$ 时涂层最耐腐蚀。Co 加入 $Al_2CrFeCo_xCuNiTi$ 合金中，当 $x=1$ 时体系无论在 NaCl 还是 NaOH 溶液中均最耐腐蚀。Ni 元素是奥氏体不锈钢中的重要组成元素，Qiu 研究了 Ni 元素的加入对 $Al_2CrFeCoCuTiNi_x$ 体系耐蚀性的影响，指出当 $x=1.0$ 时，涂层在盐与碱溶液中均具有最佳耐蚀性。

表 1-3　高熵合金涂层电化学参数

体系	制备方法	腐蚀介质	E_{corr}/mV	I_{corr}/(μA/cm^2)
304L	—	3.5% NaCl	−291	—
304L	—	3.5% NaCl	−344	0.974
CoCrFeMnNi	激光熔覆	3.5% NaCl	−341	0.105
$AlCoCr_{0.5}FeNi$		3.5% NaCl	−403	71.9
$AlCoCr_{0.75}FeNi$		3.5% NaCl	−394	11.5
$AlCoCr_{1.0}FeNi$		3.5% NaCl	−388	10.6
$AlCoCr_{1.5}FeNi$		3.5% NaCl	−293	11.8
$AlCoCr_{2.0}FeNi$		3.5% NaCl	−373	24.7
$Al_0CoCrFeMnNi$	等离子熔覆	3.5% NaCl	−323	0.719
$Al_{0.5}CoCrFeMnNi$		3.5% NaCl	−328	0.922
$Al_{1.0}CoCrFeMnNi$		3.5% NaCl	−357	1.74
$Al_{1.5}CoCrFeMnNi$		3.5% NaCl	−396	2.36
$Al_{2.0}CoCrFeMnNi$		3.5% NaCl	−506	6.03

续表

体系	制备方法	腐蚀介质	E_{corr}/mV	I_{corr}/($\mu A/cm^2$)
$AlCoCrFeNiTi_0$	激光熔覆	3.5% NaCl	−427.8	2.504
$AlCoCrFeNiTi_{0.2}$		3.5% NaCl	−411.6	2.821
$AlCoCrFeNiTi_{0.4}$		3.5% NaCl	−438.9	3.351
$AlCoCrFeNiTi_{0.6}$		3.5% NaCl	−453.5	2.187
$AlCoCrFeNiTi_{0.8}$		3.5% NaCl	−404.0	2.622
$AlCoCrFeNiTi_{1.0}$		3.5% NaCl	−467.4	2.164
$Al_2CrFeCo_0CuNiTi$		3.5% NaCl	−700	0.28
$Al_2CrFeCo_{0.5}CuNiTi$		3.5% NaCl	−430	0.072
$Al_2CrFeCo_{1.0}CuNiTi$		3.5% NaCl	−220	0.013
$Al_2CrFeCo_{1.5}CuNiTi$		3.5% NaCl	−510	0.074
$Al_2CrFeCo_{2.0}CuNiTi$		3.5% NaCl	−430	0.037
$Al_2CrFeCoCuTiNi_0$		3.5% NaCl	−510	680
$Al_2CrFeCoCuTiNi_{0.5}$		3.5% NaCl	−430	320
$Al_2CrFeCoCuTiNi_{1.0}$		3.5% NaCl	−220	130
$Al_2CrFeCoCuTiNi_{1.5}$		3.5% NaCl	−480	640
$Al_2CrFeCoCuTiNi_{2.0}$		3.5% NaCl	−500	670
$Al_2CrFeCoCuTiNi_0$		1mol/L NaOH	−870	260
$Al_2CrFeCoCuTiNi_{0.5}$		1mol/L NaOH	−820	33
$Al_2CrFeCoCuTiNi_{1.0}$		1mol/L NaOH	−650	0.26
$Al_2CrFeCoCuTiNi_{1.5}$		1mol/L NaOH	−840	220
$Al_2CrFeCoCuTiNi_{2.0}$		1mol/L NaOH	−850	230
$Al_2CrFeCo_0CuNiTi$		1mol/L NaOH	−860	0.12
$Al_2CrFeCo_{0.5}CuNiTi$		1mol/L NaOH	−860	0.13
$Al_2CrFeCo_{1.0}CuNiTi$		1mol/L NaOH	−650	0.00026
$Al_2CrFeCo_{1.5}CuNiTi$		1mol/L NaOH	−890	0.2
$Al_2CrFeCo_{2.0}CuNiTi$		1mol/L NaOH	−870	0.027

注：E_{corr} 自腐蚀电位（相对于饱和甘汞电极）；I_{corr} 自腐蚀电流。

2

激光熔覆外加陶瓷相强化 HEAs 涂层耐磨性

第 2 章图片

2.1 WC 强化 CoCrNi 涂层的耐磨性能

本节研究了在 CoCrNi 中外加不同含量 WC 颗粒制备 CoCrNi-xWC [x=0%，5%，15%，25%（质量分数）] 复合涂层，分析 CoCrNi-xWC 复合涂层的物相组成、显微组织、力学性能和耐磨性能，并详细讨论了由原始 WC 颗粒分解的多级多尺度碳化物的演化和协同效应。

2.1.1 复合涂层物相分析

图 2-1(a) 为激光熔覆不同 WC 含量的 CoCrNi-WC 复合涂层的 XRD（X 射线衍射）图谱。CoCrNi 中熵合金涂层物相由单一的 FCC 固溶体相组成，且 CoCrNi 的 FCC 相不随 WC 的加入而发生明显变化。在 5%（质量分数）WC 涂层中，仅出现微弱的 WC 相和 Cr_3C_2 相的衍射峰。随着 WC 的添加量达到 15%或 25%（质量分数），涂层中物相变得更加复杂，WC 和富 Cr 碳化物的衍射峰增加，出现 W_2C 峰。其中，富 Cr 碳化物的峰与 $Cr_{23}C_6$ 和 Cr_7C_3 碳化物的峰匹配。从图 2-1(b) $2\theta=49°\sim52°$之间的局部放大图可以看出，FCC 衍射峰向低角度偏移。在激光熔覆集中加热作用下，熔池温度超过 WC 的熔点，使 WC 熔化并分解成游离的 W 和 C 原子。由于 W 原子半径大，溶入由 CoCrNi 形成的 FCC 固溶体后，固溶体晶格发生畸变，得到 FCC 过饱和固溶体，导致 FCC 固溶体的 XRD 衍射峰向左移动，晶格常数变大。FCC 衍射峰在 5%（质量分数）WC 涂层时移动最大。当 WC 含量达到 15%或 25%（质量分数）时形成 W_2C 相，降低了 W 在 FCC 中的固溶度，导致衍射峰向右移动。当 WC 含量高时，更多的游离 C 原子容易在枝晶间偏析形成多元碳化物相。同时，C 作为小尺寸的间隙原子，在激光熔覆快速凝固过程中容易溶入 CoCrNi 基体中，引起晶格畸变，起到固溶强化作用。

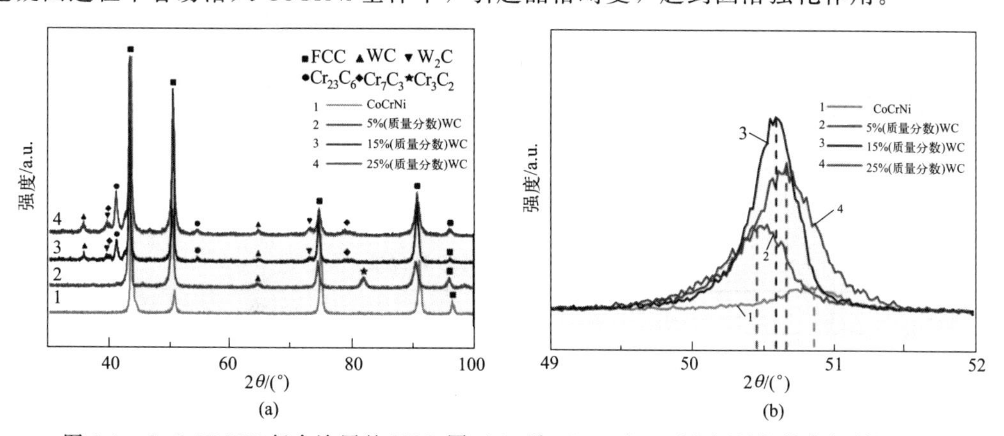

图 2-1 CoCrNi-WC 复合涂层的 XRD 图（a）及 $2\theta=49°\sim52°$之间局部放大衍射图（b）

2.1.2 复合涂层显微组织分析

（1）SEM（扫描电子显微镜）分析

CoCrNi-WC 复合涂层截面形貌的 SEM 图如图 2-2 所示。在图 2-2(a) 中，CoCrNi 涂

层的显微组织为胞状晶。添加 WC 后，涂层组织为典型的枝晶组织，由枝晶（DR）组织和枝晶间（ID）组织组成。WC 含量的增加使枝晶不断细化，枝晶间组织增加。在激光熔覆过程中，WC 颗粒的溶解将 W 和 C 原子分解为枝晶和枝晶间的固溶体。与 Co、Cr、Ni 和 W 相比，C 的原子半径要小得多，因此枝晶间原子之间存在较大的半径差，导致晶格畸变增加，这一过程使枝晶细化并阻碍其生长。W 元素过饱和引起的晶格畸变抑制了位错的运动，阻碍了晶界的滑移，具有固溶强化作用，提高了涂层中固溶体的强度和硬度。表 2-1 为合金元素的混合焓，元素之间的混合焓决定了元素的偏析，混合焓越负，就越容易富集。在激光熔覆的快速凝固过程中，W 作为合金成分中原子半径最大的元素，在枝晶生长过程中发生偏析，在枝晶间形成 WC 和 W_2C 碳化物相。由于 C 和 Cr 的混合焓最负，WC 颗粒溶解后，大量的游离 C 原子很容易与 Cr 形成富 Cr 碳化物，并嵌入固溶体中，在枝晶间区域富集。Co 和 Ni 是基体元素，主要集中在枝晶中形成 FCC 固溶体相。

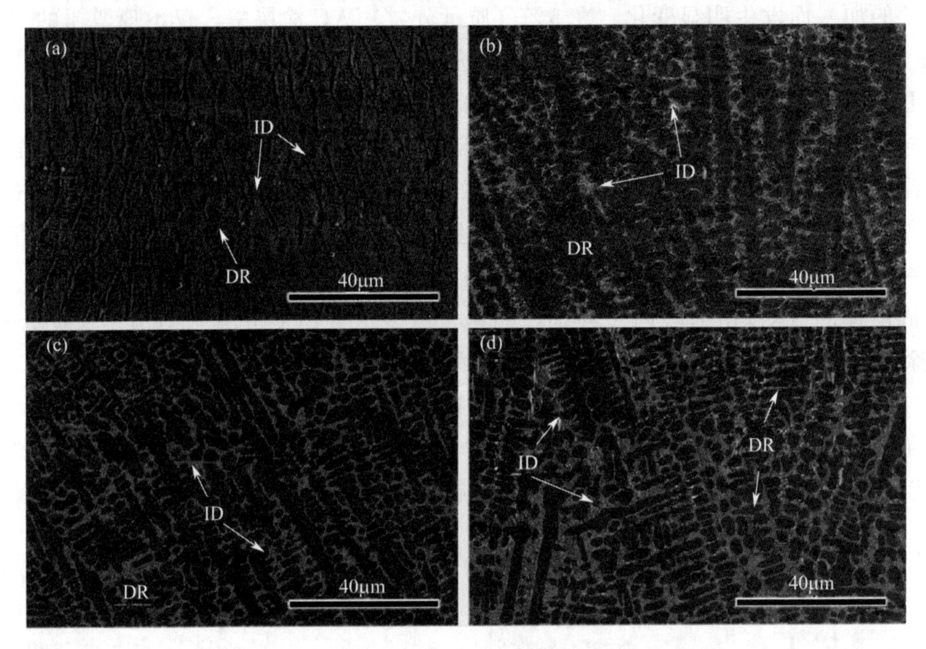

图 2-2 CoCrNi-xWC 复合涂层截面形貌的 SEM 图

(a) CoCrNi；(b) x=5%（质量分数）；(c) x=15%（质量分数）；(d) x=25%（质量分数）

表 2-1 合金元素的混合焓 kJ/mol

元素	Co	Cr	Ni	W	C
Co	—	−4	0	−5	−42
Cr	—	—	−7	5	−61
Ni	—	—	—	−9	−39
W	—	—	—	—	−32

图 2-3 为 5%（质量分数）和 15%（质量分数）WC 涂层显微组织以及相应的 EDS（能谱分析）结果。如图 2-3(a) 所示，在枝晶和枝晶间区域存在两种不同的衬度相，即灰色枝晶基体相和白色枝晶间相。在图 2-3(b) 中，当 WC 含量达到 15%（质量分数）

时，枝晶间组织明显增多，且成分变得复杂。为了进一步观察不同相成分含量的变化趋势，采用EDS线扫描分析组织结构，EDS扫描线依次穿过不同衬度的枝晶和枝晶间区域，结果如图2-3(c)和(d)所示。分析表明，枝晶区主要富集Co和Ni，枝晶间区主要富集Cr、W和C。

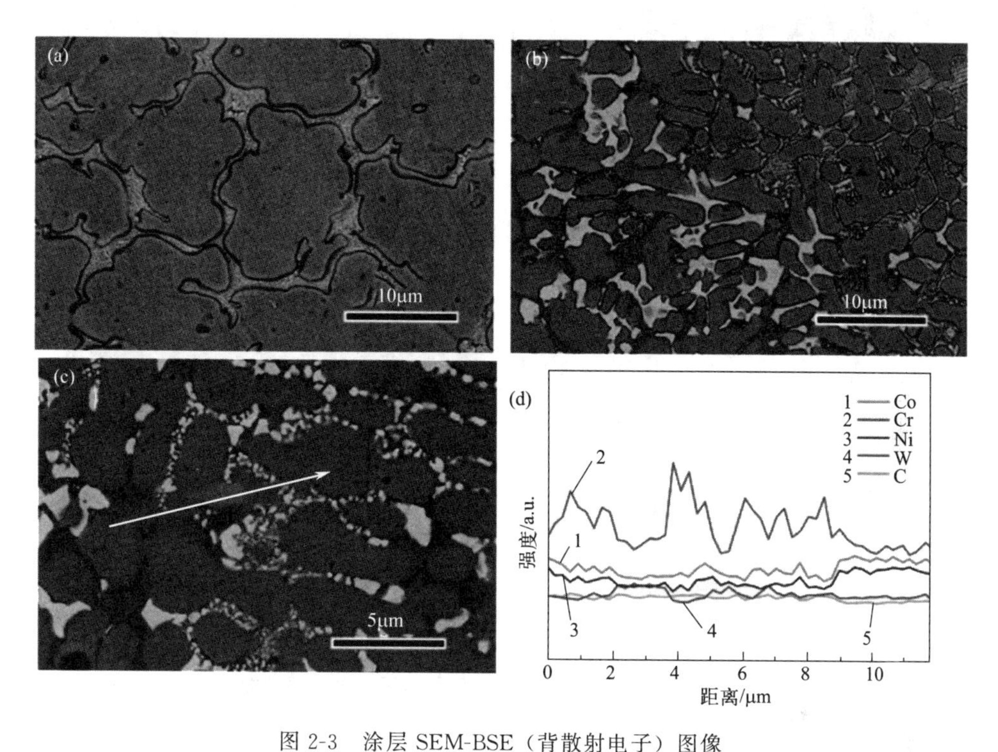

图2-3 涂层SEM-BSE(背散射电子)图像

(a) 5%(质量分数)WC；(b)、(c) 15%(质量分数)WC；(d) 对图(c)的SEM-EDS线扫描分析

图2-4为25%(质量分数)WC涂层的显微组织，表2-2列出了图2-4(b)中不同区域化学成分的EDS点扫描结果。如图2-4(a)所示，涂层显微组织主要由许多白色块状组织和少量黑色网状组织组成。从图2-4(a)的局部放大图[图2-4(b)]中可以看到，涂层的显微组织主要由四部分组成：灰色基体组织(A)、白色块状组织(B)、黑色网状组织(C)和共晶组织(D)。由表2-2的成分分析可知，析出相B、C、D分别对应富W碳化物、富Cr碳化物和共晶碳化物。从表2-2中还可以看出，涂层组织中含有较低的Fe，这是由于激光熔覆存在较低的稀释率，基体中少量Fe元素稀释到涂层中。在图2-4(c)中，白色块状组织通过黑色网状组织相互连接，而在图2-4(d)中，枝晶间区域富集了大量共晶碳化物。在高能激光束的作用下，涂层中首先形成基体相，WC颗粒在基体中溶解扩散，改变基体成分，涂层中出现不同的析出相。不同的析出相之间相互连接，分布在固溶体的枝晶间区域。激光熔覆的热量集中使WC颗粒部分溶解，W和C在基体中的富集增加了二次碳化物的含量，导致富W碳化物析出。从析出物的形状和XRD结果可以推断，白色块状组织是原始未溶解的WC颗粒和在凝固过程中生成W_2C，后者在枝晶间析出。Cr和C具有较大的负焓，促进了成分偏析，使富Cr碳化物在枝晶间区析出。综合XRD结果表明，富Cr碳化物主要为$Cr_{23}C_6$和Cr_7C_3。

连续桥接的共晶碳化物是由基体和碳化物共晶凝固形成的，主要在 FCC 和富 W、富 Cr 碳化物相中富集。虽然完整的 WC 颗粒具有较高的硬度和耐磨性，但会显著降低 CoCrNi 基体的韧性，多元碳化物的形成可有效避免这种弊端。

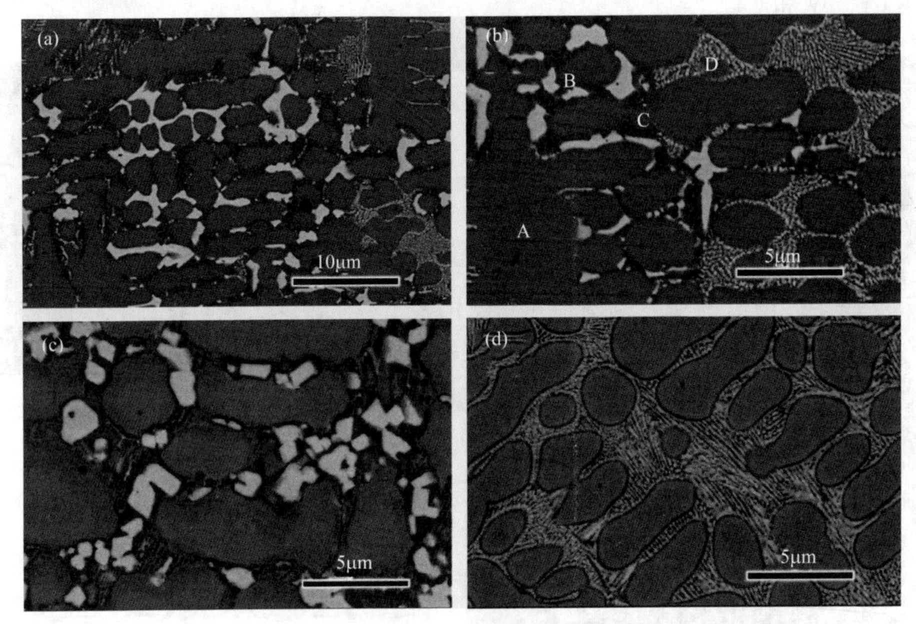

图 2-4　25%（质量分数）WC 涂层不同区域的 SEM-BSE 图像

表 2-2　图 2-4(b) 中不同微观结构的化学成分（质量分数）　　%

频谱点	Co	Cr	Ni	W	C	Fe
A	33.92	22.35	31.63	3.17	3.74	5.19
B	8.69	3.78	11.07	20.28	54.77	1.41
C	8.81	26.67	7.44	3.06	51.66	2.36
D	11.33	11.29	8.41	12.63	51.32	5.02

（2）TEM（透射电子显微镜）分析

如图 2-5 所示，晶间区的共晶组织由衬度不同的三种物相组成，对应着图 2-4(b) 中 D 区域。STEM-EDS 面扫描的分析表明，相的组成包括富 Co-Ni 的基体相、富 Cr 碳化物相和富 W 碳化物相。这对应于上述描述的共晶碳化物主要由 FCC 基体和富 W、富 Cr 碳化物相组成。从不同元素信号的叠加可以看出，枝晶间区主要是富 W 碳化物相和富 Cr 碳化物相，而富 Co-Ni 基体相较少，说明枝晶间存在多种碳化物偏析。在枝晶区域凝固时首先形成基体相，溶解的 WC 颗粒中的 W 和 C 原子扩散到枝晶间区域，混合焓相对为负，在驱动力的作用下形成多级碳化物。在动力学上，由于激光熔覆的快速冷却，在枝晶间区域出现了纳米尺度的共晶组织。枝晶间区域的多级多尺度碳化物有助于提高涂层的机械性能。

图 2-6(a) 为通过 TEM 获得的 25%（质量分数）WC 涂层的明场（BF）像，其中可以观察到基体晶粒和晶间区域多种不同衬度碳化物的富集。图 2-6(b) 是涂层基体晶

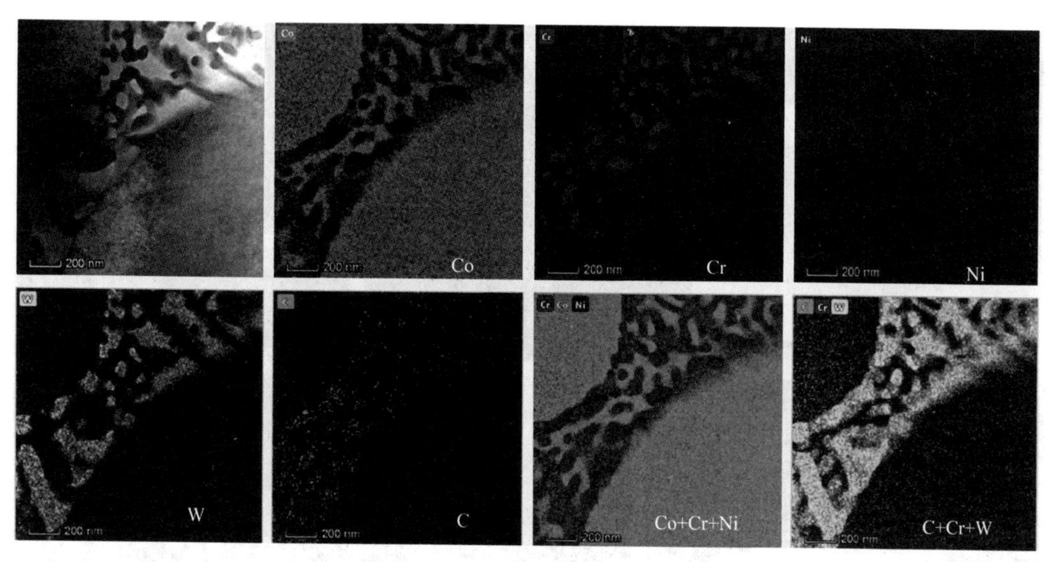

图 2-5　25%（质量分数）WC 复合涂层枝晶间区域共晶组织的 TEM-EDS 元素分布图

粒的 HRTEM（高分辨率透射电子显微镜）图像，图 2-6(c) 为对应的电子衍射（SADP）图，可以看出基体晶粒是沿［001］轴的典型 FCC 结构。通过对图 2-6(d) 中晶间区相界面的 HRTEM 放大分析可知，界面中存在多种取向关系不同的相，分别为基体相、富 W 碳化物相和富 Cr 碳化物相。图 2-6(e)、(f) 的明场像和晶间区元素分布图发现纳米级多种碳化物的存在。综合图 2-6(d) 中大量的共晶碳化物，枝晶间区域存在着多级多尺度的碳化物，可大幅提高涂层的强度。

图 2-7 为图 2-4(a) 中显微组织的凝固相变过程示意图。在涂层凝固初期，液相中存在一些未溶解的 WC 颗粒。凝固初期首先形成枝晶组织，WC 颗粒溶解后 W 原子和 C 原子扩散到枝晶间区域，形成二次富 W 碳化物。同时，由于 C 与 Cr 的存在相对较负的混合焓，C 与 Cr 反应生成富 Cr 碳化物，进而形成共晶组织，所有碳化物相互连接。多级多尺度碳化物的形成具有协同强化作用，有利于提高涂层的硬度和耐磨性。

2.1.3　复合涂层纳米压痕分析

图 2-8 为 25%（质量分数）WC 涂层表面枝晶和枝晶间区域的纳米压痕结果，相关参数如表 2-3 所示。从图 2-8(a) 的载荷-位移曲线可以看出，随着压痕载荷的增加，压痕位移显著增加。在加载阶段，材料发生弹性变形，随着载荷的增加，材料发生塑性变形；在卸载阶段，材料随着载荷的减小而恢复弹性，卸载后产生的压痕反映了材料的塑性变形所保留的残余变形。从图 2-8(b) 可以看出，枝晶间区域的纳米硬度和弹性模量值均高于枝晶区域。在表 2-3 中，加载曲线和 X 轴所包围的面积是测试中所做的总功，用 W_{total} 表示；加载曲线和卸载曲线和 X 轴所包围的面积是塑性功，用 W_{plast} 表示；W_{plast}/W_{total} 的比值通常用来定性地表征材料的延展性，比值越高，延展性越好。由纳米压痕测试结果和枝晶间区域多级碳化物的析出分析，枝晶间析出的碳化物能有效防止位错的移动，提高强度，使枝晶间区具有比枝晶更高的纳米硬度。

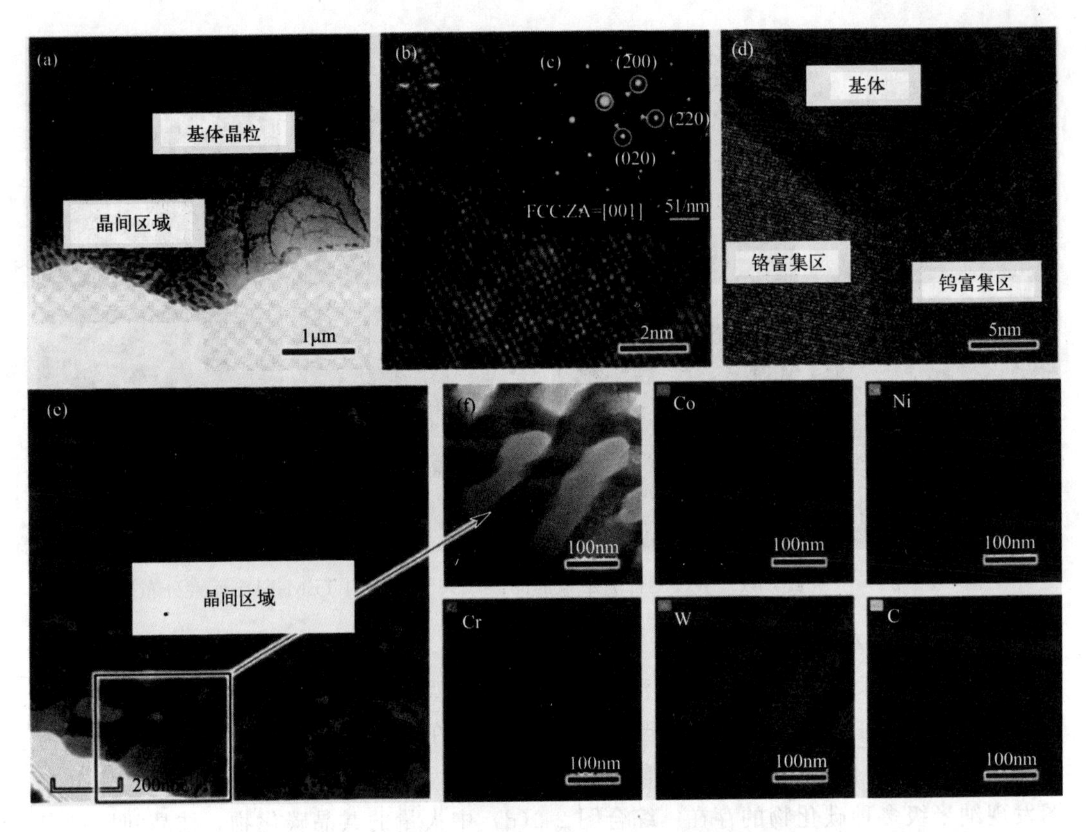

图 2-6　25%（质量分数）WC 涂层的 TEM 图像

(a) 明场（BF）像；(b)、(c) 分别为 (a) 中基体晶粒的 HRTEM 图像和 SADP 图案；(d) 晶间相界面的 HRTEM 图像；(e)、(f) 晶间区域的明场像和元素分布图

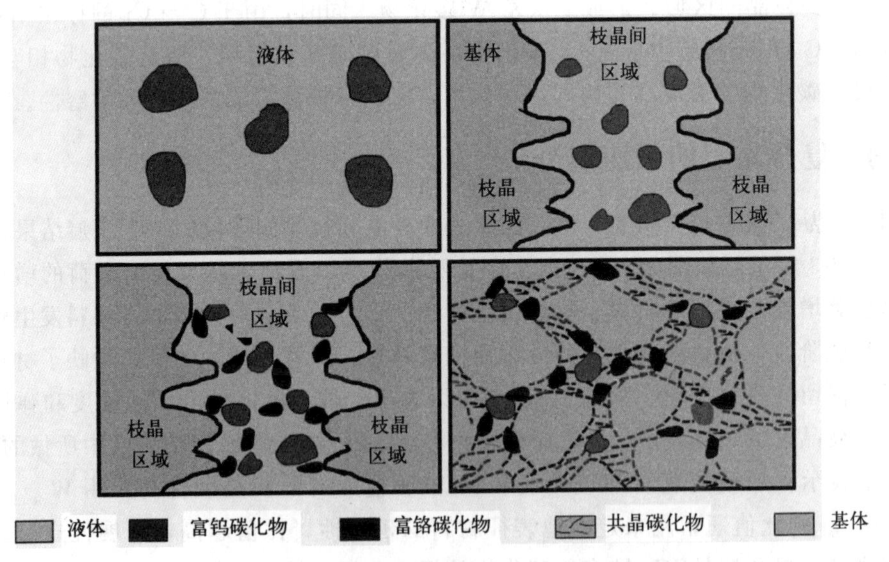

图 2-7　CoCrNi-WC 涂层凝固相变过程示意图

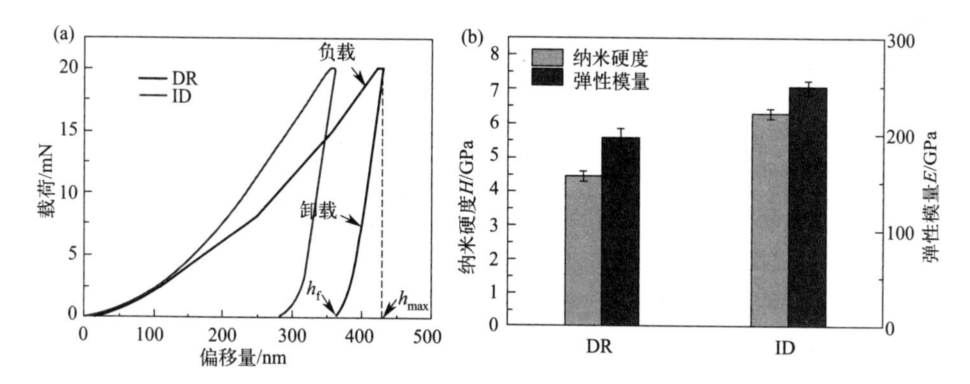

图 2-8　25%（质量分数）WC 涂层的纳米压痕结果

(a) 载荷-位移曲线；(b) 枝晶和枝晶间的纳米硬度和弹性模量

表 2-3　25%（质量分数）WC 涂层的纳米压痕测试

项目	H/GPa	E/GPa	W_{plast}/pJ	W_{total}/pJ	W_{plast}/W_{total}
DR	4.4194	196.77	2851.43	3364.65	0.847
ID	6.2865	248.94	2276.99	2788.55	0.817

2.1.4　复合涂层显微硬度分析

从图 2-9 可以清楚地看出，随着 WC 含量增加，CoCrNi-xWC 复合涂层的平均显微硬度增加，其中 25%（质量分数）WC 涂层硬度为 503.4HV0.1，是 CoCrNi 涂层的 2.6 倍。涂层的显微硬度受多种因素影响：CoCrNi 作为基体具有优异的润湿性，有效地保持了 WC 颗粒的高硬度；WC 颗粒在激光熔覆的热量集中作用下分解成游离的 W 和 C，C 元素作为小尺寸的间隙原子，增加了晶格畸变，起到了固溶强化作用；多级碳化物引起的第二相强化作用也是提高复合涂层显微硬度的重要因素。结合 Peng 等人对碳化物硬度测试和本文的实验结果分析，确定了多级碳化物的硬度关系为：富 W 碳化物＞共晶碳化物＞富 Cr 碳化物＞CoCrNi 基体。因此多元碳化物的多级强化作用是提高硬度的关键因素。WC 的加入虽然提高了涂层的硬度，但是是以牺牲 CoCrNi 的塑性为代价的，过多的 WC 加入会导致涂层容易产生裂纹。因此，在保证涂层塑性的前提下，可加入适量的 WC 诱导形成多级碳化物来提高涂层强度。

2.1.5　复合涂层耐磨性能分析

图 2-10(a) 为 CoCrNi-WC 复合涂层滑动磨损试验的示意图，在 Al_2O_3 球的干滑动条件下，涂层中枝晶间区域的多级碳化物阻碍了 Al_2O_3 球的往复运动，如图 2-10(b) 所示。图 2-10(c) 为不同 WC 含量对涂层摩擦系数（COF）的影响。涂层表面的周期性局部断裂和磨损表面磨屑的堆积和移除是摩擦系数曲线波动的主要原因。涂层的平均 COF 分别为 0.70、0.63、0.58 和 0.52，可以看出 COF 随着 WC 含量的增加而降低。枝晶间区域多级碳化物的存在增加了涂层的显微硬度，能有效抵抗 Al_2O_3 球压入引起的塑性变形和黏着磨损，从而降低摩擦过程中两个接触面的粗糙度。干滑动磨损试验后

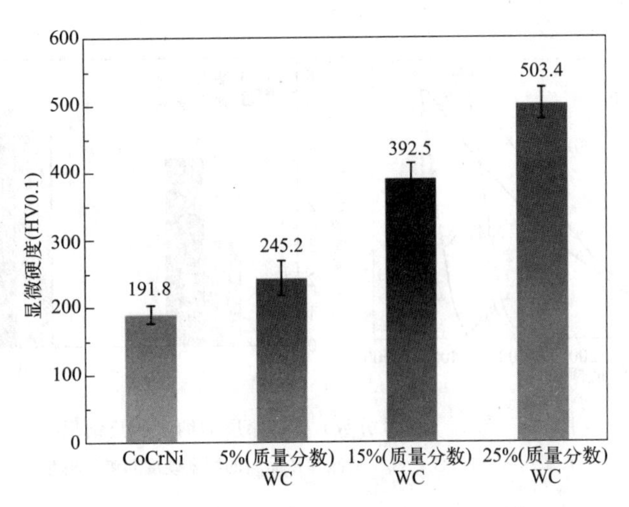

图 2-9　不同 WC 含量复合涂层的显微硬度

涂层试样的磨损体积损失如图 2-10(d) 所示，与 COF 变化趋势一致，随着 WC 含量的增加，涂层磨损体积呈明显下降趋势，25%（质量分数）WC 涂层磨损体积仅为 CoCrNi 涂层的四分之一。根据经典的 Archard 公式，材料的耐磨性与硬度成正比，将图 2-10(d) 涂层磨损体积结果与图 2-9 涂层显微硬度相比较，可以确定涂层硬度和磨损量损失的变化趋势遵循 Archard 公式，进而推测添加 WC 后涂层的磨损机理与 CoCrNi 涂层相比会有所不同。

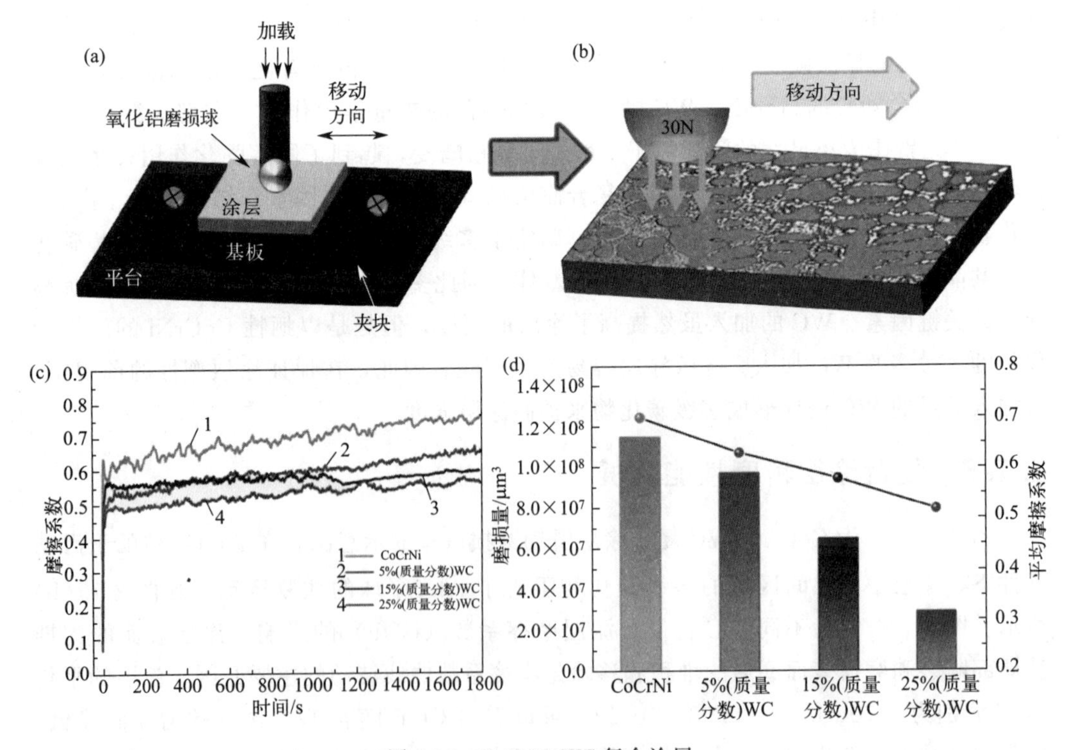

图 2-10　CoCrNi-WC 复合涂层

(a)、(b) 磨损过程示意图；(c) 摩擦系数；(d) 磨损体积

图 2-11(a) 为涂层磨损后的轮廓图，从图中可以看出 CoCrNi 涂层磨痕的深度和宽度最大，而 25%（质量分数）WC 涂层的磨痕最小，说明随着 WC 含量的增加，磨痕轮廓的深度和宽度减小，磨损程度下降。图 2-11(b) 中 CoCrNi 涂层的磨痕表面非常粗糙，有明显的塑性变形。随着 WC 含量的增加，涂层磨痕表面逐渐变光滑，深度和宽度都变浅［图 2-11(c)～(e)］。因此，当 CoCrNi-WC 复合涂层中 WC 含量逐渐增加时，涂层摩擦系数、磨损体积和磨损率下降，意味着涂层磨损程度降低，耐磨性提高。在干滑动磨损阶段，由于 CoCrNi 基体硬度较低，涂层表面磨损严重，添加 WC 后，形成的硬质多元碳化物在磨损表面凸出，保护了基体的磨损，提供了有效的抗磨损保护。

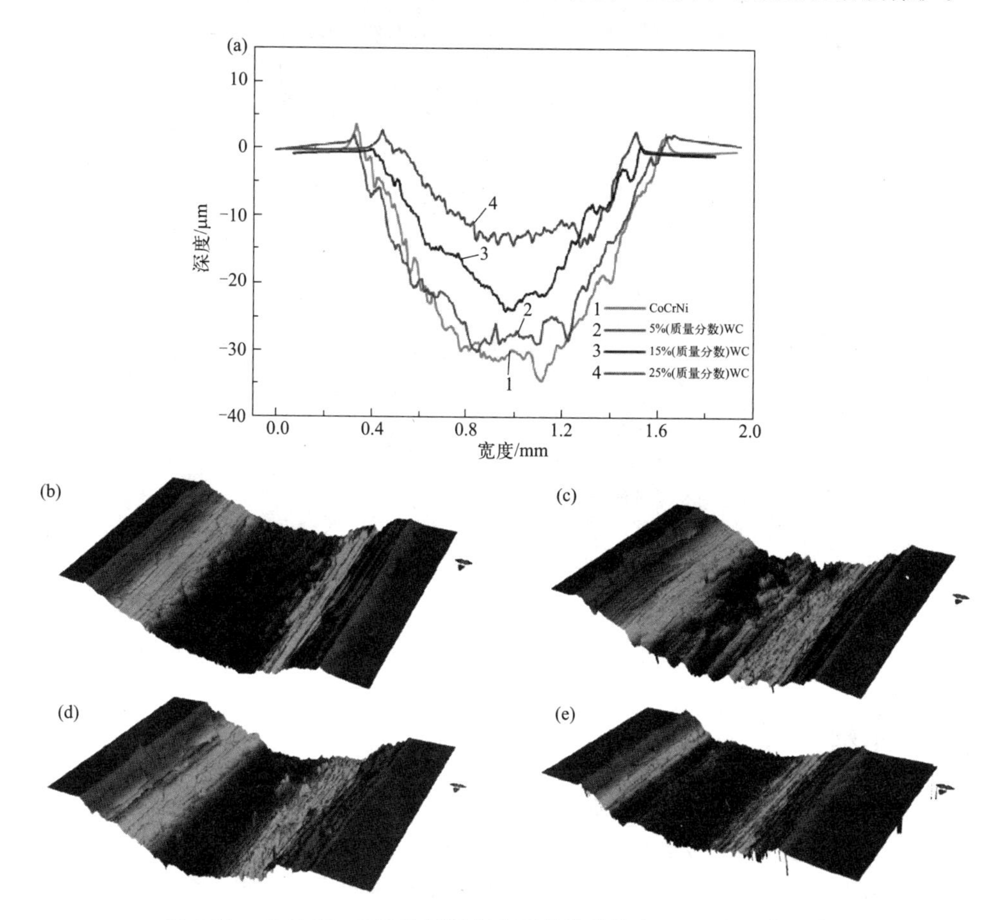

图 2-11 CoCrNi-xWC 涂层磨损表面的磨损轮廓（a）和三维形貌：
（b）CoCrNi，（c）x=5%（质量分数），（d）x=15%（质量分数），（e）x=25%（质量分数）

CoCrNi-xWC 涂层的磨损表面 SEM 形貌如图 2-12 所示。从 CoCrNi 涂层的磨痕形貌［图 2-12(a)］可以看出，该涂层表面较为粗糙，有明显的黏着磨损区、分层和犁沟，表明是黏着磨损和磨粒磨损共同作用的结果。在高硬度 Al_2O_3 摩擦副干滑动磨损的作用下，涂层表面在切削过程中发生塑性变形，伴随着较高的温度，使掉落的磨屑在反复摩擦过程中黏附在磨痕上，形成黏着层。如图 2-12(b)～(d) 所示，随着 WC 含量的逐渐增加，磨损表面变得光滑，黏着程度逐渐降低，犁沟变浅，磨损机理以磨粒磨损为主。由于多级碳化物的协同强化作用，改变了磨损机理，降低了磨损程度，使 CoCrNi-WC 复合涂层具有更好的耐磨性。此外，在干滑动摩擦磨损试验的正压力和剪应力作用下，多级碳化物能更好地承载和传递载荷，表现出优异的耐磨性。但添加过多的 WC 颗粒会大幅牺牲涂层的韧性，降低与 CoCrNi 基体的结合强度，在摩擦应力作用下，WC 颗粒的破碎剥落会使涂层的磨损机理以三体磨损为主，降低涂层的耐磨性。因此，多级多尺度碳化物的协同耐磨作用对 CoCrNi-WC 复合涂层具有良好的抗磨保护作用。

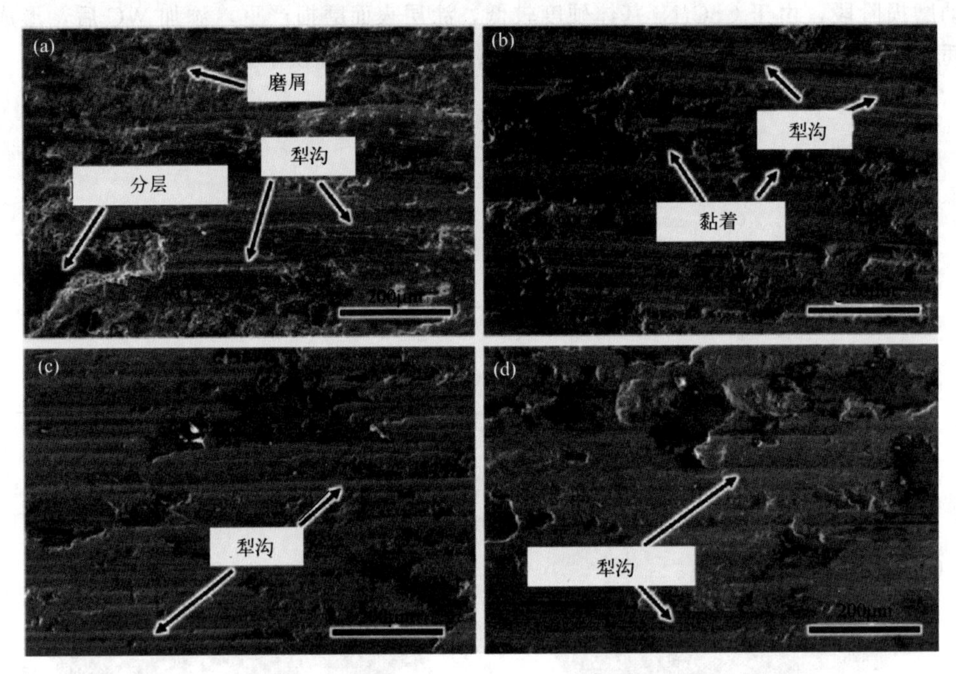

图 2-12 CoCrNi-xWC 涂层的磨损表面形貌

(a) CoCrNi；(b) x=5%（质量分数）；(c) x=15%（质量分数）；(d) x=25%（质量分数）

2.1.6 小结

本节采用激光熔覆制备了外加不同 WC 含量的 CoCrNi-xWC [x=0%，5%，15%，25%（质量分数）] 复合涂层，研究了外加 WC 对涂层物相、组织结构、力学性能和耐磨性能的影响，并阐明了多级碳化物的演化和协同作用。根据实验结果得出的主要结论如下：

① CoCrNi 涂层物相为单一的 FCC 相，添加 WC 后 CoCrNi-WC 复合涂层物相从单一的 FCC 相转变为 FCC+富 W 碳化物相+富 Cr 碳化物相，WC 的加入促进了多级碳化物相的形成。

② 涂层组织为典型的树枝晶结构，随着 WC 含量的增加，涂层中的枝晶不断细化，枝晶间组织增多。涂层显微组织由枝晶的基体组织和枝晶间的多级多尺度碳化物组成。

③ 在 CoCrNi 基体中添加 WC 使涂层的平均硬度从 191.8HV0.1 提高到 503.4HV0.1。多级碳化物引起的第二相的强化作用提高了涂层的硬度和力学性能，并保持了基体良好的韧性。

④ WC 的加入提高了 CoCrNi 涂层的耐磨性，25%（质量分数）WC 涂层耐磨性能最优。多级碳化物的协同耐磨作用可以更好地承载和传递载荷，有效地提高抗磨损性能。

2.2 WC 强化 CoCrMnNiTi 涂层的耐磨性能

本节研究了在 CoCrMnNiTi 中外加不同含量 WC 颗粒制备激光熔覆复合涂层，分析了复合涂层的物相组成、显微组织、力学性能和耐磨性能，讨论了 WC 颗粒提升涂层耐磨性的作用机制。

2.2.1 物相分析

图 2-13 为添加不同 WC 含量 $CoCrMnNiTi_{0.75}$-yWC [y=5%，10%，15%，20%（质量分数）] 复合涂层的 X 射线衍射图谱。由结果可以看出：涂层中除了主相仍然为 FCC 外，还生成了 TiC、M_7C_3、Co_7W_6 等物相，此外 Laves 相随着 WC 的加入逐渐消失。由于激光熔覆过程中能量密度较高，而 WC 的自由生成焓（38.5kJ/mol）低，因此 WC 颗粒在铁基熔池中很容易熔解。WC 发生分解后可能会分解为 W 和 C 以及少量剩余的 WC，由于 C 与 Ti 的混合焓较负，因此在熔覆过程中会优先进行反应，C 与 Ti 结合会形成强化相 TiC，这样既生成了硬度较高的强化相，又会抑制 Laves 相的生成。我们发现，衍射峰主峰强度逐渐减弱，原因可能是 W 原子的加入导致衍射晶面粗糙不平，布拉格衍射时 X 射线被散射，从而导致形成的固溶体衍射强度变弱。W 原子会固溶于 FCC 相中，引起晶格畸变，从而使晶格常数增大。此外，涂层中还形成了一些碳化物的物相，由于 WC 的分解，C 与 W 同样会与其他元素进行反应，这些碳化物对涂层的性能有何影响我们后续进行分析讨论。

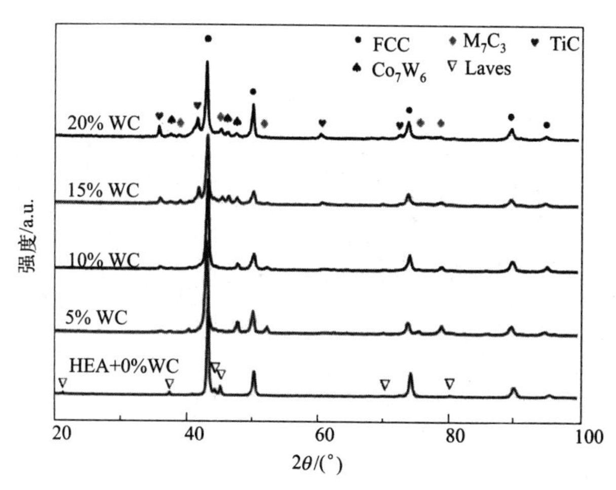

图 2-13 添加不同 WC 含量 $CoCrMnNiTi_{0.75}$-yWC 涂层的 X 射线衍射图谱

2.2.2 涂层的显微组织分析

$CoCrMnNiTi_{0.75}$-yWC 涂层的微观组织如图 2-14 所示，其中（a′）、（b′）、（c′）和

(d′) 分别对应于图 2-14 (a)、(b)、(c) 和 (d) 中白框区域的放大部分。在加入 WC 后形成了与 $CoCrMnNiTi_{0.75}$ 涂层不同的组织形貌，图 2-14 (a) 中可以观察到，当加入质量分数为 5%的 WC 时，FCC 区域多呈花状形貌，涂层中有较多的强化相的分布，结合图 2-15 的 EDS（能谱分析）图发现，强化相的位置主要分布 Ti、W、C 元素，我们推断这些强化相是 TiC 和 WC。当 WC 含量为 10%时，组织中开始析出白色的碳化物，经过物相分析比对，发现这些碳化物是 M_7C_3、Co_7W_6 等；随着加入 WC 含量的提高，涂层中的碳化物析出逐渐增多，尺寸逐渐增大。此外，我们发现强化相的尺寸随着 WC 含量的增加而减小，有些分散分布于涂层中，有些则是以团聚状分布于涂层。从 $Ti_{0.75}$-5%WC 涂层 EDS 图中可以看到，涂层黑色区域为强化相，其余部分仍然为富 Co、Cr、Mn、Ni、Fe 元素的 FCC 相；$Ti_{0.75}$-20%WC 的能谱图中由于对比度问题，强化相表现为白亮色，深灰色基体为 FCC，浅灰色的组织分布为碳化物。

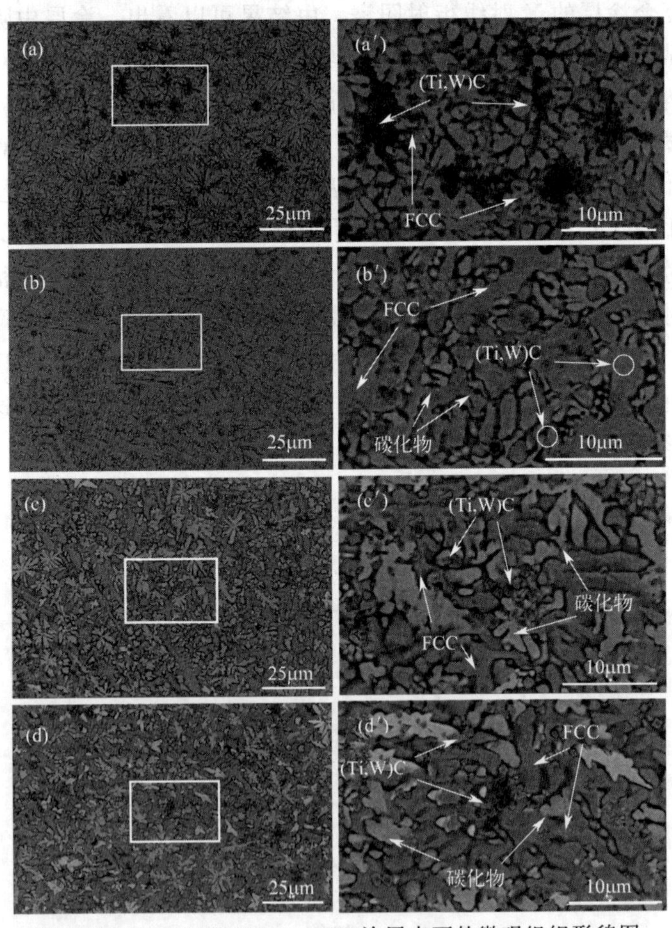

图 2-14　$CoCrMnNiTi_{0.75}$-yWC 涂层表面的微观组织形貌图

(a)，(a′) $Ti_{0.75}$-5%WC；(b)，(b′) $Ti_{0.75}$-10%WC；(c)，(c′) $Ti_{0.75}$-15%WC；(d)，(d′) $Ti_{0.75}$-20%WC

2.2.3 显微硬度分析

图 2-16 为添加不同 WC 含量的 $CoCrMnNiTi_{0.75}$-yWC 系复合涂层表面的平均显微

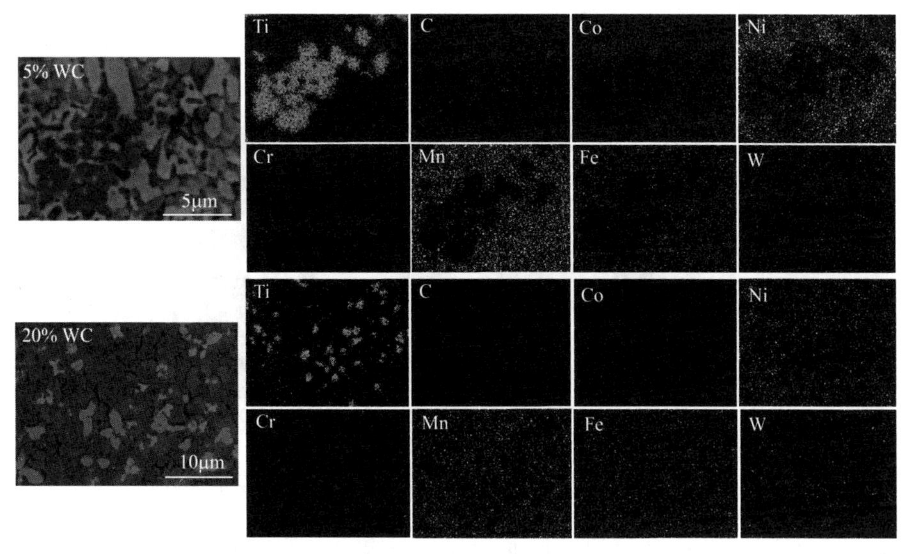

图 2-15　$CoCrMnNiTi_{0.75}$-5%WC 和 $CoCrMnNiTi_{0.75}$-20%WC 涂层的 EDS 图

硬度。从图中可以看出，$CoCrMnNiTi_{0.75}$ 涂层的平均显微硬度要低于加入 WC 的四组涂层的硬度，且涂层的硬度并没有随着 WC 含量的增加而增加，而是在 WC 为 5%（质量分数）时涂层硬度最高。结合 SEM 对组织的分析，当 WC 含量为 5%（质量分数）时，涂层中含有颗粒较大的 TiC 且分布不均匀，TiC 是一种硬度较高的强化相，能显著提高涂层的硬度。当 WC 含量为 10%（质量分数）时，涂层硬度开始下降，从显微组织中可以看到，$Ti_{0.75}$-10%WC 涂层中开始析出碳化物，碳化物的析出导致涂层的硬度开始下降，且随着加入的 WC 含量越高，碳化物含量越高，涂层的平均显微硬度越低，当 WC 含量为 20%（质量分数）时，$Ti_{0.75}$-20%WC 涂层硬度最低。结合物相分析及组织分析结果我们可以推断：随着 WC 含量的增加，强化相颗粒变得更为细小，在涂层中分布也相对均匀，涂层的硬度降低，但相对于 $CoCrMnNiTi_{0.75}$ 涂层硬度都有所提高；另一方面，C、W 原子固溶进 FCC 相，晶格畸变增大，固溶强化作用增强，涂层的硬度提高。此外，由于 WC 的分解，C 与 Cr、Co 等元素形成碳化物，而且 $CoCrMnNiTi_{0.75}$ 高熵合金元素的含量是一定的，在 WC 分解的前提下，C 元素与 W 元素过量，固溶于 FCC 基体中，可能会形成铁钨碳三元相；WC 含量增加时会导致涂层的稀释率增大，从而随着 WC 含量增加，涂层硬度下降。

2.2.4　线性干磨损性能分析

（1）摩擦系数

图 2-17 为室温条件下添加不同 WC 含量 $CoCrMnNiTi_{0.75}$ 涂层的摩擦系数（COF）曲线。从摩擦曲线可以看出，涂层的摩擦系数随 WC 含量增加的变化趋势与硬度的变化相一致。我们计算了摩擦曲线达到稳定阶段后的平均摩擦系数后发现，当加入 WC 含量为 5%（质量分数）时，涂层的摩擦系数有了较大的降低；而随着 WC 加入量的继续增加，摩擦系数又出现先增加后降低的趋势，说明在 WC 发生分解的前提下，涂层

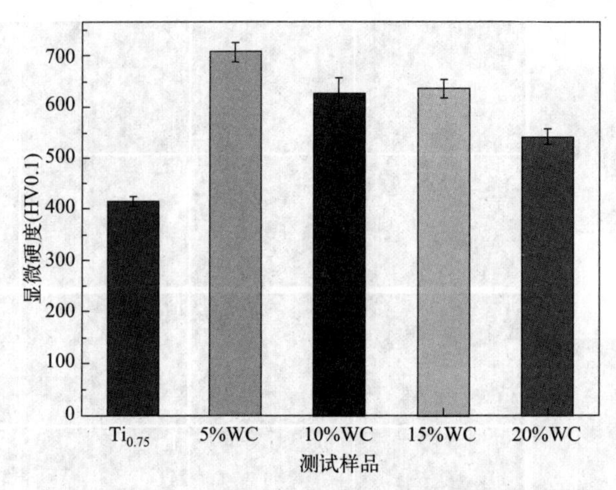

图 2-16 添加不同 WC 含量 $CoCrMnNiTi_{0.75}$-yWC 涂层的显微硬度

的耐磨性并没有随着 WC 含量的增加而增加。一方面，涂层的硬度越高，涂层表面的抗变形能力越好，磨损抗力越高，摩擦系数越小；另一方面，我们通过前面物相以及组织的分析知道，熔覆过程中 WC 发生分解，产生的固溶强化作用以及碳化物的生成，导致了硬度的变化，从而造成摩擦系数的变化。但涂层的耐磨性并不能只通过摩擦系数来判定，因此我们继续通过磨痕以及磨损体积损失来判断。

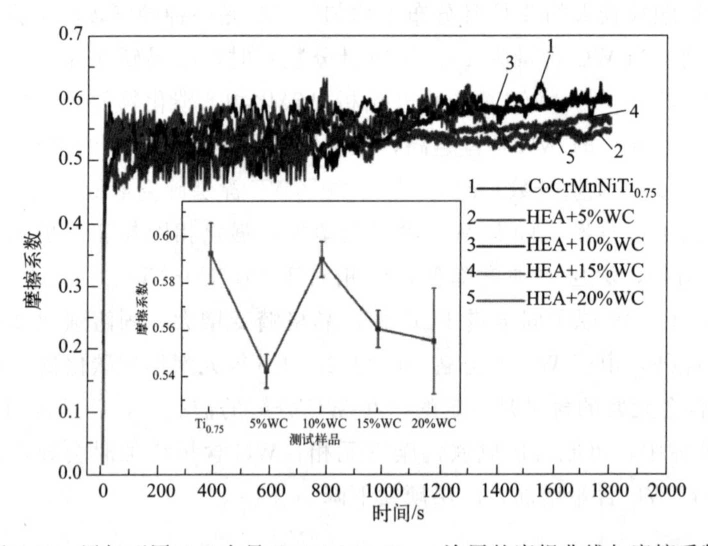

图 2-17 添加不同 WC 含量 $CoCrMnNiTi_{0.75}$ 涂层的磨损曲线与摩擦系数

（2）磨损体积

图 2-18 为复合涂层在摩擦磨损实验后的体积损失，当加入的 WC 含量在 15%（质量分数）以内时，涂层在磨损实验后体积损失相较于 $CoCrMnNiTi_{0.75}$ 都有所下降。我们发现，当 WC 含量在 5%（质量分数）时，涂层的硬度是最大的、摩擦系数是最小的，而磨损体积却没有对应这一规律，我们推断：从涂层表面的 SEM 组织观察发现，出现了粒度较大的(Ti,W)C 颗粒，强化相颗粒较硬，周围 FCC 基体较软，磨损过程中 FCC

相较于强化相会率先下凹，此时载荷直接作用于强化相，在加载力的作用下会发生断裂甚至脱落，在磨损表面留下剥落坑，磨球与剥落坑继续交互剪切，造成较大的体积损失。这种强化相与基体在各种性能方面的差异以及在磨损过程中的作用机制是导致涂层耐磨性差异的重要原因。此外，当 WC 含量在 20%(质量分数) 时，由于涂层硬度较低，且析出较多碳化物，涂层的脆性增大，此时涂层磨损抗力较低，相应的磨损后的体积损失也较大。虽然其摩擦系数不是最大的，但摩擦曲线波动较大，表明在磨损过程中非常不稳定，这与碳化物带来的影响有关。

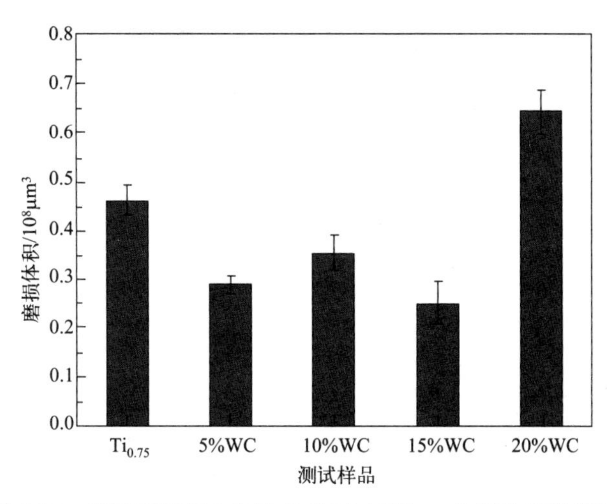

图 2-18 添加不同 WC 含量 $CoCrMnNiTi_{0.75}$ 涂层的磨损体积

(3) 磨痕三维形貌与横截面

摩擦磨损实验结束后，采用三维形貌对涂层的磨痕及其横截面轮廓进行了观察，结果如图 2-19 和图 2-20 所示。图 2-19 为磨损后涂层的三维轮廓，从磨痕的三维形貌我们可以清晰地看到，当 WC 含量为 5%(质量分数) 时，磨痕的轮廓较为光滑，反观另外三组 WC 含量继续增加的涂层，涂层出现了较深的犁沟。对应图 2-20 所示的磨痕截面轮廓，我们也可以直观地看到，$Ti_{0.75}$-5%WC 磨痕截面较光滑，另外三组存在较为明显的凸起和凹陷形貌，且磨痕深度及宽度也随着 WC 含量的增加而增大，这与磨损体积的变化趋势相一致。当 WC 的加入量在 15%(质量分数) 以内时，涂层的耐磨性均优于 $CoCrMnNiTi_{0.75}$，一般情况下，由韧性和脆性相组成的微结构比单相微结构更耐磨损。其中，$Ti_{0.75}$-20%WC 涂层的磨痕深度及宽度要大于 $CoCrMnNiTi_{0.75}$，虽然其硬度可能会比 $CoCrMnNiTi_{0.75}$ 的高，但是经过摩擦磨损实验证明，在熔覆过程 WC 会分解的情况下，加入较多的 WC 反而产生不利的影响。

(4) 磨损形貌

图 2-21 显示了 $CoCrMnNiTi_{0.75}$-yWC 涂层的磨损痕迹和磨损表面的形态，右上角边框内为低倍显微镜下涂层的磨痕宏观形貌。在图 2-21(a) 中看到涂层的磨损表面上观察到一些很浅的犁沟，但表面并没有出现剥落以及磨屑，从宏观形貌也看到磨损表面较为平整，这是因为 $Ti_{0.75}$-5%WC 涂层硬度较高，而且出现了较多的强化相，涂层的磨损抗力较高，这是由强化相引起的第二相强化机制，在磨损过程中可作为支撑部分。随

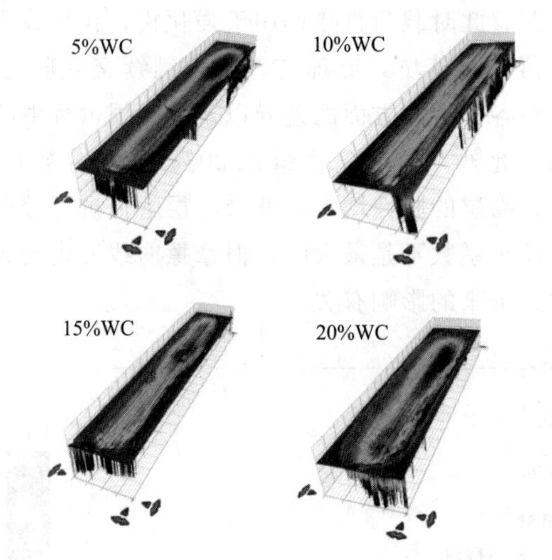

图 2-19　CoCrMnNiTi$_{0.75}$-yWC 涂层磨痕轮廓的三维形貌

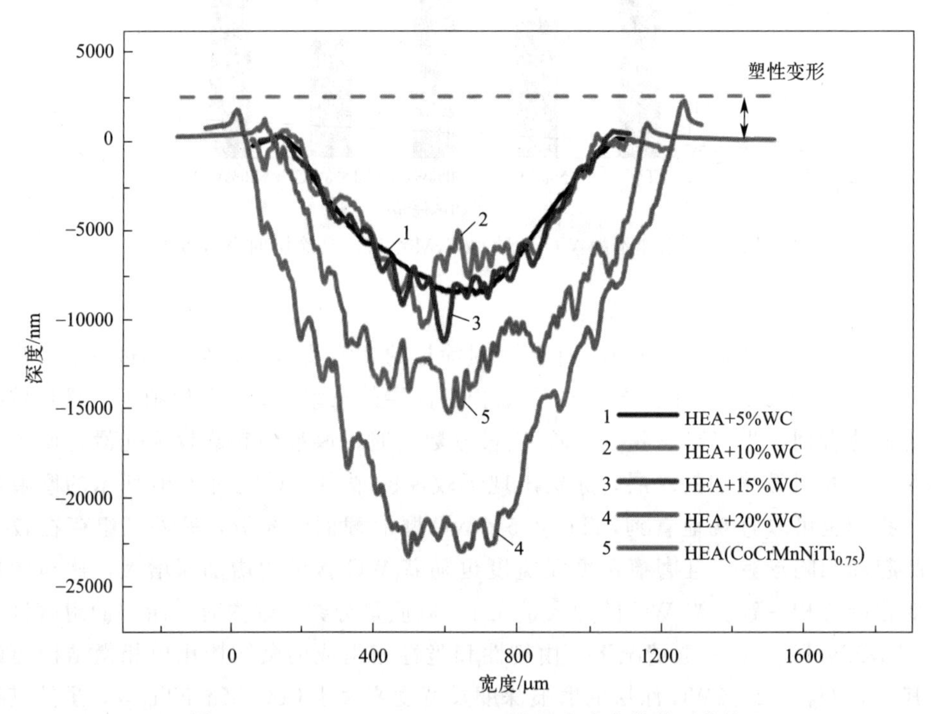

图 2-20　CoCrMnNiTi$_{0.75}$-yWC 涂层磨痕的横截面曲线

着加入的 WC 含量增加，Ti$_{0.75}$-10%WC 涂层开始出现轻微的凸起与剥落，Ti$_{0.75}$-15%WC 涂层磨损表面出现一道道的磨损痕迹，这是由于磨球与涂层表面发生黏着磨损导致的，磨球会带动脱落的磨屑继续往复摩擦，而且此时涂层硬度降低，磨损抗力下降。当加入的 WC 含量为 20%(质量分数) 时，由于产生了较多的碳化物，涂层的硬度最低，此时涂层的磨损体积最大，而且摩擦系数曲线波动较大，再对照涂层的磨损形貌，我们发现磨痕表面较为粗糙，产生较多的磨屑。综合分析，Ti$_{0.75}$-20%WC 涂层的磨损性能最差，外加较多的 WC 强化相，理论上涂层硬度及耐磨性是逐渐增大的，但由于 WC

的分解，产生较多的碳化物，反而对涂层产生了不利的影响。综上对各种磨损结果的分析，在 $CoCrMnNiTi_{0.75}$ 体系的基础上加入 WC，在 WC 会分解的前提下会与体系中的 Ti 元素反应生成 TiC 强化相，少量 WC 的加入对涂层产生了有利的影响，而 WC 较多时，分解产生过量的 C 元素与 W 元素，C 与 W 固溶于 FCC 基体中，虽然会产生一定程度的固溶强化效果，但熔池中各种元素发生复杂反应，同时会产生很多碳化物以及三元相，对涂层的硬度及耐磨性又会产生不利影响。

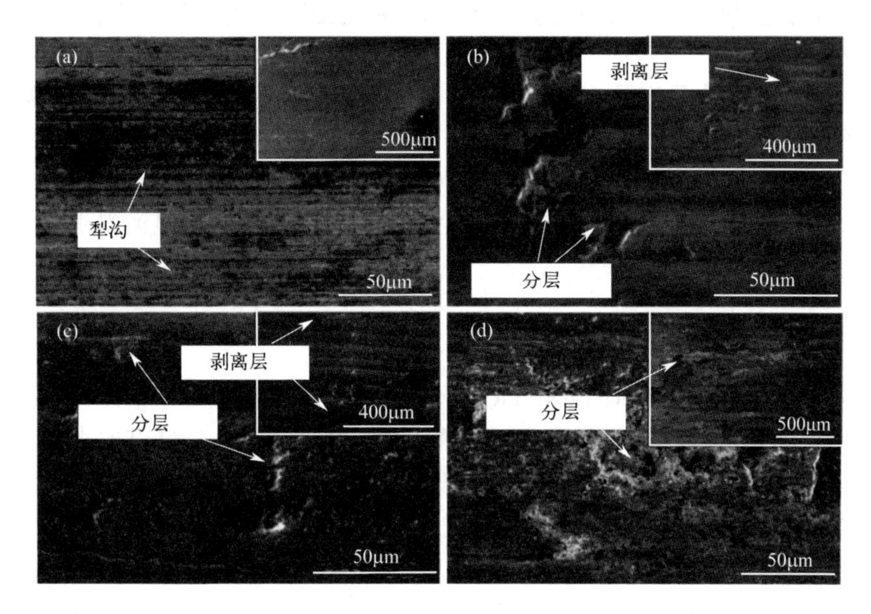

图 2-21 $CoCrMnNiTi_{0.75}$-yWC 涂层磨损表面的 SEM 形貌

(a) $Ti_{0.75}$-5%WC；(b) $Ti_{0.75}$-10%WC；(c) $Ti_{0.75}$-15%WC；(d) $Ti_{0.75}$-20%WC

2.2.5 小结

本节通过在 CoCrMnNiTi 的基础上外加 WC 强化相的方式，来改善涂层的硬度及耐磨性。分析了涂层的物相组成、微观组织及元素成分分布，并对样品进行了硬度、耐磨性能等方面的测试，得出如下结论：

① 通过外加 WC 颗粒来强化 $CoCrMnNiTi_{0.75}$ 涂层，发现熔覆过程中 WC 发生了分解，涂层中除了主相仍然为 FCC 外，还生成了 TiC、M_7C_3、Co_7W_6 等物相，此外 Laves 相随着 WC 的加入逐渐消失。结合 EDS 能谱分析发现，这些强化相为 TiC 和 WC；且随着 WC 加入量的增多，强化相尺寸减小，并且呈分散和聚集两种形式分布在涂层中；$CoCrMnNiTi_{0.75}$-10%WC 涂层开始出现碳化物，且随着 WC 加入量的增多生成的碳化物增多。

② $CoCrMnNiTi_{0.75}$ 涂层的平均显微硬度要低于加入 WC 的四组涂层的硬度，且涂层的硬度并没有随着 WC 含量的增加而增加，而是在 WC 为 5%(质量分数) 时涂层硬度最高。强化相的存在以及固溶强化效果使得涂层的硬度提高，但由于 WC 的分解，C 元素与 W 元素过量，固溶于 FCC 基体中，可能会形成铁钨碳三元相，恶化涂层的性

能，从而又会导致涂层硬度下降。

③ 当加入 WC 含量为 5%(质量分数) 时，由于涂层分布有尺寸较大的强化相，硬度较高，涂层的摩擦系数最小，磨痕表面较为光滑，表现出较好的耐磨性。当 WC 含量为 20%(质量分数) 时，由于碳化物以及三元相的影响，摩擦系数曲线波动较大，涂层的磨损体积最大，因此耐磨性能最差。

2.3 TiC 强化 CoCrFeNi 涂层的耐磨性能

在 2.1 和 2.2 节中研究了外加不同含量 WC 的复合涂层，通过原始 WC 颗粒的分解形成的多级多尺度碳化物，涂层硬度和耐磨性能得到显著提高。本节通过在 CoCrFeNi 中添加更加稳定的 TiC 颗粒，制备 CoCrFeNi-xTiC [x=0，10%，20%，30%(质量分数)] 复合涂层，探究外加不同 TiC 含量对复合涂层物相组成、显微组织、硬度和耐磨性能的影响。

2.3.1 复合涂层物相分析

外加不同 TiC 含量的 CoCrFeNi-TiC 复合涂层的 XRD 图如图 2-22 所示。CoCrFeNi 高熵合金涂层物相由单一 FCC 相组成，随着 TiC 的加入，CoCrFeNi-TiC 复合涂层物相由 FCC、BCC 和 TiC 相组成，TiC 的加入没有改变 CoCrFeNi 基体相的组成。在 10%(质量分数) TiC 涂层中观察到部分 TiC 衍射峰。随着 TiC 的进一步添加，TiC 的衍射峰数量和强度增加，在 30%(质量分数) TiC 涂层中衍射峰强度最高，且 BCC 相衍射峰强度降低。在 CoCrFeNi-TiC 复合涂层衍射图中未发现 TiC 衍射峰的偏移和其他碳化物衍射峰的出现，表明外加 TiC 颗粒在熔覆过程中得到较好的保留，未出现因游离的 Ti 和 C 的固溶而造成的晶格畸变和新的碳化物生成。

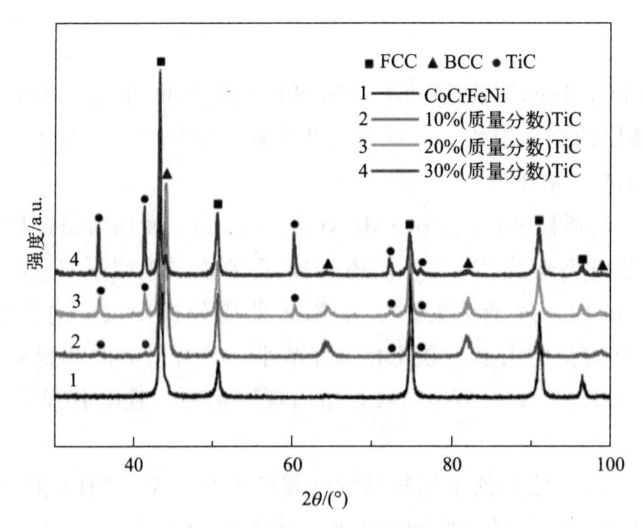

图 2-22 CoCrFeNi-TiC 复合涂层 XRD 图

2.3.2 复合涂层显微组织分析

（1）SEM 分析

图 2-23 为 20%（质量分数）TiC 涂层截面底部、中部和顶部区域的 SEM 图像。激光熔覆后制备涂层厚度约为 1.7mm，在图 2-23（a）中可以看出涂层组织致密，与基体之间存在明显的结合区，说明涂层与基体之间呈现良好的冶金结合，且涂层和结合区未出现明显的裂纹、气孔等缺陷。在图 2-23（b）中，涂层中部组织由灰色基体相和黑色 TiC 相组成，TiC 颗粒主要为枝晶状和少量块状形貌。涂层顶部[图 2-23(c)、(d)]组织为等轴晶，且 TiC 颗粒主要在晶界处富集。结合图 2-23(d）的 SEM 图像和 EDS 面扫描结果分析确定，灰色相为 CoCrFeNi 基体相，白色块状颗粒及晶界白亮色细小颗粒均为 TiC 颗粒，这与初始 TiC 颗粒相比发生明显变化。TiC 颗粒的明显变化说明在激光熔覆过程中，TiC 颗粒在 CoCrFeNi 基体中发生溶解，并析出不同形状和不同尺寸的 TiC 颗粒，同时在涂层组织中未生成其他物相。

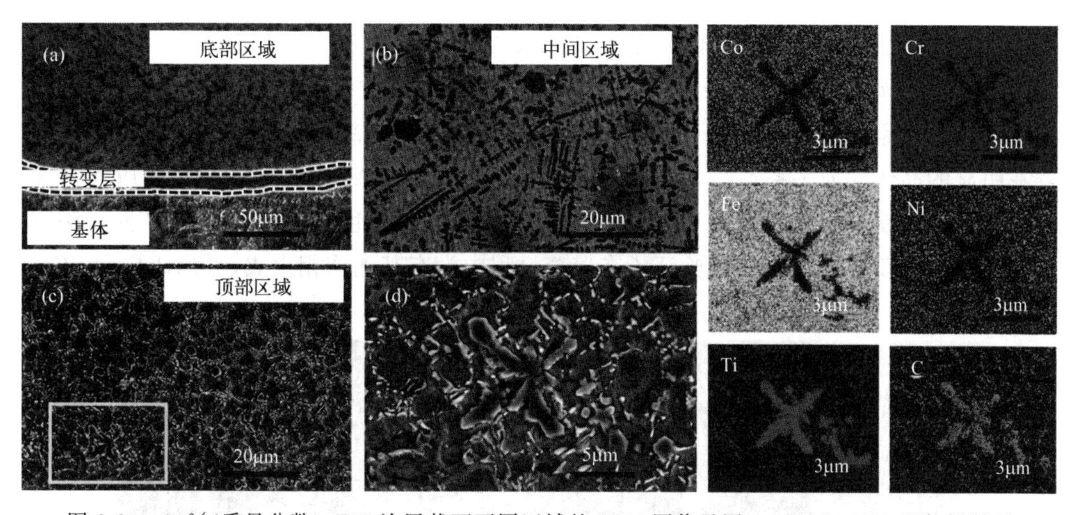

图 2-23 20%（质量分数）TiC 涂层截面不同区域的 SEM 图像及图 2-23（d）EDS 面扫描结果

图 2-24 为添加不同含量 TiC 的 CoCrFeNi-TiC 复合涂层截面形貌的 SEM 图。从图中可以看出，CoCrFeNi 涂层组织为典型的等轴晶，且晶粒尺寸明显大于添加 TiC 后[图 2-24(c)]的晶粒尺寸，说明 TiC 的加入促进了晶粒细化。这是因为在激光熔覆过程中，TiC 颗粒在晶界析出，成为晶粒非均匀形核的中心，抑制晶粒长大，起到晶粒细化作用。当添加 10%（质量分数）TiC 后，枝晶状颗粒 TiC 和少量小块状 TiC 颗粒分散在涂层中。随着 TiC 颗粒进一步添加，大量块状 TiC 颗粒析出，枝晶状 TiC 颗粒析出减少，且 TiC 存在团聚现象。TiC 含量的增加会导致涂层中 TiC 颗粒尺寸增加，且易发生团聚现象，大量 TiC 的团聚严重降低涂层的塑韧性。

（2）TEM 分析

图 2-25 为 20%（质量分数）TiC 涂层 TEM 表征结果，在图 2-25（a）的明场像图中，观察到灰色的 CoCrFeNi 基体相和白色的 TiC 强化相，晶体结构均为 FCC，没有其他衬度物相，与 SEM 结果一致。图 2-25（b）为 A 区域两相界面处高分辨（HRTEM）

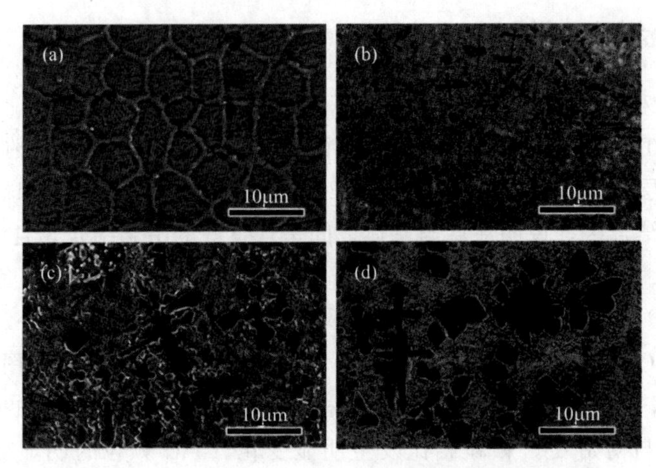

图 2-24　CoCrFeNi-xTiC 复合涂层截面形貌的 SEM 图

(a) CoCrFeNi；(b) $x=10\%$(质量分数)；(c) $x=20\%$(质量分数)；(d) $x=30\%$(质量分数)

图像，为进一步确定物相晶体结构和取向关系，对图 2-25(b) 进行选区电子衍射(SAED) 分析如图 2-25(c) 所示。在界面处选区电子衍射中发现存在两套衍射斑点，即 CoCrFeNi 基体 FCC 结构的 $[\bar{1}11]$ 晶轴和 TiC 相 FCC 结构的 $[011]$ 晶轴，二者不存在明显的晶体取向关系。图 2-25(d) 为 TiC 颗粒的 HAADF-STEM 图及相应元素面扫描分布图，在图中观察到纳米尺寸的 TiC 颗粒，白色衬度相为基体相，黑色和深灰色衬度相均为 TiC 相，进一步验证了在熔覆过程中没有其他物相生成，与 XRD 和 SEM 分析结果一致。

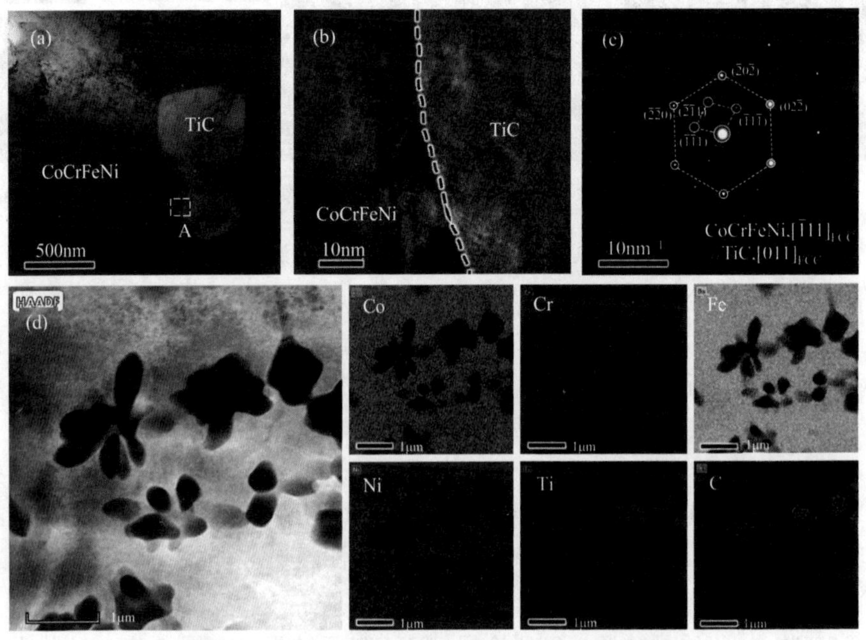

图 2-25　20%(质量分数) TiC 涂层的 TEM 图像

(a) 明场 (BF) 像；(b) (a) 中 A 区域两相界面的(b) HRTEM 图；

(c) SAED 图；(d) HAADF-STEM 图和元素分布图

2.3.3 复合涂层显微硬度分析

图 2-26 为不同 TiC 含量的 CoCrFeNi-TiC 复合涂层表面显微硬度图，从图中可以看出，由于 CoCrFeNi 具有单一的 FCC 相，其硬度值最低，为 165.5HV0.1。随着 CoCrFeNi-TiC 复合涂层中 TiC 含量从 0 增加到 30%（质量分数），显微硬度值从 165.5HV0.1 逐渐增加到 813.4HV0.1，较 CoCrFeNi 基体硬度提升 4.9 倍。CoCrFeNi-TiC 复合涂层显微硬度提升主要归结于以下原因：首先，CoCrFeNi 作为 FCC 单相高熵合金，硬度较低，TiC 颗粒作为硬质强化相，加入涂层得到较好的保留，可以显著提高涂层硬度；其次，TiC 颗粒在晶界析出，作为非均匀形核中心，阻碍了基体合金凝固过程中晶粒的长大，减小了晶粒内位错塞积的长度，起到细晶强化作用，提高涂层抵抗塑性变形的能力。因此 TiC 颗粒在提高涂层显微硬度上有明显的增益作用。

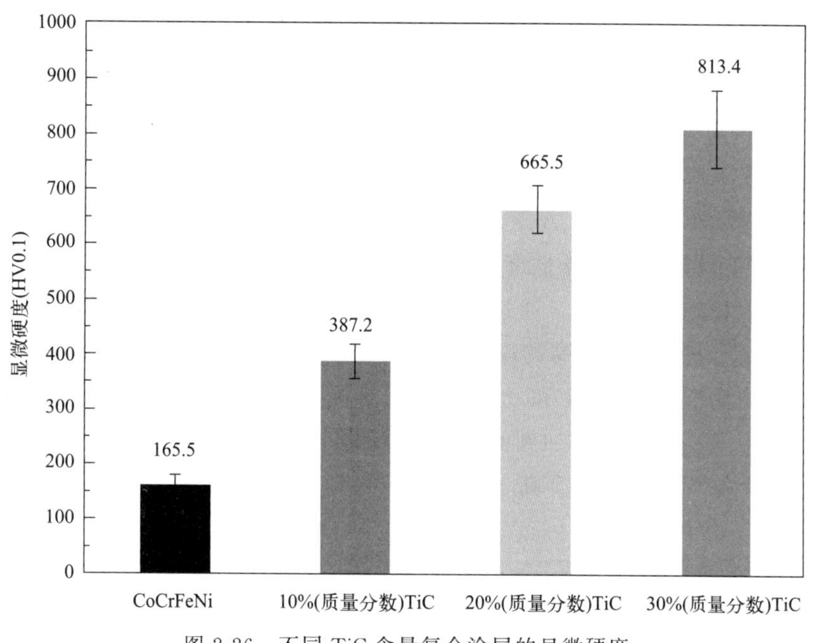

图 2-26 不同 TiC 含量复合涂层的显微硬度

图 2-27 为 CoCrFeNi-TiC 复合涂层在 100g 显微硬度压头下的压痕形貌，由于 CoCrFeNi 具有较低的硬度和良好的韧性，因此压痕面积较大且无裂纹产生[图 2-27(a)]。随 TiC 含量逐渐增加，压痕面积逐渐减小，这与图 2-26 硬度值逐渐增加的变化趋势相对应，说明 TiC 是提高显微硬度的关键因素。当 TiC 含量为 10%（质量分数）时，TiC 颗粒较为细小分布在晶界，涂层硬度得到提高，因此压痕面积较基体减小，无裂纹产生。在 20%（质量分数）TiC 涂层 [图 2-27(c)] 中，压痕在黑色 TiC 颗粒和灰色 CoCrFeNi 基体之间未出现明显的裂纹，表明基体与 TiC 之间形成具有一定强度的界面结构。图 2-27 (d) 中，30%（质量分数）TiC 涂层中有一压痕点的硬度值达到 1301.7HV0.1，明显高于该涂层的平均硬度。从压痕形貌观察，压痕位于大面积的黑色 TiC 颗粒上且有裂纹产生，说明该区域出现大量 TiC 硬质相的团聚，这意味着该涂

层脆性增加，大幅降低 TiC 颗粒与基体的结合强度，压痕使基体与 TiC 界面结合处发生开裂。低结合强度的界面关系导致 TiC 颗粒易在摩擦磨损过程中剥落，对涂层性能产生不利影响。

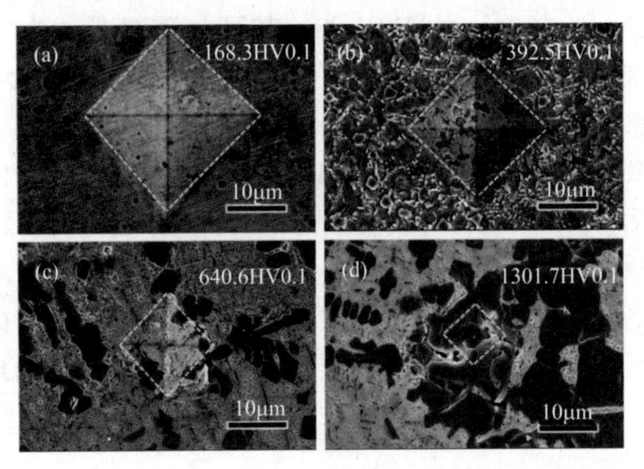

图 2-27　CoCrFeNi-xTiC 复合涂层显微硬度压痕点的 SEM 图像

2.3.4　复合涂层耐磨性能分析

图 2-28 为添加不同 TiC 含量的 CoCrFeNi-TiC 复合涂层在室温下的摩擦系数（COF）随时间变化曲线。在摩擦磨损测试前期的跑和阶段，COF 曲线有较大的波动，跑和稳定后进入稳定摩擦阶段。通过对比 4 组不同 TiC 含量涂层稳定摩擦阶段的平均 COF 发现，CoCrFeNi 具有最高的摩擦系数，为 0.62，且随 TiC 含量增加摩擦系数呈下降趋势，依次为 0.53、0.51 和 0.47，表明涂层随硬度升高，摩擦系数呈降低趋势，主要归因于 TiC 作为硬质相添加到 CoCrFeNi 基体中，TiC 颗粒得到较好的保留且产生晶粒细化作用，涂层表面硬度升高，使摩擦副之间的摩擦力减小，抑制黏着磨损作用，摩擦系数降低。

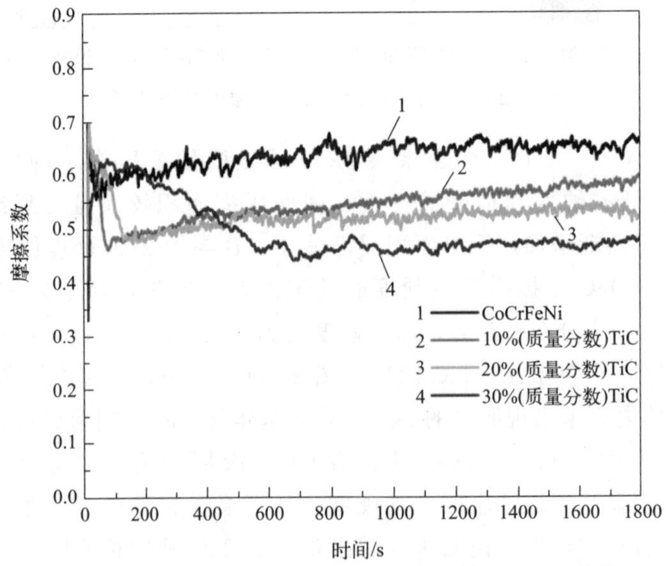

图 2-28　CoCrFeNi-TiC 复合涂层摩擦系数（COF）曲线

图 2-29 为 CoCrFeNi-TiC 复合涂层磨损体积。由结果可知，CoCrFeNi 涂层由于硬度较低，在磨损过程中抵抗塑性变形能力差，磨损体积大。基于磨损体积进行计算可得，外加 TiC 后，10%、20%、30%(质量分数) TiC 涂层的磨损体积分别是 CoCrFeNi 涂层的$\frac{1}{2.12}$、$\frac{1}{14.32}$和$\frac{1}{7.16}$，可见涂层磨损抗力大幅提升，这主要是因为 TiC 的加入导致涂层晶粒细化，涂层硬度升高，晶界对塑性变形阻碍的作用越来越大，使磨损体积减少，耐磨性能提高。从图中可以看出 20%(质量分数) TiC 涂层具有最小的磨损体积，耐磨性能最佳，而 TiC 添加到 30%(质量分数) 时，磨损抗力下降，与硬度变化趋势不一致，说明涂层磨损抗力受多种因素影响，不一定与硬度变化趋势相一致。根据涂层磨损体积结合图 2-30 涂层磨痕表面形貌图对磨损机理作进一步分析。

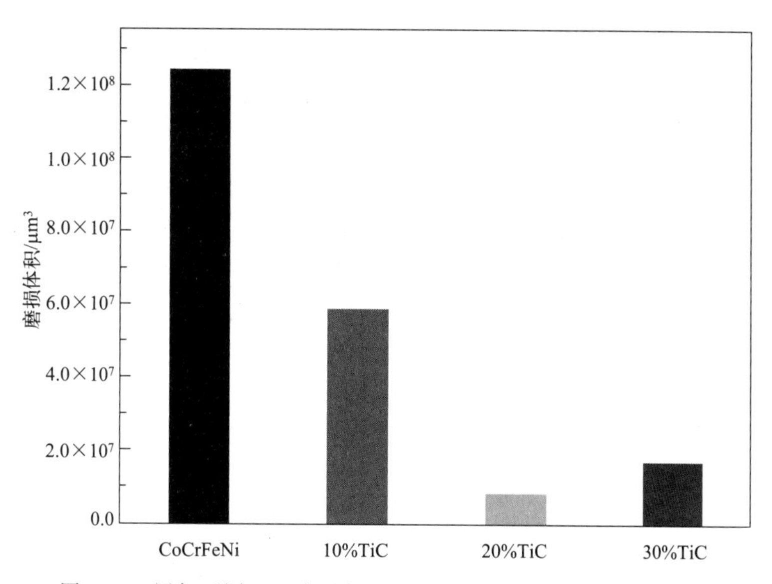

图 2-29 添加不同 TiC 含量的 CoCrFeNi-TiC 复合涂层磨损体积

图 2-30(a) 为硬度较低但韧性较好的单相 FCC 的 CoCrFeNi 涂层，磨痕表面可明显观察到大量的转移层，为典型的黏着磨损。这是由于在较软的 CoCrFeNi 涂层表面施加 30N 的载荷，Al_2O_3 球表面微凸体的压入产生的压力超过涂层表面屈服强度产生塑性变形，剪切发生在界面以下，使材料从一个表面转移到另一个表面，进而产生剥落。在往复摩擦过程中温度升高，黏着点被切断转移到材料表面，形成大量转移层，黏着磨损严重，造成较大的磨损体积。在图 2-30(b) 中，添加 10%(质量分数) TiC 复合涂层磨痕表面有犁沟和黏着痕迹，磨损机理主要为磨粒和黏着磨损。硬质 TiC 的加入抑制了 Al_2O_3 球对涂层的切削作用，黏着程度下降，在磨痕表面未发现明显的塑性变形。20%(质量分数) TiC 涂层磨痕表面相对平整，存在较浅的犁沟和较小的剥落，磨损机理主要为磨粒磨损。随着涂层硬度升高，能有效抵抗 Al_2O_3 球微凸体的压入，从而减轻塑性变形作用，抑制黏着磨损的发生。同时，TiC 颗粒与基体结合较好，未出现明显的团聚和拔出现象，降低了磨粒磨损程度，磨损体积较小。当 TiC 含量达到 30%(质量分数)，磨痕表面除犁沟外还存在较大的剥落坑，其磨损机理为磨粒磨损。由 SEM 结

果可知，硬质 TiC 颗粒数量和尺寸随添加量的增加而增加，在 30%(质量分数）涂层中出现团聚现象[图 2-27(d)]，虽然涂层硬度得到提升，但脆性大大增加，使基体与 TiC 的结合强度大幅下降，TiC 颗粒易在磨损过程中脱落拔出，涂层抵抗塑性变形能力差。另外，脱落的硬质 TiC 颗粒在磨损过程中作为磨屑，在磨痕表面形成三体磨损，加剧磨损程度，使磨损体积增大。综上磨损机理分析，20%(质量分数）TiC 涂层具有最优的耐磨性能。

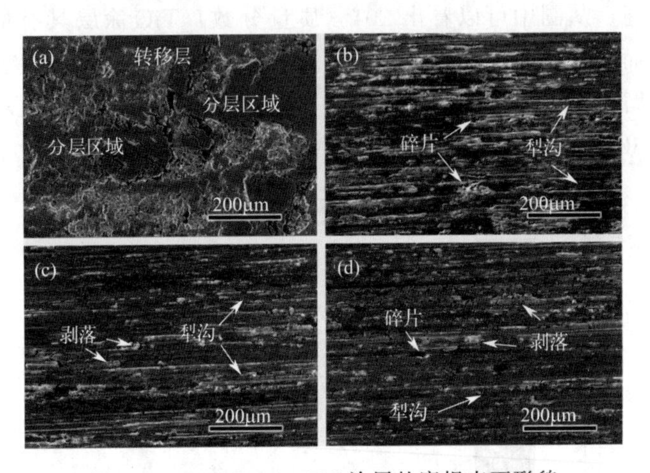

图 2-30 CoCrFeNi-xTiC 涂层的磨损表面形貌

(a) CoCrFeNi；(b) x=10%(质量分数)；(c) x=20%(质量分数)；(d) x=30%(质量分数)

2.3.5 小结

本节采用激光熔覆制备了外加不同 TiC 含量的 CoCrFeNi-xTiC[x=0,10%,20%,30%(质量分数)]复合涂层，研究了外加 TiC 对涂层物相、组织结构、显微硬度和耐磨性能的影响。根据实验结果得出的主要结论如下：

① 随着 TiC 含量的增加，涂层的物相由 CoCrFeNi 的单一 FCC 相转变为 FCC+BCC+TiC 的三相组织，复合涂层中没有新的碳化物生成。

② 涂层与基体之间形成了良好的冶金结合，TiC 颗粒主要在晶界析出。随着外加 TiC 含量增加，涂层晶粒尺寸减小，TiC 颗粒数量和尺寸增加，在 30%(质量分数）TiC 涂层中出现大尺寸的 TiC 颗粒并存在大量 TiC 的团聚现象。

③ 随 TiC 含量增加，涂层表面平均硬度从 165.5HV0.1 增加到 813.4HV0.1，TiC 颗粒的存在和晶粒细化作用对提高涂层硬度有明显的增益作用，但大量 TiC 的团聚会使涂层韧性下降，降低与基体的结合程度，对性能产生不利影响。

④ TiC 的加入提高了涂层的耐磨性，使磨损机理由严重的黏着磨损转变为磨粒磨损，20%(质量分数）TiC 涂层表现出最优的耐磨性能。过多硬质 TiC 颗粒的加入导致团聚，在磨损过程中产生大量剥落，会在磨痕表面作为磨屑形成三体磨损，加剧磨损程度。

3

激光熔覆原位陶瓷强化 HEAs 涂层耐磨与耐蚀性

第 3 章图片

3.1 Ti(C,N)强化CoCrFeNi涂层的耐磨性能

在上一章中研究了在CoCrFeNi中外加不同TiC含量的CoCrFeNi-TiC复合涂层，TiC颗粒可显著提高涂层硬度和耐磨性，但较多TiC团聚对涂层性能造成不利影响。本节研究了在CoCrFeNi中通过外加Ti和g-C_3N_4，以原位合成Ti(C，N)颗粒作为强化相制备CoCrFeNi-Ti(C,N)复合涂层，通过调控Ti与g-C_3N_4的摩尔比，探究原位合成Ti（C，N）对涂层相组成、显微组织、硬度和耐磨性能的影响。

3.1.1 复合涂层的物相分析

添加不同Ti和g-C_3N_4原位合成Ti(C，N）颗粒强化CoCrFeNi复合涂层XRD结果如图3-1所示。从图3-1(a）可以看出，CoCrFeNi(S1）由单一的FCC相组成，添加Ti和g-C_3N_4后，CoCrFeNi-Ti(C,N)复合涂层物相由FCC、BCC和Ti(C，N）相组成，其中Ti(C，N）的2θ值为36.4°、42.3°和61.4°，分别对应（111)、（200）和（220）晶面。图3-1(b）为CoCrFeNi-Ti(C,N)复合涂层在$2\theta=33°\sim63°$范围内的步进扫描结果，通过与TiC和TiN的JCPDS标准谱图卡比对，Ti(C，N）在（111)、（200）和（220）晶面上衍射峰的衍射角均在TiC和TiN相应晶面衍射角的区间内，未出现g-C_3N_4、TiC或TiN的衍射峰，说明通过在CoCrFeNi高熵合金中添加不同摩尔比的Ti和g-C_3N_4引发$Ti+C_3N_4 \longrightarrow$Ti(C，N）原位反应，成功合成Ti(C，N）颗粒。在图3-1(b）观察到，当Ti∶g-C_3N_4摩尔比为5∶1(S3）或6∶1(S4）时，FCC衍射峰较4∶1(S2）样品向左偏移，且出现Laves相的衍射峰，衍射峰的数量和强度均较低。Ti作为大原子半径原子，当Ti与C_3N_4摩尔比大于4∶1时，原位合成Ti(C，N）后富余的Ti原子会固溶到FCC固溶体中，得到FCC的过饱和固溶体，使FCC固溶体的衍射峰向低角度偏移，晶格常数变大。根据元素组成初步判断Laves相主要为Fe_2Ti型Laves相，但具体成分需要通过SEM和TEM结果进一步分析确定。

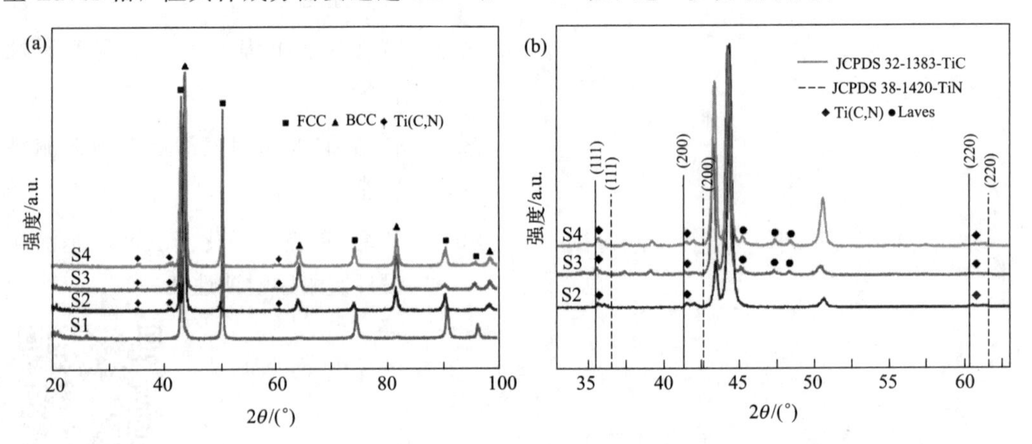

图3-1 CoCrFeNi-Ti(C，N）复合涂层（S1～S4）的XRD图谱

(a) 20°～100°连续式扫描；(b) 33°～63°步进式扫描

3.1.2 复合涂层的显微组织分析

（1）SEM 分析

图 3-2 为 CoCrFeNi-Ti(C,N)复合涂层的表面显微组织 SEM 图，从图中可以看出 S1～S4 涂层组织均呈现为典型等轴晶组织。如图 3-2 中 S2～S4 所示，随着体系中 Ti 摩尔比的增加，涂层晶粒尺寸逐渐细化，说明 Ti 含量的增加促进了枝晶偏析程度，有利于涂层晶粒细化。当添加 Ti 和 g-C_3N_4 原位合成 Ti(C，N）颗粒后，Ti(C，N）均在晶间分布，且颗粒细小，且随着 Ti：g-C_3N_4 由 4：1 到 6：1(S2→S4)，晶间 Ti(C，N）颗粒增多。Ti(C，N）沿晶界分布会阻碍晶界移动，抑制晶粒长大，且细小的 Ti(C，N）颗粒起到形核剂的作用，提高形核率，也起到晶粒细化作用。

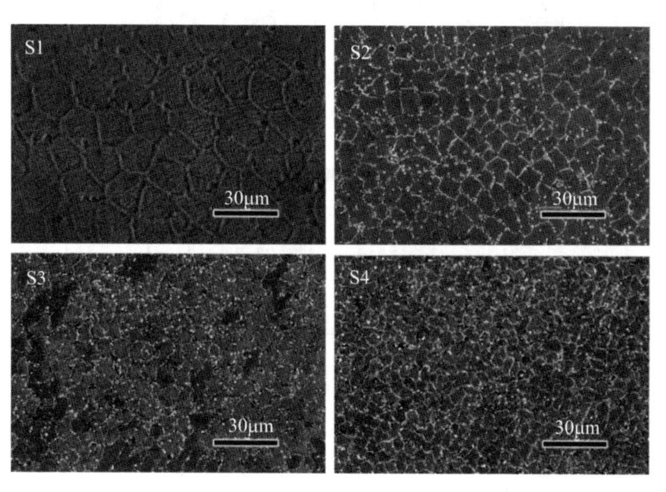

图 3-2 CoCrFeNi-Ti(C，N）复合涂层表面显微组织 SEM 图

图 3-3 为 S2～S4 复合涂层截面显微组织 SEM 图以及图 3-3(f）对应的 EDS 面扫描结果。从三组 CoCrFeNi-Ti(C,N)复合涂层 SEM 图中可以看出，涂层主要由灰色的基体相和白色颗粒组成，根据图 3-3(f）的面扫描结果可知，灰色基体相为 CoCrFeNi，白色颗粒为 Ti(C，N)。Ti 和 g-C_3N_4 充分反应形成白色 Ti(C，N）颗粒，且颗粒弥散分布在基体表面，随着 Ti：g-C_3N_4 逐渐增加，Ti(C，N）颗粒增多且尺寸增大。在 S3 和 S4 涂层中，除灰色基体相和白色 Ti(C，N）颗粒外，还存在少量黑色衬度相沿白色 Ti(C，N）颗粒分布。根据表 3-1 对图 3-3(d）的 S3 涂层中不同区域的 EDS 化学成分结果，结合 XRD 分析可知，A 区域灰色相为基体相，B 区域白色颗粒为 Ti(C，N）相，C 区域黑色相为 Laves 相。根据 C 区域主要富集 Fe 和 Ti，判断 Laves 相为 Fe_2Ti 型，还有少量 Co、Cr、Ni 元素固溶到其中。随着 Ti 含量增加，形成 Ti(C，N）后 Ti 元素富余，因 Ti 与 Fe 存在较负的混合焓（−17kJ/mol)，二者之间的亲和性极易形成 Fe_2Ti 型金属间化合物相。Laves 相属于高硬度且脆性大的金属间化合物，会使涂层韧性下降，在塑性变形过程中会产生开裂现象，但该体系涂层中 Laves 相含量较少，在提高硬度的同时不会造成涂层有较大的脆性。

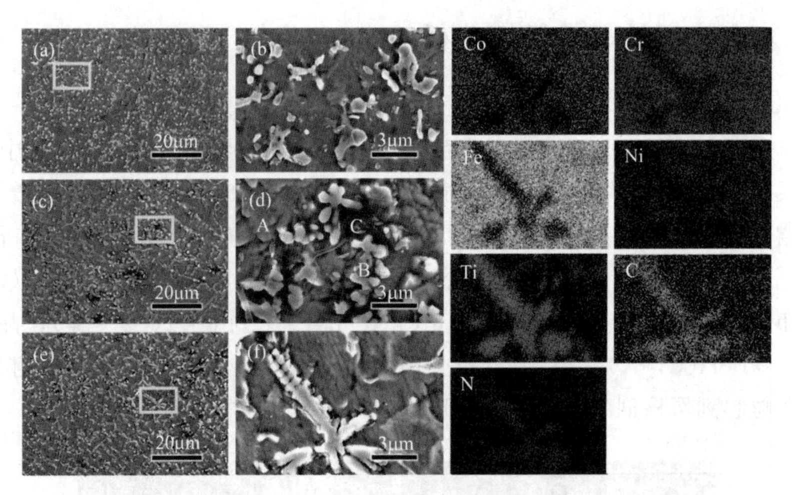

图 3-3 CoCrFeNi-Ti（C，N）复合涂层截面显微组织和 EDS 面扫描结果

（a）、（b）S2；（c）、（d）S3；（e）、（f）S4

表 3-1 图 3-3（d）中不同微观结构的化学成分（原子分数） %

区域	Co	Cr	Fe	Ni	Ti	C	N
A	23.13	21.50	20.61	22.28	10.25	1.21	1.02
B	0.43	1.32	1.48	0.21	46.80	21.12	28.64
C	5.23	5.47	58.04	6.26	24.09	0.91	0.00

（2）TEM 分析

图 3-4 为 Ti∶g-C_3N_4 为 4∶1 时（S2）涂层的 TEM 表征结果，结合 XRD、SEM-EDS 结果和图 3-4(a) 的明场像表明，S2 涂层中包含基体 FCC 相、黑色 BCC 相和白色 Ti(C，N）相。为进一步验证三种物相的晶体结构，分别进行选区电子衍射分析如图 3-4(b)～(d)所示。通过选区电子衍射可将物相分别标定为基体 FCC 相沿 $[\bar{1}12]$ 晶轴的衍射花样图谱、BCC 相沿 $[\bar{1}13]$ 晶轴的衍射花样图谱和 Ti(C，N）相沿 [001] 晶轴为 FCC 结构的衍射花样图谱，验证了 XRD 和 SEM-EDS 的实验结果。图 3-4(e) 为图 3-4(a) 中 A 区域 FCC 相与 Ti(C，N）相之间的 HRTEM 图，可以看出颗粒相点阵排列为 FCC 和 Ti(C，N）相的界面特征，图中的 B 区域的 IFFT（逆快速傅里叶变换）图像如图 3-4(f) 所示，发现 FCC 相与 Ti(C，N）相之间存在特殊的晶体取向关系。图 3-4(g) 为两相界面处选区电子衍射图谱，可以确定 FCC 和 Ti(C，N）之间存在特定的晶体学取向关系，可表达为：$\{202\}_{FCC} \parallel \{202\}_{Ti(C,N)}$，$[\bar{1}11]_{FCC} \parallel [\bar{1}11]_{Ti(C,N)}$。由于两相之间具有接近共格的取向关系，说明 FCC 和 Ti(C，N）界面的界面能很低，存在稳定且结合良好的界面，稳定的界面保证了复合涂层中 Ti(C，N）能够充分发挥增强作用而不易从 CoCrFeNi 基体中剥落。因此，原位合成 Ti(C，N）不仅提高了涂层的强韧性，也有助于提高涂层抵抗塑性变形的能力和裂纹扩展的阻力，使 Ti(C，N）强化复合涂层的耐磨性能显著提升。

图 3-5 为 Ti∶g-C_3N_4 为 6∶1 时（S4）涂层的 TEM 表征结果。图 3-5(a) 为 S4 涂层的 HAADF-STEM 图像，插图为对应的各元素的 STEM-EDS 面扫描分布图，明场相

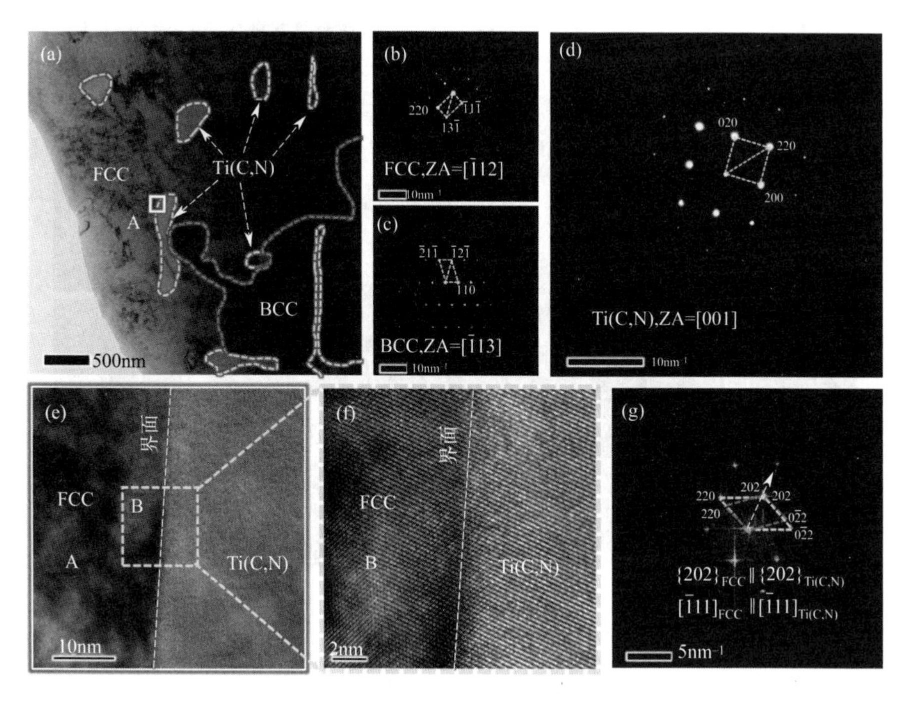

图 3-4 S2 涂层的 TEM 表征结果

(a) TEM 明场像；(b) FCC 相沿 [$\bar{1}$12] 轴的选区电子衍射图谱；(c) BCC 相沿 [$\bar{1}$13] 轴的选区电子衍射图谱；(d) Ti(C，N) 相沿 [001] 轴的选区电子衍射图谱；(e) 图(a) 中 A 区域 FCC 相与 Ti(C，N) 相之间的 HRTEM 图；(f) 图 (e) 中 B 区域 IFFT 图像；(g) FCC 相与 Ti(C，N) 相界面处选区电子衍射图谱

中主要包括基体 FCC 相和黑色 Ti(C，N) 相，沿 Ti(C，N) 周围存在少量灰色衬度相，根据 XRD 和 SEM 结果初步判定其为 Laves 相。对图 3-5(a) 中 Laves 相进行选区电子衍射标定如图 3-5(b) 所示，Laves 相是沿 [01$\bar{1}$2] 晶轴的密排六方 (HCP) 结构，验证了 XRD 和 SEM 的分析结果。通过图 3-5(c) Fe、Ti、C、N 叠加的元素分布图看出，Laves 相主要富集 Fe 和 Ti 元素，对 “A” 线做线扫描分析如图 3-5(d) 所示。结合图 3-5(d) 的 EDS 线扫描结果分析，Ti 和 Fe 的原子比例接近 2∶1，进一步验证了 Laves 相为 Fe_2Ti 型结构。以 Fe_2Ti 为基本框架的 Laves 相具有密排六方结构，其中一半四面体位置被 Ti 原子占据，另一半被 Fe 原子占据，其中 Ti 和 Fe 可被 Co、Cr、Ni 置换或取代。小尺寸的 Laves 相沿 Ti(C，N) 相分布，避免了大片状析出的 Laves 相对涂层造成的较大脆性和裂纹扩展，能有效发挥硬质 Laves 相的强化作用，提高了涂层硬度和耐磨性能。

3.1.3 复合涂层显微硬度分析

图 3-6 为 CoCrFeNi-Ti(C,N)复合涂层表面显微硬度图，CoCrFeNi 硬度值最低为 165.5HV0.1，添加 Ti 和 g-C_3N_4 原位合成 Ti(C，N) 后，涂层显微硬度明显提升，S2～S4 涂层表面平均硬度分别为 367.7HV0.1，485.3HV0.1 和 594.5HV0.1，较

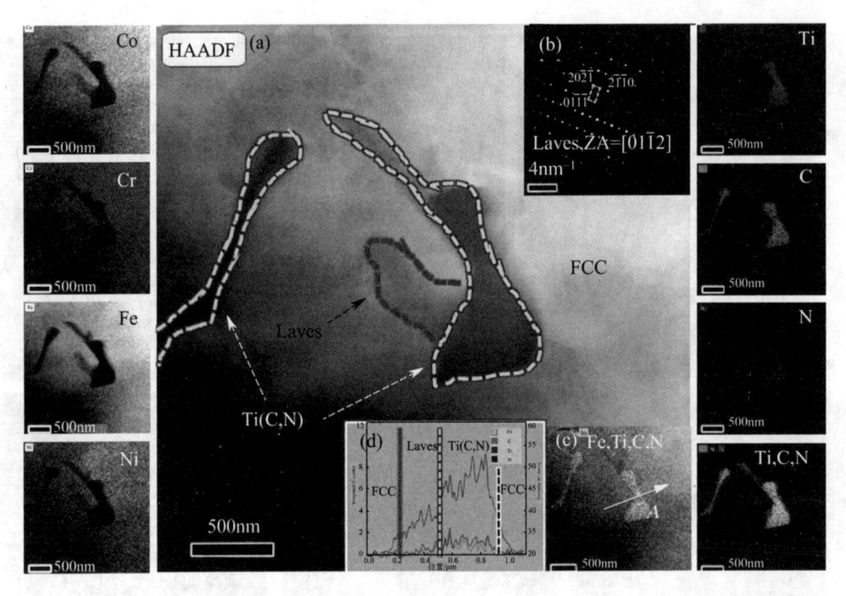

图 3-5　S4 涂层的 TEM 表征结果

（a）TEM 明场像；（b）Laves 相沿［01$\bar{1}$2］轴的选区电子衍射图谱；（c）Fe、Ti、C、N 叠加的元素分布图；（d）图(c) 中“A”线的 EDS 线扫描结果；插图为各元素的 EDS 面扫描分布图

CoCrFeNi 相比提高约 2.22、2.93 和 3.59 倍。复合涂层显微硬度升高主要归因于以下方面：首先，Ti 与 g-C_3N_4 原位合成 Ti(C，N）颗粒，且随 Ti ∶ g-C_3N_4 增加，Ti(C，N）颗粒弥散分布在涂层中数量增多，起到弥散强化作用；其次，Ti(C，N）沿晶界分布会阻碍晶界移动，起到晶粒细化作用，对塑性变形阻碍作用增强，涂层强度和硬度升高。在 S3 和 S4 样品中，少量金属间化合物 Laves 相沿 Ti(C，N）颗粒分布，Laves 相的存在导致硬度进一步增加。

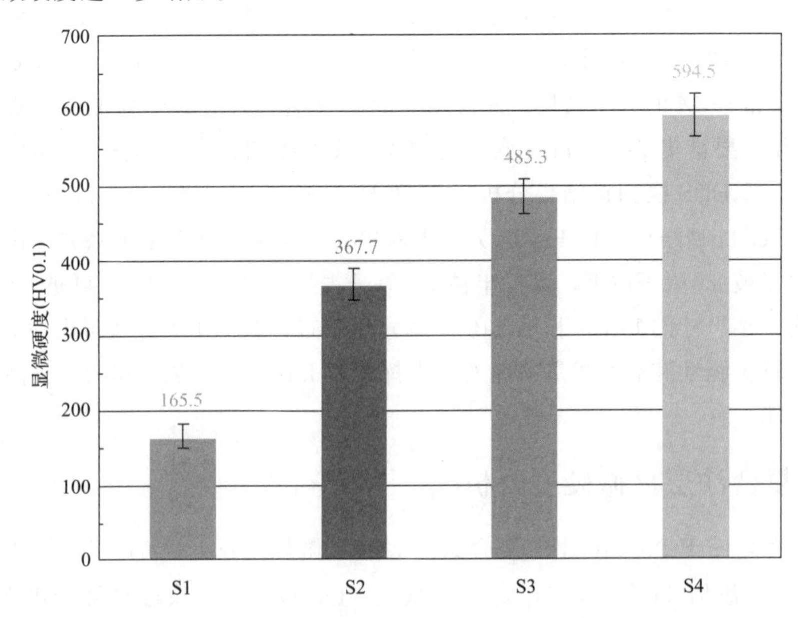

图 3-6　CoCrFeNi-Ti(C，N）复合涂层表面平均显微硬度

图 3-7 为 CoCrFeNi-Ti(C，N）复合涂层在 0.98N 显微硬度压头下的压痕形貌。S1 样品由于 CoCrFeNi 硬度较低，压痕面积较大。在 S2～S4 压痕中，随弥散的 Ti(C，N）颗粒增多，涂层硬度增加，压痕面积明显减小。在 Ti(C，N）颗粒与 CoCrFeNi 基体之间的压痕处没有明显的裂纹产生，表明在 0.98N 载荷作用下，Ti(C，N）和 CoCrFeNi 形成良好的结合强度。Ti(C，N）颗粒作为具有本征脆性的强化相，在金属基体中容易剥落，而从 S2～S4 的压痕形貌来看，嵌在 CoCrFeNi 基体中的细小 Ti(C，N）颗粒没有出现剥落现象，说明基体与陶瓷相界面结合强度高，使 Ti(C，N）颗粒对基体起到复合强化作用，抵抗压头造成的塑性变形能力显著增强。

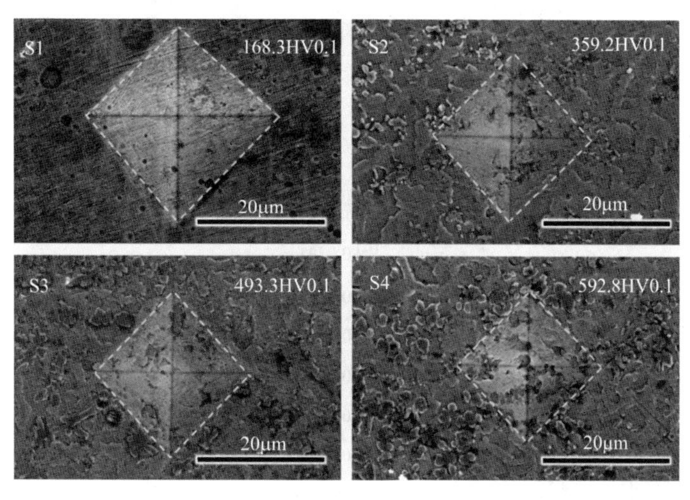

图 3-7　CoCrFeNi-Ti(C，N）复合涂层 S1～S4 显微硬度压痕点的 SEM 图像

3.1.4　复合涂层纳米压痕分析

图 3-8 为 CoCrFeNi-Ti(C，N）复合涂层在最大载荷为 5mN 时的纳米压痕测试结果。如图 3-8(a）所示，将样品加载至 5mN，然后以恒定速率卸载至零负载。CoCrFe-Ni(S1）样品具有最大的残余压痕深度（h_f）和最大压痕深度（h_{max}），负载位移明显大于 CoCrFeNi-Ti(C,N)(S2～S4)，表明原位合成 Ti(C，N）复合涂层较 CoCrFeNi 涂层具有更高的硬度和抵抗塑性变形的能力。利用 Oliver-Pharr 分析方法获取的纳米硬度（H）和弹性模量（E）如图 3-8(b）表示，详细数值列于表 3-2。S1～S4 涂层的平均纳米硬度分别约为 4.98GPa、5.37GPa、5.63GPa 和 6.27GPa，与涂层表面平均显微硬度值变化趋势相一致。S1 涂层具有最高的弹性模量，约为 233.18GPa，S2～S4 复合涂层具有相近的弹性模量，分别为 194.39GPa、191.40GPa 和 188.52GPa。在表 3-2 中，H/E 通常表示接触面的弹性极限，H^3/E^2 表示材料抵抗塑性变形的能力，用 H/E 和 H^3/E^2 可定性比较涂层的耐磨性能，高的 H/E 和 H^3/E^2 表明涂层有较高的耐磨性。通过表 3-2 可以看出，S1～S4 涂层样品 H/E 和 H^3/E^2 值逐渐增加，表明 S1 涂层具有高塑性和低耐磨性，随着 Ti：g-C_3N_4 比例增加，涂层塑性下降，力学性能和耐磨性提升，表明原位合成的 Ti(C，N）改善了涂层的机械性能。通过计算弹性恢复率（η），进一步表征涂层表面弹性指标。在图 3-8(c）中，以 x 轴为底，加载曲线与卸载曲线所

围面积为塑性变形功（W_{plast}），卸载曲线与最大压痕深度面积的积分为弹性变形功（W_{elast}），加载过程压头做的总功（W_{total}）为 $W_{total}=W_{plast}+W_{elast}$。通过图中所示面积积分计算得出 W_{plast} 和 W_{elast}，求得 η 如图 3-8(d) 和表 3-2 所示。S1 涂层具有最低的 η 值，表明 CoCrFeNi 较 CoCrFeNi-Ti(C，N) 复合涂层相比出现更大的塑性变形，S2～S4 涂层表面弹性提高。因此，原位合成 Ti(C，N) 使复合涂层机械性能明显提高。

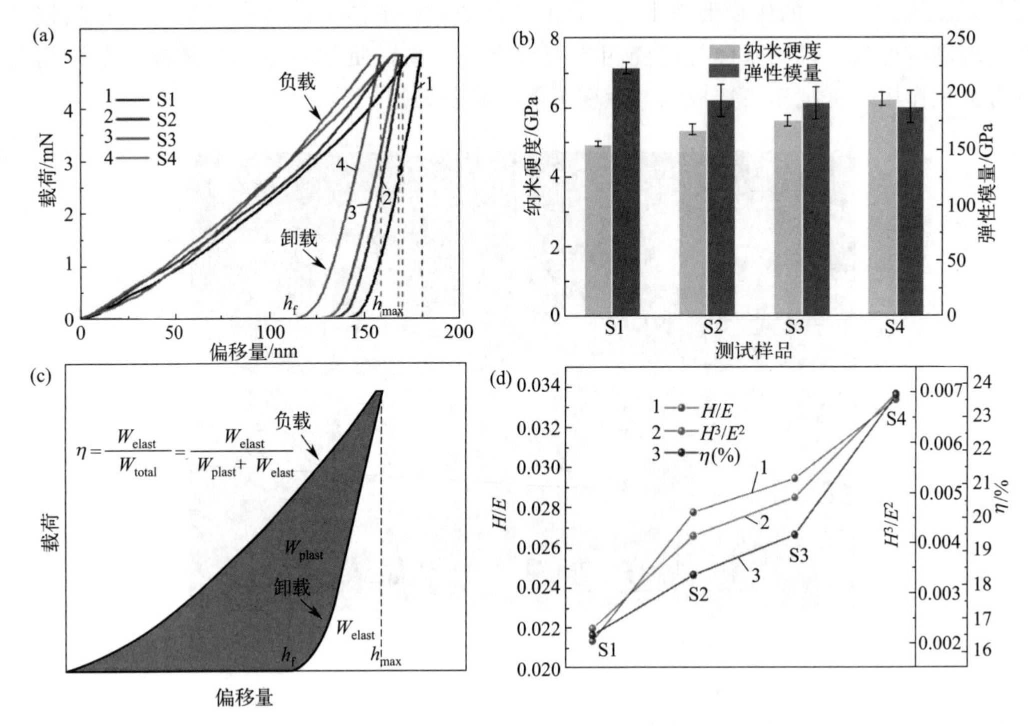

图 3-8 CoCrFeNi-Ti(C，N) 复合涂层纳米压痕测试结果

(a) 载荷-位移曲线；(b) 纳米硬度和弹性模量；(c) 弹性回复率（η）的计算示意图；

(d) S1～S4 涂层 H/E、H^3/E^2 和 η 的比较

表 3-2 CoCrFeNi-Ti(C，N) 复合涂层的纳米压痕测试结果

涂层	H/GPa	E/GPa	H/E	H^3/E^2	η/%
S1	4.9767	233.1779	0.0213	0.00227	16.46
S2	5.3747	194.3865	0.0277	0.00411	18.26
S3	5.6325	191.3959	0.0294	0.00488	19.45
S4	6.2699	188.5163	0.0333	0.00694	23.62

3.1.5 复合涂层耐磨性能分析

图 3-9 给出了 CoCrFeNi-Ti(C，N) 复合涂层在室温干滑动摩擦磨损实验中的摩擦系数（COF）曲线。在实验初期，Al_2O_3 球与涂层表面接触磨合，摩擦系数随时间增加而增加，在 1000s 后，摩擦系数进入稳定阶段。CoCrFeNi 涂层摩擦系数为 0.65，波动较大，是由于软的 CoCrFeNi 在磨损过程中发生黏着磨损和塑性变形，Al_2O_3 球所受阻力上升导致的。S2～S4 涂层摩擦系数相近，为 0.57、0.57 和 0.56，较 S1 相

比摩擦系数明显下降且波动较小。硬质 Ti(C，N）颗粒的生成提高了复合涂层的硬度，在磨损过程中表现出很强的塑性变形抗力，抑制了黏着磨损作用，限制摩擦系数的增长。

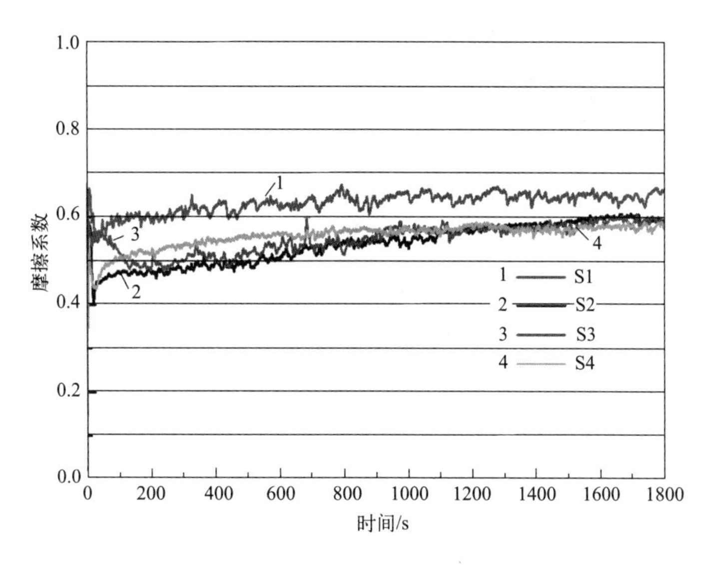

图 3-9 CoCrFeNi-Ti(C，N）复合涂层摩擦系数（COF）曲线

图 3-10 为 30N 载荷 10mm/s 磨损速率条件下，CoCrFeNi-Ti(C，N）复合涂层磨损体积结果。与 CoCrFeNi 涂层相比，原位合成 Ti(C，N）复合涂层磨损体积明显下降，当 Ti ∶ g-C_3N_4 为 6 ∶ 1 时，磨损体积最小。基于磨损体积进行计算可得，S2～S4 复合涂层的磨损抗力分别是 CoCrFeNi 涂层的 2.76、4.31 和 9.61 倍，磨损抗力明显提升。随着 Ti 和 g-C_3N_4 逐渐增加，复合涂层磨损抗力逐渐提升，与 H/E 和 H^3/E^2 分析结果相一致，且与硬度变化趋势相一致，说明该涂层高的硬度对应着高的磨损抗力，遵循 Archard 公式。原位合成 Ti(C，N）颗粒尺寸较小，且与 CoCrFeNi 基体结合良好，在干滑动摩擦过程中能有效阻碍 Al_2O_3 磨球对涂层表面严重的黏着作用，避免软的 CoCrFeNi 基体与磨球的直接接触，降低了磨损程度，有效提高耐磨性能。另外，在 S3 和 S4 涂层中，少量硬质 Laves 相沿 Ti(C，N）颗粒分布，因 CoCrFeNi 基体为单一的 FCC 相，使复合涂层保持良好的韧性，有效避免了 Laves 相产生的脆性并发挥 Laves 相的强化作用，有利于提升复合涂层的耐磨性能。

图 3-11 为 CoCrFeNi-Ti(C，N）复合涂层的磨损表面形貌。S1 涂层磨痕表面较为粗糙，有明显的转移层和黏着痕迹，说明 CoCrFeNi 涂层磨损机理为黏着磨损。在添加不同 Ti 和 g-C_3N_4 比的 S2～S4 涂层，较 S1 涂层相比磨痕表面较为平整，说明 Ti(C，N）的生成有利于耐磨性的提高。S2 和 S3 涂层磨痕表面存在犁沟和小的剥落坑，磨损机理为磨粒磨损。S4 涂层磨痕表面为较轻的犁沟和小的剥落坑，还存在少量磨屑堆积形成的分层，磨损机理为磨粒磨损。Ti(C，N）作为硬质陶瓷相存在于复合涂层中，明显提高涂层硬度，硬度的提升能有效抵抗 Al_2O_3 磨球表面微凸体的压入而避免严重的塑性变形。另外，通过原位合成的方式引入 Ti(C，N)，使尺寸较小的 Ti(C，N）颗粒

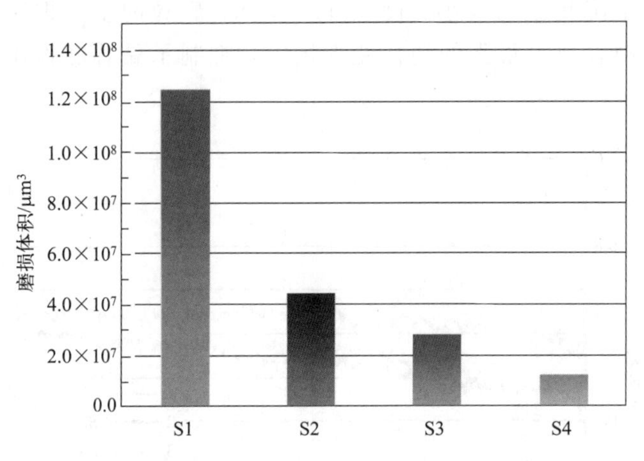

图 3-10 CoCrFeNi-Ti(C，N) 复合涂层磨损体积

与 CoCrFeNi 形成良好的结合，避免了大尺寸陶瓷相在磨损过程中的大面积剥落造成的三体磨损，使复合涂层具有更好的磨损抗力。综合上述分析，通过引入不同配比的 Ti 和 g-C_3N_4 原位合成 Ti(C，N) 可显著提高复合涂层的耐磨性能，磨损抗力随 Ti∶g-C_3N_4 的增加而提高，当 Ti∶g-C_3N_4 为 6∶1 时涂层表现出最优的力学性能和耐磨性能。

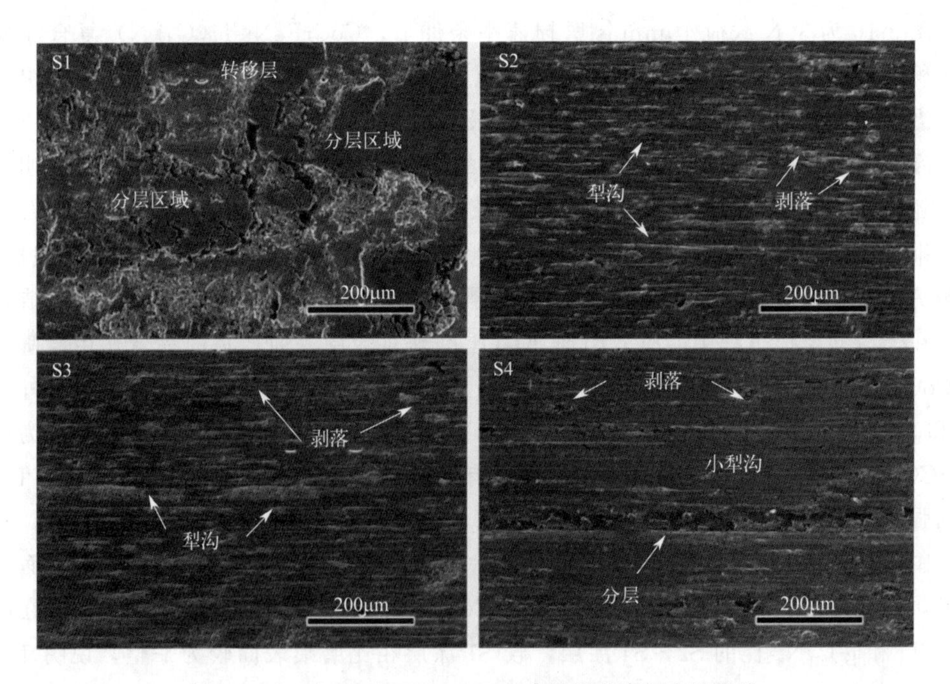

图 3-11 CoCrFeNi-Ti(C，N) 复合涂层的磨损表面形貌

3.1.6 小结

本节通过调整不同 Ti 与 g-C_3N_4 配比，采用激光熔覆制备了原位合成 Ti(C，N)

的 CoCrFeNi-Ti(C，N）复合涂层，研究了原位合成 Ti(C，N）颗粒对涂层物相、组织结构、力学性能和耐磨性能的影响。根据实验结果得出的主要结论如下：

① CoCrFeNi-Ti(C，N）物相主要为 FCC＋BCC＋Ti(C，N）三相，当 Ti：g-C_3N_4 为 5：1 和 6：1 时，复合涂层中出现少量 Laves 相，未出现 g-C_3N_4、TiC 或 TiN 的衍射峰。

② 涂层组织由基体和 Ti(C，N）颗粒组成，少量 Laves 相沿 Ti(C，N）颗粒分布。随着体系中 Ti 摩尔比含量的增加，涂层晶间细小的 Ti(C，N）颗粒增多，晶粒细化。Laves 相主要为 Fe_2Ti 型 Laves 相。

③ 随 Ti：g-C_3N_4 增加，涂层表面的平均硬度从 165.5HV0.1 增加到 594.5HV0.1，Ti(C，N）颗粒的弥散强化作用和晶粒细化是硬度提高的主要原因，Laves 相的存在导致硬度进一步增加。原位合成 Ti(C，N）后复合涂层抵抗塑性变形的能力增强，机械性能明显提升。

④ CoCrFeNi-Ti(C，N）复合涂层耐磨性能明显优于 CoCrFeNi 涂层，磨损机理由不含 Ti(C，N）的黏着磨损转变为含 Ti(C，N）的磨粒磨损，磨损抗力随 Ti：g-C_3N_4 的增加而提高，当 Ti：g-C_3N_4 为 6：1 时涂层表现出最优的力学性能和耐磨性能。

3.2 Ti（B, N）强化涂层的耐磨耐蚀性能

本节选择添加非金属 BN 的方法，希望通过原位生成强化相的方法来引入强化相且抑制 $CoCrMnNiTi_{0.75}$ 涂层中 Laves 相的生成，以期进一步提高涂层的耐磨损性能。理想状态下由于 Ti 与 N、B 的混合焓最负会优先反应，假设 Ti 与 BN 完全反应，由反应式 $3Ti+2BN \longrightarrow 2TiN+TiB_2$ 可知，0.75mol 的 Ti 与 0.5mol 的 BN 可以完全反应，因此本实验同样采用激光熔覆技术制备了 $CoCrMnNiTi_{0.75}(BN)_x$ 高熵合金涂层，BN 摩尔比分别为 0.2、0.4、0.6，以下我们分别简称为 $Ti_{0.75}(BN)_{0.2}$、$Ti_{0.75}(BN)_{0.4}$、$Ti_{0.75}(BN)_{0.6}$。

3.2.1 涂层的物相分析

图 3-12 为激光熔覆不同 BN 含量 $CoCrNiMnTi_{0.75}(BN)_x$ 高熵合金涂层的 XRD 图谱。2.2 节中我们已经得到 $CoCrMnNiTi_{0.75}$ 涂层的物相组成为 FCC＋Laves 相，随着加入 BN 含量的增加，涂层中开始出现 BCC 相，且峰的强度逐渐增大，FCC 的峰强逐渐减弱，这意味着 BCC 相的相对分数增加，而 FCC 相的分数逐渐减少。尤其是当 BN 摩尔比为 0.6 时，$Ti_{0.75}(BN)_{0.6}$ 涂层的主相变为 BCC 相，我们在文献中也发现了这种衍射峰的变化。从 XRD 结果我们可以得到，BN 的加入会导致涂层中的物相由 FCC 向 BCC 转变，且涂层中 Laves 相消失，这是由于 Ti 与 B、N 的混合焓较负，理论上熔覆过程中 Ti 与 B、N 最先反应，生成 Ti(B,N)的强化相。但强化相在 XRD 图谱中并没有表现出来，我们推测可能是由于强化相数量较少，这需要通过后续的组织分析来进一步确定。

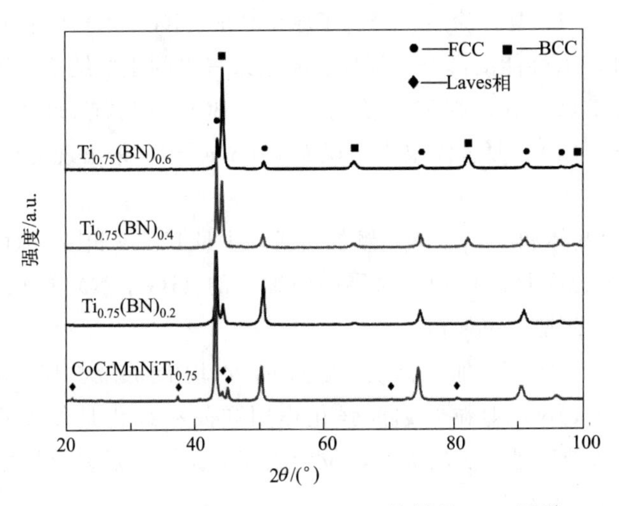

图 3-12 $CoCrMnNiTi_{0.75}(BN)_x$ 涂层的 XRD 图谱

3.2.2 涂层的显微组织分析

图 3-13 为 $CoCrMnNiTi_{0.75}(BN)_x$ 涂层随着 BN 摩尔比增加的微观组织 SEM 图。其中，图 3-13（a′）、（b′）和（c′）分别对应于图 3.13(a)、（b）和(c) 中白框的放大部分。从图 3-13(a) 和（a′）可以看出，当 BN 摩尔比为 0.2 时，$Ti_{0.75}(BN)_{0.2}$ 涂层中分布有很少的黑色强化相，经过图 3-14 中对黑色强化相的点扫描结果的分析，我们发现这些强化相是 TiN/TiB_2，这种强化相是以少量且分散的形式分布在涂层中的，这些强化相沿着晶界分布，而且我们还发现强化相周围有晶界包覆，表现出核壳结构的组织形貌，这表明在原位生成这种强化相颗粒时，强化相会率先形核。有文献中指出 NbC 这种强化相颗粒主要位于晶界，是因为 Nb 的原子半径相对较大，导致晶界偏析或不完全溶解。由于 Ti 的原子半径也是相对较大，且涂层中强化相也是在晶界析出，同样会带来相同的强化效果。当 BN 摩尔比为 0.4 时，$Ti_{0.75}(BN)_{0.4}$ 涂层中富 Ti 的强化相颗粒数量较少，分布较零散，此时的晶界开始表现出共晶组织形貌。当 BN 摩尔比为 0.6 时，$Ti_{0.75}(BN)_{0.6}$ 涂层中晶界是共晶组织形貌，有少量的强化相在晶界晶内均有分布且颗粒尺寸非常细小，结合 XRD 分析我们可以推断，共晶组织为具有 BCC 结构的 Fe-Cr 相。

我们进一步对 $Ti_{0.75}(BN)_{0.2}$ 涂层进行 EDS 点扫描、线扫描、面扫描（图 3-14)，来确定涂层的物相及元素组成。从面扫结果来看，B、N 与 Ti 元素主要分布在晶界，且在黑色强化相位置富集，再根据点分析中元素的原子分数，可以确定强化相是 TiN 和 TiB_2，此外点分析中发现 O 元素原子分数达到 17.49%，说明熔覆过程会发生一定的氧化，Ti 与 O 结合反应生成 TiO_2，因此涂层中还生成了 TiO_2。Co、Cr、Ni、Mn、Fe 等元素则是均匀分布在晶粒内部，可以确定晶粒内部依然为富 Co、Cr、Ni、Mn、Fe 的 FCC 相。发现 Ti 元素在晶界上分布，与 2.2 节中 CoCrMnNiTi 系高熵合金涂层的元素分布相一致。

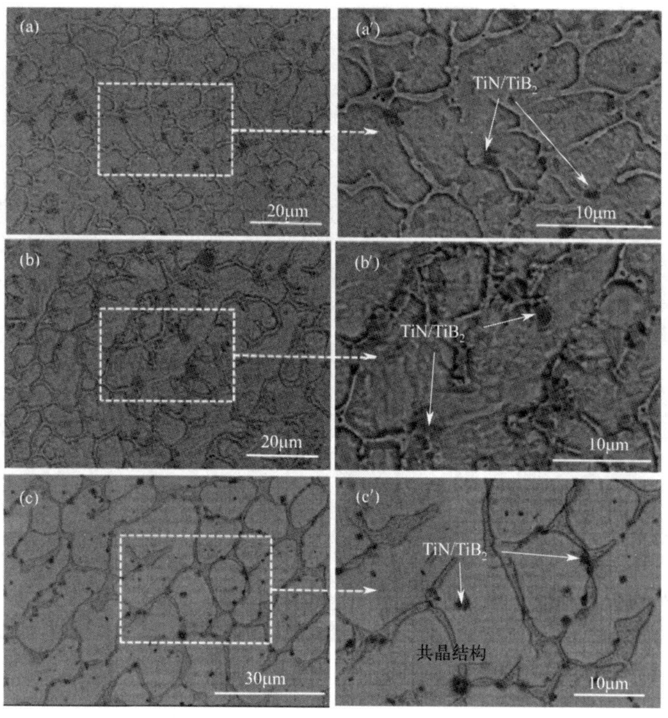

图 3-13 CoCrMnNi$Ti_{0.75}(BN)_x$ 涂层的微观组织形貌图

(a)、(a′) $Ti_{0.75}(BN)_{0.2}$；(b)、(b′) $Ti_{0.75}(BN)_{0.4}$；(c)(c′) $Ti_{0.75}(BN)_{0.6}$

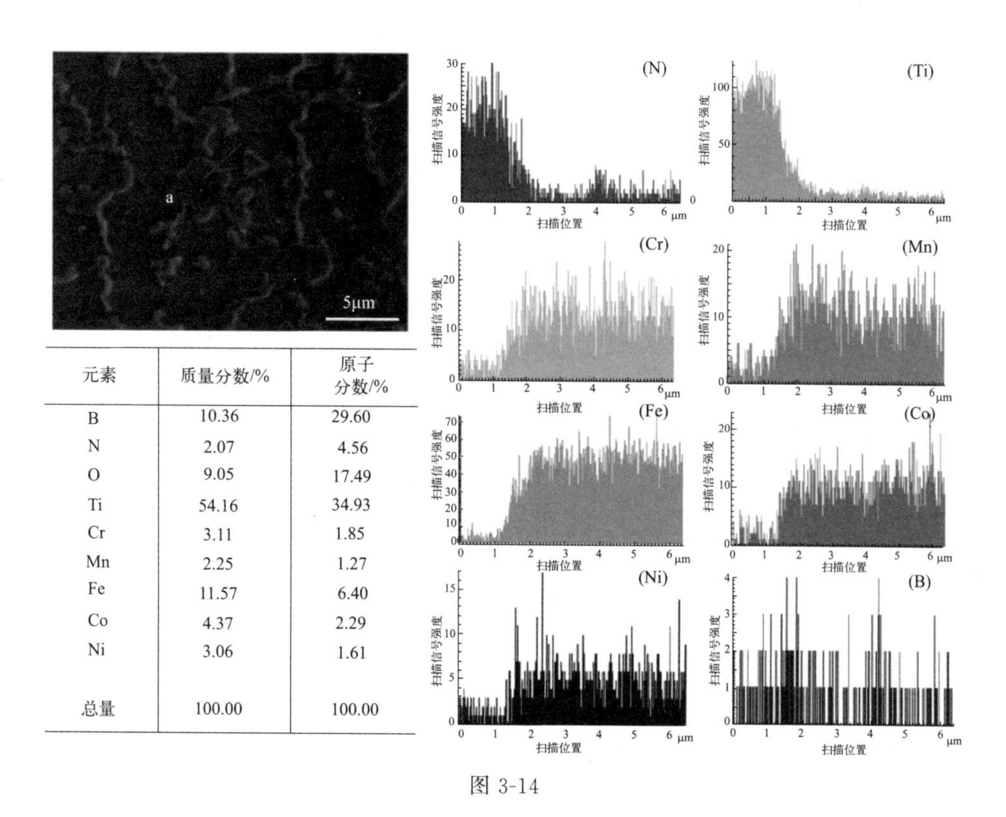

元素	质量分数/%	原子分数/%
B	10.36	29.60
N	2.07	4.56
O	9.05	17.49
Ti	54.16	34.93
Cr	3.11	1.85
Mn	2.25	1.27
Fe	11.57	6.40
Co	4.37	2.29
Ni	3.06	1.61
总量	100.00	100.00

图 3-14

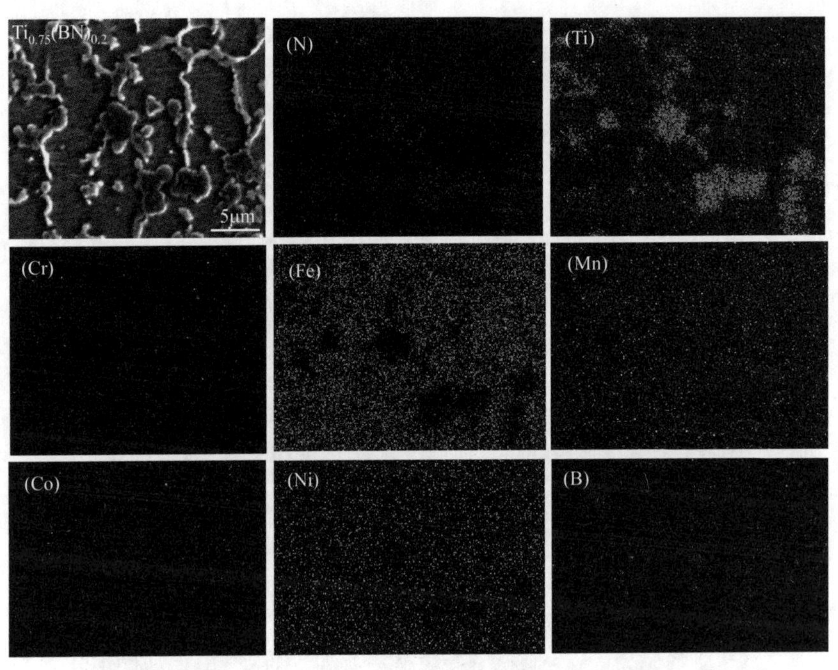

图 3-14　$CoCrMnNiTi_{0.75}(BN)_{0.2}$ 涂层的 EDS 点扫描、线扫描、面扫描图

3.2.3　显微硬度分析

我们研究了在室温下不同 BN 含量对 $CoCrMnNiTi_{0.75}(BN)_x$ 涂层显微硬度的影响，图 3-15 为 $Ti_{0.75}(BN)_{0.2}$、$Ti_{0.75}(BN)_{0.4}$ 和 $Ti_{0.75}(BN)_{0.6}$ 涂层在 0.98N 载荷下表面的平均显微硬度，分别为 395.9HV0.1、383.4HV0.1、454.3HV0.1。从 XRD 结果我们发现，随着 BN 含量的增加，涂层中 BCC 相的体积分数逐渐增加，由于 BCC 相硬度比 FCC 相高，理论上 $Ti_{0.75}(BN)_{0.4}$ 的硬度比 $Ti_{0.75}(BN)_{0.2}$ 的硬度要高。但是比较两组涂层的硬度结果我们发现，$Ti_{0.75}(BN)_{0.2}$ 要大于 $Ti_{0.75}(BN)_{0.4}$ 的硬度。从图 3-13 的显微组织可以发现，当 BN 含量为 0.2 时，涂层中有少量强化相，且晶粒尺寸要小于 $Ti_{0.75}(BN)_{0.4}$ 涂层，细晶强化使得涂层硬度提高的效果高于此时的 BCC 相含量的差距。当 BN 含量为 0.6 时，由于 BCC 衍射峰为主峰，此时 BCC 相的体积分数很高，且只有较少的强化相颗粒分布，颗粒尺寸非常细小，因此表现出最高的硬度。与未加入 BN 时的 $CoCrMnNiTi_{0.75}$ 涂层相比，$Ti_{0.75}(BN)_{0.2}$ 和 $Ti_{0.75}(BN)_{0.4}$ 都低于 $CoCrMnNiTi_{0.75}$ 涂层的硬度（438.8HV0.1），只有 $Ti_{0.75}(BN)_{0.6}$ 高于其硬度，而且仅仅提高了 15.5HV0.1。

3.2.4　线性干磨损性能分析

（1）摩擦系数

图 3-16 为添加不同 BN 含量 $CoCrMnNiTi_{0.75}(BN)_x$ 涂层的摩擦系数（COF）曲线。从图中可以看到，随着 BN 含量的增加，涂层的摩擦系数呈现降低的趋势，经计算，稳定阶段的 $Ti_{0.75}(BN)_{0.2}$、$Ti_{0.75}(BN)_{0.4}$、$Ti_{0.75}(BN)_{0.6}$ 和 $CoCrMnNiTi_{0.75}$ 涂层

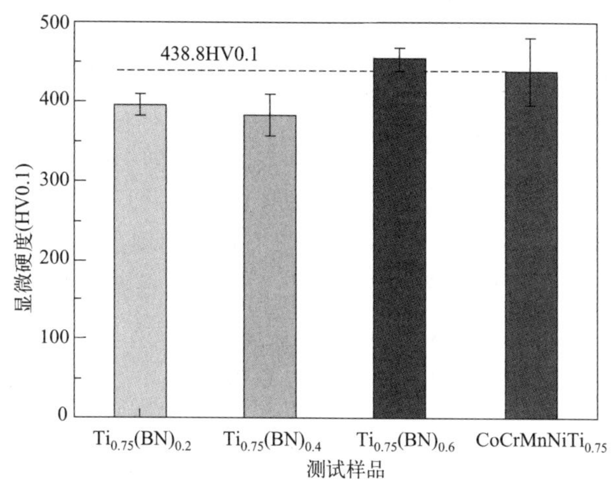

图 3-15　不同 BN 含量 $CoCrMnNiTi_{0.75}(BN)_x$ 涂层的显微硬度

的平均摩擦系数分别为 0.6862、0.6464、0.6070、0.5923。我们可以看到，$Ti_{0.75}(BN)_{0.2}$ 涂层的磨损曲线波动较大，这是由于涂层中分布有少量尺寸较大的强化相，由于强化相是硬质颗粒，虽然可以提高涂层的抗塑性变形能力，但是涂层脆性会提高，磨损过程中强化相与磨球接触并开始摩擦，与磨球的接触面积小，因此在承载面上的压强较大，摩擦系数曲线表现出较大的波动且磨损率较高。随着 BN 含量提高，$Ti_{0.75}(BN)_{0.4}$ 涂层的摩擦系数开始降低，说明在磨损过程中 BCC 相含量的提升对耐磨性的贡献开始表现出来，因此 $Ti_{0.75}(BN)_{0.6}$ 涂层的 BCC 相体积分数最大，表现出最低的摩擦系数。此外，涂层中分布有一定数量尺寸较细小的强化相颗粒，且在晶粒内部也有分布，也对涂层的耐磨性起到有利作用。因此加入少量 BN，涂层的摩擦系数降低。但是 $CoCrMnNiTi_{0.75}$ 涂层的摩擦系数最低，也就是说加入少量的 BN 并没有提高 $CoCrMnNiTi_{0.75}$ 涂层的耐磨性，我们推断：加入 BN 后，虽然产生了强化相，并且 BCC 相的含量不断提高，但是 $CoCrMnNiTi_{0.75}$ 涂层中 Laves 相的存在、Ti 引起的固溶强化以及晶粒内部 FCC 区域存在的纳米晶带来的强化效果要优于加入 BN 后带来的强化效果。具体我们继续结合其他耐磨性实验来判定。

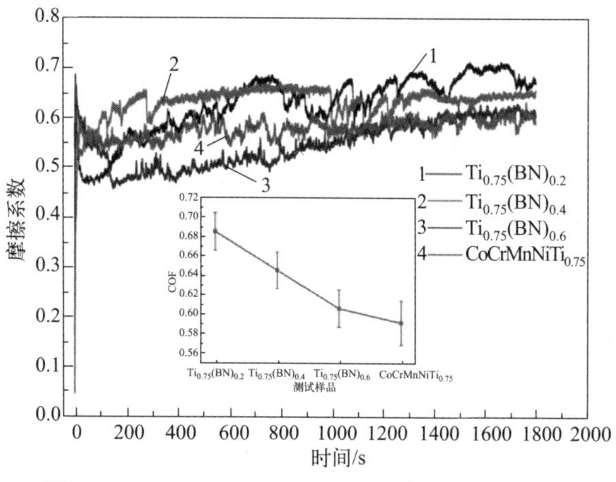

图 3-16　$CoCrMnNiTi_{0.75}(BN)_x$ 涂层的摩擦系数

（2）磨损体积

我们对磨损试验完成后的涂层进行了磨损体积损失的分析，结果如图 3-17 所示。我们发现，涂层的体积损失与摩擦系数的变化趋势相一致。由于 $Ti_{0.75}(BN)_{0.2}$ 涂层在磨损过程中强化相剥离、脱落，会在磨损表面形成剥落坑，而且剥落坑的存在会使得磨损表面发生更严重的磨损，从而产生较大的磨损体积。当 BN 含量为 0.4 时，此时虽然硬度相较于 $Ti_{0.75}(BN)_{0.2}$ 涂层略微下降，但没有严重的剥落，因此磨损体积略微下降。当 BN 含量为 0.6 时，此时 BCC 相含量较高，而且硬度也有提升，磨损体积显著下降。但是，此时磨损体积还是高于 $CoCrMnNiTi_{0.75}$ 涂层，因为 BCC 相虽然提高了硬度，但同时也有较大的脆性，这与摩擦系数的变化趋势相一致。

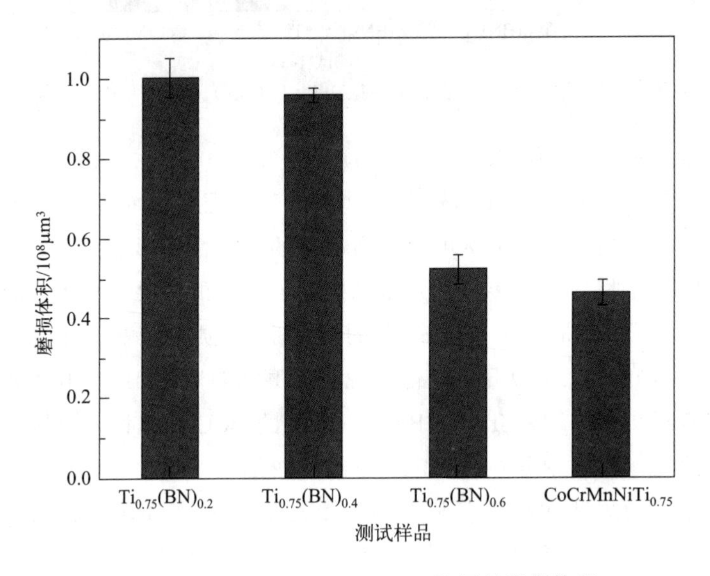

图 3-17　$CoCrMnNiTi_{0.75}(BN)_x$ 涂层的磨损体积

（3）磨痕三维形貌与横截面

我们采用三维形貌对涂层的磨痕及其横截面轮廓进行了观察，结果如图 3-18 和图 3-19 所示。从 $Ti_{0.75}(BN)_{0.2}$ 涂层的磨痕整体轮廓来看，磨痕宽而深，而且不难看出磨痕中出现了坑坑洼洼的形貌，磨损面较为粗糙，我们在前边分析摩擦系数曲线与磨损体积时说到，$Ti_{0.75}(BN)_{0.2}$ 涂层的磨损体积较大以及摩擦曲线波动较大是由于强化相在磨损过程中的剥落导致的，此时的磨损机制主要为磨粒磨损，通过三维形貌的观察进一步验证了我们的分析。随着 BN 含量的增加，$Ti_{0.75}(BN)_{0.6}$ 涂层的轮廓表现为窄而浅，由于此时涂层中分布的强化相颗粒尺寸较细小，且 BCC 相含量较高，因此涂层具有较高的磨损抗力，截面轮廓中没有高度差较大的凸起与凹陷的形貌，虽然在磨痕两侧出现了一些面积小而深的剥落坑，但是磨损面较为光滑。$Ti_{0.75}(BN)_x$ 涂层的三维形貌与截面轮廓结果以及摩擦系数、磨损体积的变化相一致，因此通过对涂层的磨损性能测试来看，加入少量 BN 提高了涂层的耐磨性，但并没有优于 $CoCrMnNiTi_{0.75}$ 涂层。

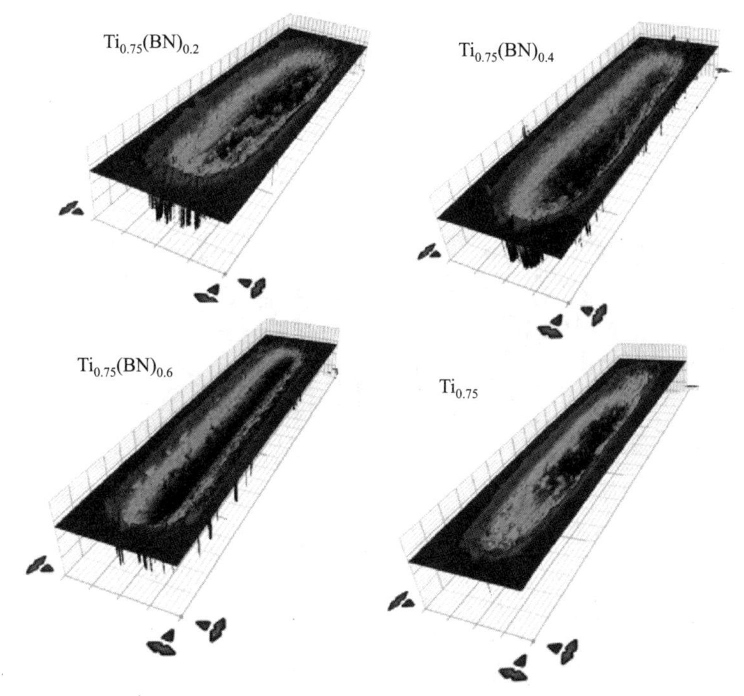

图 3-18 $CoCrMnNiTi_{0.75}(BN)_x$ 涂层磨痕轮廓的三维形貌

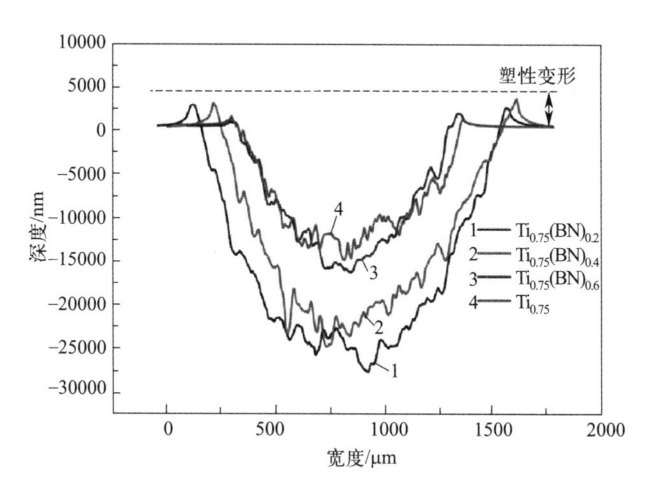

图 3-19 $CoCrMnNiTi_{0.75}(BN)_x$ 涂层磨痕的横截面曲线

（4）磨痕形貌

图 3-20 为 $CoCrMnNiTi_{0.75}(BN)_x$ 涂层的磨损痕迹和磨损表面的形态在扫描电镜下的形态，右上角框内为低倍显微镜下涂层的磨痕宏观形貌。从图 3-20(a) 中可以看到 $Ti_{0.75}(BN)_{0.2}$ 涂层的磨损表面上观察到大量凸起的分层以及剥落，通过前边的分析表示涂层中含有强化相，一般情况下这种强化相的尺寸为微米级，而且强化相在磨损前期在磨球的正应力及剪切应力下可能发生脱落，形成这种磨损后的形貌，主要磨损形式为磨粒磨损。图 3-20(b) 中 $Ti_{0.75}(BN)_{0.4}$ 涂层的磨损表面有所改善，BCC 相的体积分数

增加，且没有较大颗粒的强化相，磨损表面的凸起数量减少，但是出现了剥落分层以及少而浅的犁沟。正如文献中所报道的，这可能是由于固溶体及第二相有关的颗粒的断裂和分层所致的。$Ti_{0.75}(BN)_{0.6}$ 涂层中 BCC 相含量更高，且晶界为共晶组织呈现网状分布，摩擦磨损过程中可以很好地抵抗磨球的进一步嵌入，因此磨损形貌较为平整，表现出较好的耐磨性。

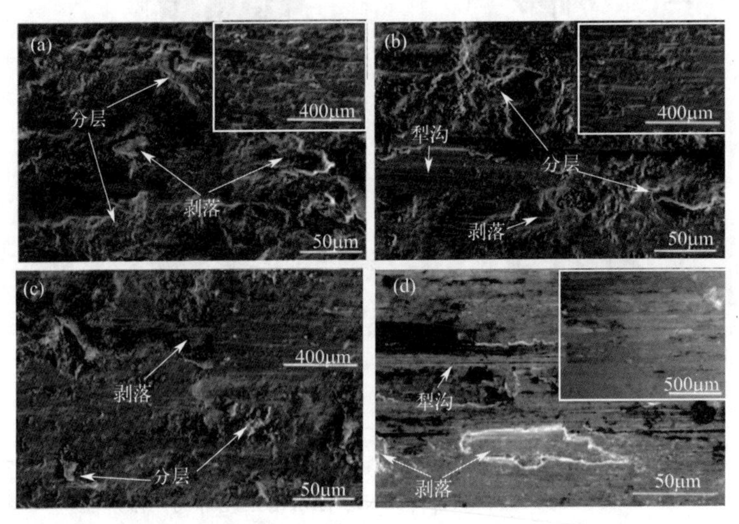

图 3-20　$CoCrMnNiTi_{0.75}(BN)_x$ 涂层磨损表面的 SEM 形貌

(a) $Ti_{0.75}(BN)_{0.2}$；(b) $Ti_{0.75}(BN)_{0.4}$；(c) $Ti_{0.75}(BN)_{0.6}$；(d) $CoCrMnNiTi_{0.75}$

综合三组涂层的整个磨损过程以及各种分析测试，不难发现涂层的摩擦系数、磨损体积、磨痕截面、三维形貌及磨损表面 SEM 是互相对应起来的。首先，结合组织发现，随着 BN 含量的增加，强化相 TiN/TiB_2 颗粒直径减小，强化相的存在虽然可以提高涂层抗塑性变形的能力，但又会增加涂层的脆性，磨损过程中会导致强化相的脆断、破裂；随着 BN 含量的提高，BCC 相含量提高，涂层的硬度提高，从而导致摩擦系数逐渐下降，磨损体积逐渐降低。再观察涂层磨痕的三维形貌以及微观形貌，不难发现随着 BN 含量从 0.2 到 0.4，磨损表面剥落坑减少且面积减小，这种现象与组织的特点是密切关联的。随着 BN 摩尔比增加，虽然在涂层中产生了强化相，并且 BCC 相的含量不断提高，但是 $CoCrMnNiTi_{0.75}$ 涂层中 Laves 相的存在以及晶粒内部 FCC 区域存在的纳米晶带来的强化效果要优于加入 BN 后带来的强化效果，因此涂层的耐磨性表现为 $CoCrMnNiTi_{0.75} > Ti_{0.75}(BN)_{0.6} > Ti_{0.75}(BN)_{0.4} > Ti_{0.75}(BN)_{0.2}$。

3.2.5　涂层的电化学腐蚀行为分析

(1) 动电位极化曲线

图 3-21 是 $CoCrMnNiTi_{0.75}(BN)_x$ 高熵合金涂层在 3.5%NaCl 溶液中的动电位极化曲线。从图中可以看出，我们在 $CoCrMnNiTi_{0.75}$ 基础上加入 BN，涂层并没有出现稳定的钝化区。随着 BN 含量由 0.2 增加至 0.6，涂层的腐蚀电位呈现先增大后降低的趋势，分别为−691.5mV、−406.6mV、−467.1mV，涂层的腐蚀电流密度相近，分别

为 5.420μA/cm²、5.610μA/cm²、5.471μA/cm²，如表 3-3 所示。结合腐蚀电位与自腐蚀电流密度的大小，可以判断 $Ti_{0.75}(BN)_{0.4}$ 表现出相对较好的耐蚀性，但与 $CoCrMnNiTi_{0.75}$ 涂层相比有较大差距。与基体（Q235 钢）的腐蚀电位及腐蚀电流相比，$CoCrMnNiTi_{0.75}(BN)_x$ 涂层的耐蚀性有一定的提高。

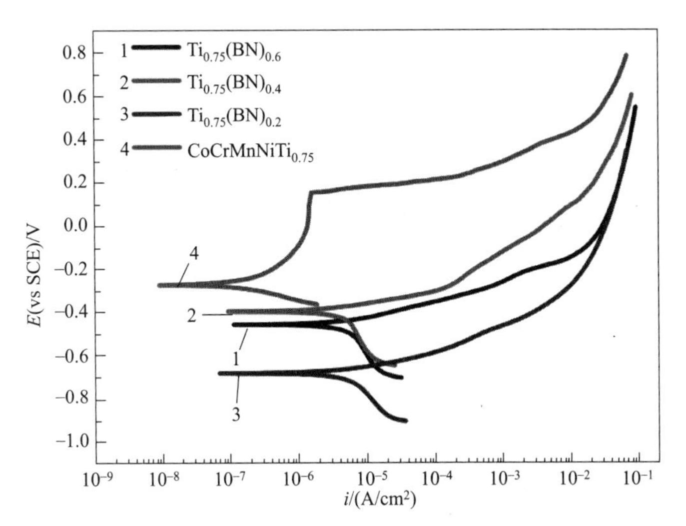

图 3-21　$CoCrMnNiTi_{0.75}(BN)_x$ 涂层的动电位极化曲线

表 3-3　$CoCrMnNiTi_{0.75}(BN)_x$ 涂层在 3.5%NaCl 溶液中的电化学参数

参数	$Ti_{0.75}(BN)_{0.2}$	$Ti_{0.75}(BN)_{0.4}$	$Ti_{0.75}(BN)_{0.6}$	$Ti_{0.75}$	Q235
E_{corr}(vs SCE)/mV	−691.5	−406.6	−467.1	−284.5	−741.3
I_{corr}/(μA/cm²)	5.420	5.610	5.471	0.263	8.74

（2）交流阻抗分析

对 $CoCrMnNiTi_{0.75}(BN)_x$ 涂层进行了电化学阻抗谱（EIS）测试。图 3-22(a) 显示了涂层的 Nyquist 图，图 3-22(b) 为图 3-22(a) 中方框部分的局部放大图。从图中可以看出，曲线均为半圆弧，即单一的容抗弧，容抗弧半径越大，说明电荷在溶液中的转移阻力越大。从图中可以看出，$CoCrMnNiTi_{0.75}(BN)_x$ 涂层的容抗弧的半径与 $CoCrMnNiTi_{0.75}$ 涂层差距很大。我们对比加入 BN 的高熵合金涂层，容抗弧的半径为 $Ti_{0.75}(BN)_{0.4}>Ti_{0.75}(BN)_{0.6}>Ti_{0.75}(BN)_{0.2}$，该趋势又反映出涂层的耐腐蚀性大小，$Ti_{0.75}(BN)_{0.4}$ 的容抗弧半径最大，表现出最好的耐蚀性，与动电位极化曲线的测试结果一致。从图 3-22 中的 Bode 图及相位图可以看出，加入 BN 的涂层的相位角在高频范围内相似，都接近 0°；在中频区，相位角达到最大值，对应的频率范围大小代表腐蚀过程中钝化膜的稳定性，$Ti_{0.75}(BN)_{0.4}$ 具有较宽的频率范围，代表腐蚀过程中钝化膜稳定性较好；在低频区，相位角同样呈现先增大后减小的趋势，$Ti_{0.75}(BN)_{0.4}$ 具有最大的相位角，虽然并没有形成钝化膜，但可以反映出其存在更容易形成稳定钝化膜的趋势。

综合 $CoCrMnNiTi_{0.75}(BN)_x$ 涂层以及 $CoCrMnNiTi_{0.75}$ 涂层的电化学测试结果，我们发现加入少量 BN 并没有提高 $CoCrMnNiTi_{0.75}$ 涂层的耐蚀性，反而是产生了不利的影响。基于以上结果，我们推断：首先，加入 BN 后涂层中出现了少量 TiN 和 TiB_2

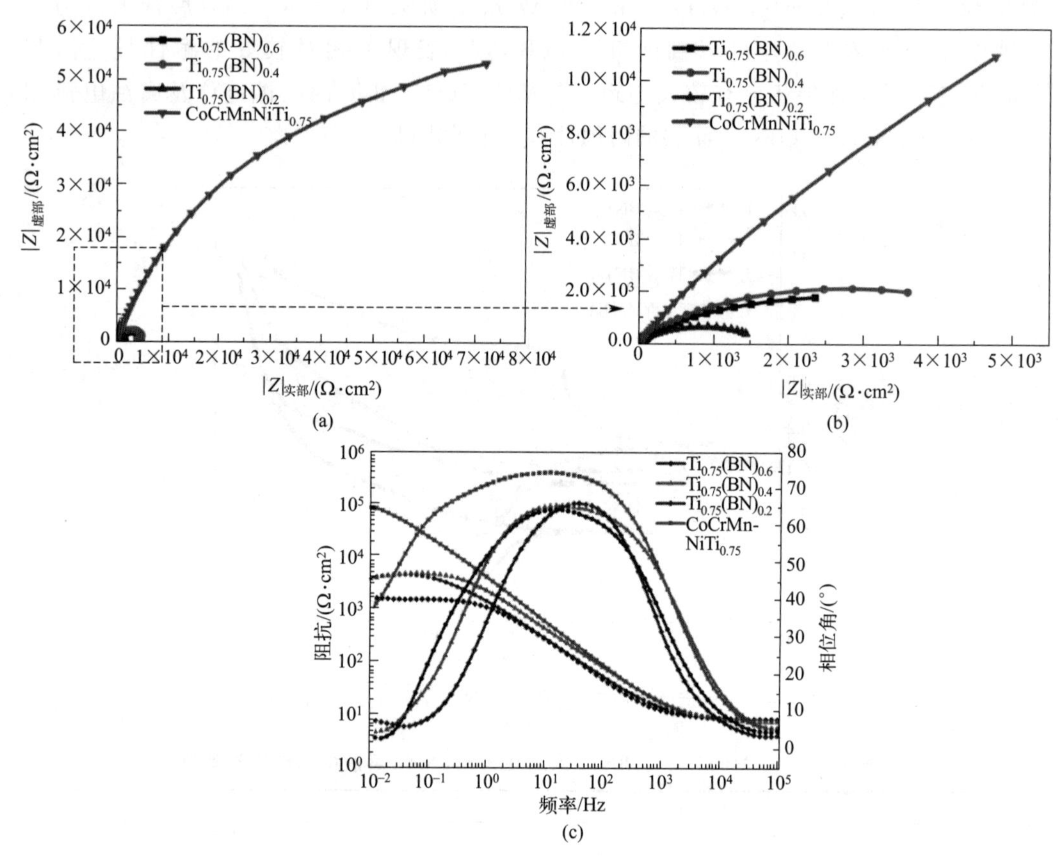

图 3-22 $CoCrMnNiTi_{0.75}(BN)_x$ 涂层在 3.5%NaCl 溶液室温下的电化学阻抗谱图

(a) Nyquist 曲线；(b) Nyquist 曲线的局部放大；(c) Bode 曲线

强化相，这会形成微观腐蚀电池，文献中也提到 TiN 在 $CoCr_2FeNiTi_x$ 高熵合金涂层中出现会形成腐蚀微电池，增加了腐蚀的倾向性；同样，BN 的加入使涂层中的 BCC 相含量越来越高，同样也会与 FCC 相构成微观腐蚀电池；由于 BN 的加入且 N 与 Cr 的混合焓也较负，熔覆过程中会发生反应，使得 Cr 的相对含量降低，影响了 Cr_2O_3 钝化膜的厚度，削弱了对涂层的保护性。

3.2.6 小结

本节以 Cr、Co、Ni、Mn、Ti、BN 为原料，通过激光熔覆制备了不同 BN 含量的 $CoCrMnNiTi_{0.75}(BN)_x$ 高熵合金涂层，分析了涂层的物相组成、微观组织形貌以及各种元素组成的分布，并对样品进行了硬度以及耐磨耐蚀性能的测试，得出如下结论：

① 在 $CoCrMnNiTi_{0.75}$ 基础上加入 BN，$CoCrMnNiTi_{0.75}(BN)_x$ 高熵合金涂层的物相组成由 FCC+Laves 相向 FCC+BCC 转变。随着 BN 含量的增加，BCC 相的体积分数逐渐增大，FCC 相的体积分数降低。观察组织发现涂层中有少量强化相的生成，随着 BN 含量的增加，涂层中的强化相尺寸减小，元素分析强化相为 TiB_2+TiN，强化相颗粒在涂层中主要呈少量且分散形式分布在晶界。

② 随着 BN 含量的增加，$CoCrMnNiTi_{0.75}(BN)_x$ 系高熵合金涂层的显微硬度先减小后增大，这是由于随着 BN 含量增加，BCC 相体积分数增大，BCC 相硬度较高，因此涂层硬度增大。随着 BN 含量的增加，强化相 TiN/TiB_2 颗粒直径减小，强化相的存在虽然可以提高涂层抗塑性变形的能力，但又会增加涂层的脆性，磨损过程中会导致强化相的脆断、破裂；随着 BN 含量的提高，BCC 相含量提高，涂层的硬度提高，从而导致摩擦系数逐渐下降，磨损体积逐渐降低，涂层的耐磨性也随之提高。但是 $CoCrMnNiTi_{0.75}$ 涂层中 Laves 相的存在、Ti 引起的固溶强化以及晶粒内部 FCC 区域存在的纳米晶带来的强化效果要优于加入 BN 后带来的强化效果，因此涂层的耐磨性表现为 $CoCrMnNiTi_{0.75}>Ti_{0.75}(BN)_{0.6}>Ti_{0.75}(BN)_{0.4}>Ti_{0.75}(BN)_{0.2}$。

③ 对涂层的电化学性能进行测试，发现随着 BN 含量的增加，涂层的耐蚀性为 $CoCrMnNiTi_{0.75}>Ti_{0.75}(BN)_{0.4}>Ti_{0.75}(BN)_{0.6}>Ti_{0.75}(BN)_{0.2}$。涂层中的 TiN 和 TiB_2 强化相以及 BCC 相会与 FCC 相形成微观腐蚀电池，增加了腐蚀的倾向性；由于 N 与 Cr 的混合焓也较负，熔覆过程中会发生反应，使得 Cr 的相对含量降低，影响了 Cr_2O_3 钝化膜的厚度，削弱了对涂层的保护性。

3.3 非晶/纳米晶调控涂层的耐磨耐蚀性能

3.3.1 物相与组织结构

图 3-23(a) 为 $(FeCoCrNi)_{75}Nb_{10}B_8Si_7$ 涂层的 XRD 图。PC（等离子熔覆）涂层中只包含体心立方（BCC）相，LRM7 和 LRM8 涂层由 BCC 相和面心立方（FCC）相组成。激光重熔（LRM）后，BCC 相在 $2\theta=44.5°$附近的衍射峰强度减弱，激光重熔速度的变化没有改变重熔层的相组成。对 $2\theta=44.5°$附近的衍射峰局部放大[图 3-23(b)]，发现激光重熔后 BCC 相的主峰向左偏移，这是由于激光重熔极高的冷却速度，使涂层的晶格畸变增大导致的。

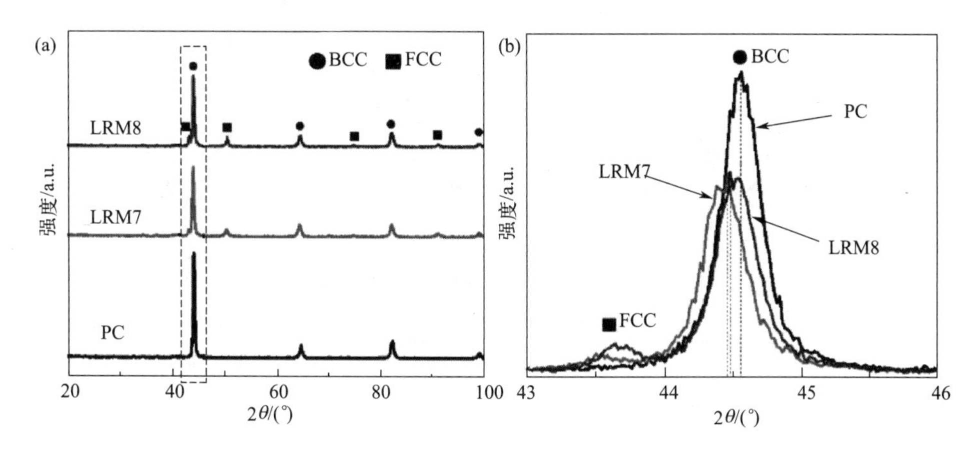

图 3-23　$(FeCoCrNi)_{75}Nb_{10}B_8Si_7$ 涂层的 XRD 谱图(a) 和图(a) 中虚线框的局部放大图(b)

Fe、Co、Cr、Ni 四种元素之间的混合焓接近于 0，有利于形成固溶体结构。Nb 与 B、Si 之间的负混合焓绝对值很大，这三种元素与 Fe、Co、Cr、Ni 之间的负混合焓也较大，这预示着涂层中极易出现金属间化合物和陶瓷相。然而，在涂层的 XRD 谱图中仅观察到 BCC 和 FCC 相，表明 Nb、B、Si 与 Fe、Co、Cr、Ni 完全形成了固溶体；或者，由于激光重熔极高的冷却速率使涂层中生成了非晶相。

图 3-24 展示了$(FeCoCrNi)_{75}Nb_{10}B_8Si_7$ 涂层的横截面 SEM 图像。PC 涂层［图 3-24(a)］在基体和等离子熔覆层之间有一个过渡层，这是典型的等离子熔覆涂层的结构特征。激光重熔层[图 3-24(b)、(c)]具有相似的结构，并且随着重熔速度的增加重熔层厚度变薄，LRM7 和 LRM8 重熔层的平均厚度分别为 95.28μm 和 67.87μm。此外，所有涂层的微观结构都表现为枝晶（DR）和枝晶间（ID）结构[图 3-24(d)～(f)]。激光重熔层的晶粒更加细小，ID 区域形成了网状结构。使用 ImageJ 软件对 SEM 图像中的该区域进行了定量分析，结果表明 DR 与 ID 区域的面积比约为 7∶3。$(FeCoCrNi)_{75}Nb_{10}B_8Si_7$ 涂层的 SEM-EDS 点扫描成分分析结果列于表 3-4，由于 B 的原子序数小，信号响应太弱，无法检测涂层中的 B 含量；此外，由于等离子熔覆工艺所产生的稀释率较大，涂层中的 Fe 含量显著增加。因此，只能对元素组成进行半定量分析，这种现象在前人的研究中也出现过。

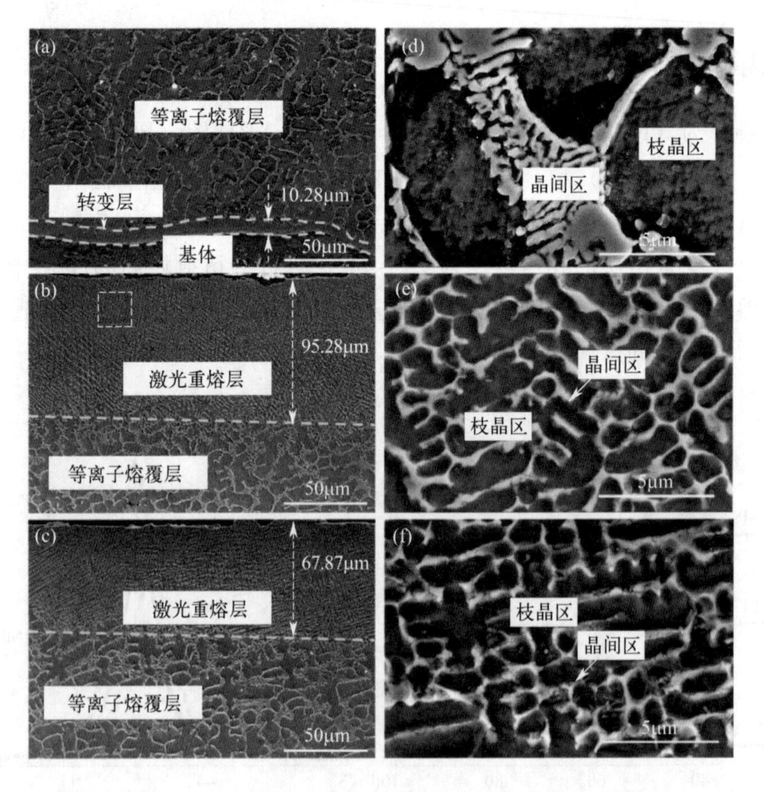

图 3-24　$(FeCoCrNi)_{75}Nb_{10}B_8Si_7$ 涂层的横截面 SEM 图像

(a) PC 涂层；(b) LRM7 涂层；(c) LRM8 涂层；(d) ～ (f) (a) ～ (c) 中方框区域放大的微观结构

表 3-4 $(FeCoCrNi)_{75}Nb_{10}B_8Si_7$ 涂层的 SEM-EDS 点扫描成分分析结果（原子分数） %

涂层	区域	元素						
		Fe	Co	Cr	Ni	Nb	B	Si
PC	DR	56.65	12.20	13.61	12.96	1.77	—	2.81
	ID	38.61	13.77	14.14	12.58	14.12	—	6.78
LRM7	DR	52.74	14.13	14.05	13.35	1.69	—	4.04
	ID	32.94	13.78	12.89	12.96	17.43	—	9.00
LRM8	DR	50.28	14.84	14.80	14.49	1.28	—	4.31
	ID	33.57	14.55	14.16	13.61	16.72	—	7.39

图 3-25 展示了 LRM7 和 LRM8 涂层的 SEM-EDS 面扫描图。与点扫描结果不同的是，B 元素在面扫描中被清晰地检测到。LRM7 与 LRM8 涂层的元素分布相似，说明重熔速度的改变并没有改变涂层的元素分布。重熔层的 DR 区域明显富 Fe 元素，ID 区域明显富 Nb、B 元素，Si 元素在 ID 区域表现出了不明显的富集，Co、Cr、Ni 元素分布均匀，没有表现出富集趋势。

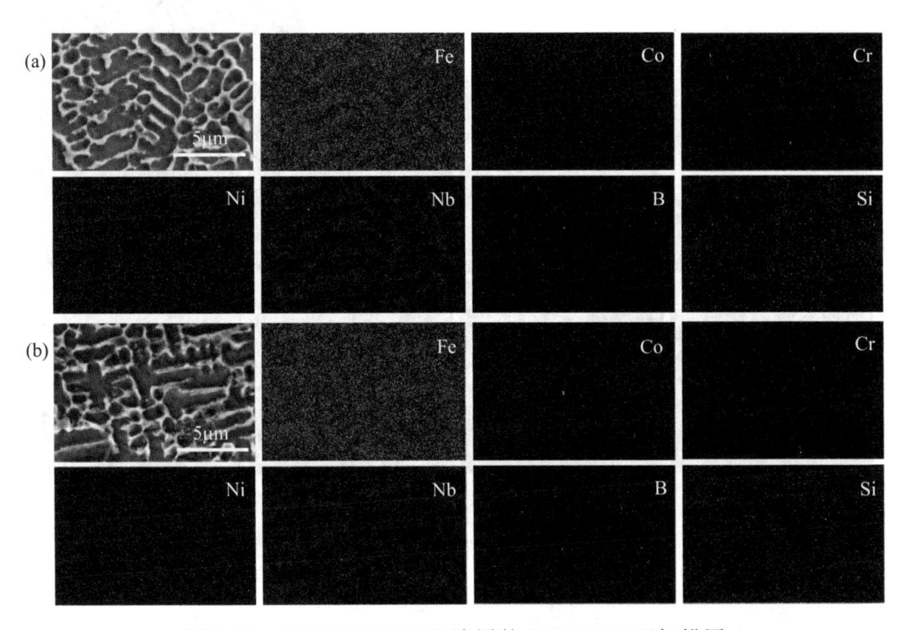

图 3-25 LRM7 和 LRM8 涂层的 SEM-EDS 面扫描图

(a) LRM7 涂层；(b) LRM8 涂层

图 3-26 展示了 LRM7 涂层的 TEM 表征结果。在图 3-26(a) 的明场像中可以观察到，DR 和 ID 区域均具有均匀的形貌组织，没有沉淀相的析出。如图 3-26(b)、(c)所示，选区电子衍射（SAED）图谱表明 DR 和 ID 区域分别由 BCC 和 FCC 相组成，这与 XRD 的结果一致。此外，在 ID 区域还观察到了不明显的非晶衍射环，表明 ID 区域形成了非晶相。在 TEM-EDS 面扫描的结果中[图 3-26(e_1)～(e_7)]，DR 区富含 Fe 元素和 Ni 元素，Nb 元素几乎全部分布在 ID 区域，在 ID 区域还发现了 B 和 Si 元素的富集，Co 和 Cr 元素没有明显的富集现象，该结果与 SEM-EDS 点扫描的结果一致。于是，整

个重熔层的结构得以确定，DR 区域为富含 Fe、Ni 的 BCC 结构，ID 区域为富含 Nb、B、Si 的 FCC+非晶结构。

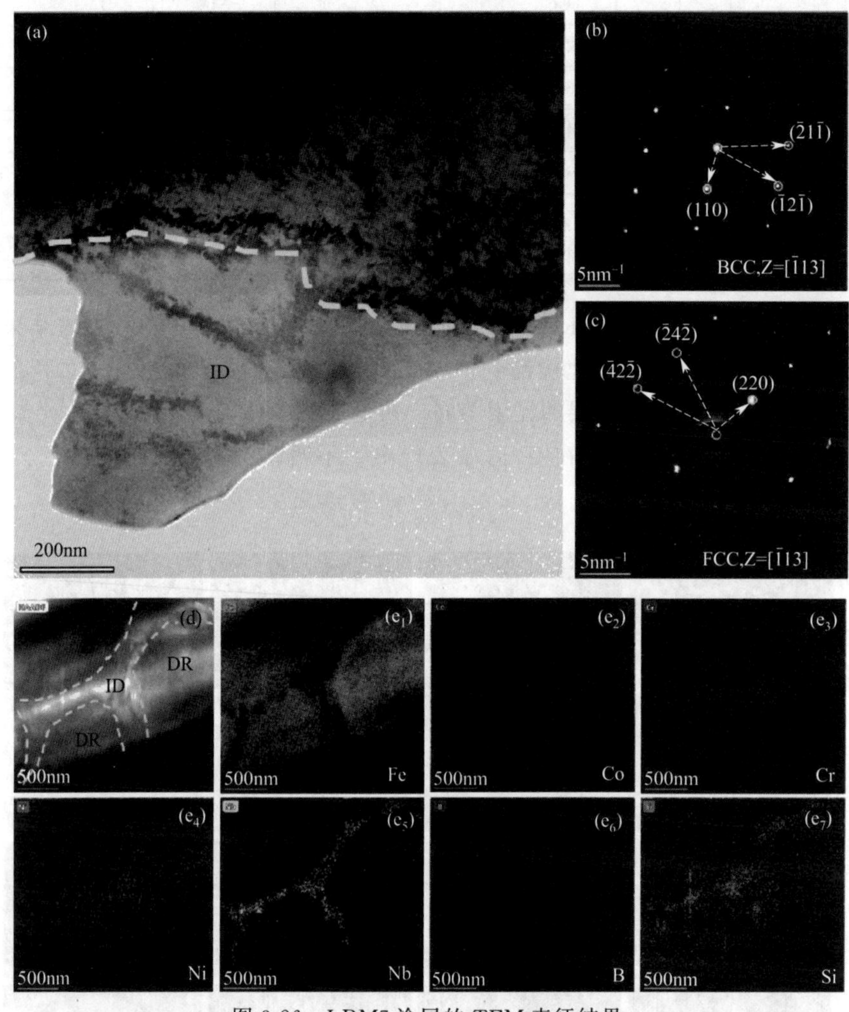

图 3-26　LRM7 涂层的 TEM 表征结果

(a) TEM 明场像；(b) DR 区域的 SAED 图谱；(c) ID 区域的 SAED 图谱；(d) DR 和 ID 区域的 TEM-HAADF 图像；(e_1) ~ (e_7) 图 (d) 的 TEM-EDS 面扫描结果

3.3.2 力学性能

图 3-27 展示了 $(FeCoCrNi)_{75}Nb_{10}B_8Si_7$ 涂层的显微硬度。沿涂层横截面深度方向的显微硬度[图 3-27(a)]各区域分布较为均匀，激光重熔层的显微硬度比等离子熔覆层硬度高 60HV0.05 以上。PC、LRM7 和 LRM8 涂层表面的平均显微硬度 [图 3-27(b)] 分别为 415.7HV0.05、483.9HV0.05、478.3HV0.05，并且各涂层显微硬度的误差均不大，说明涂层组织较为均匀。不同重熔速度制备的涂层显微硬度相差不大，重熔速度的改变对涂层显微硬度的影响可以忽略不计，这是因为不同激光重熔速度只改变了重熔层的厚度，并未改变涂层的组织结构。

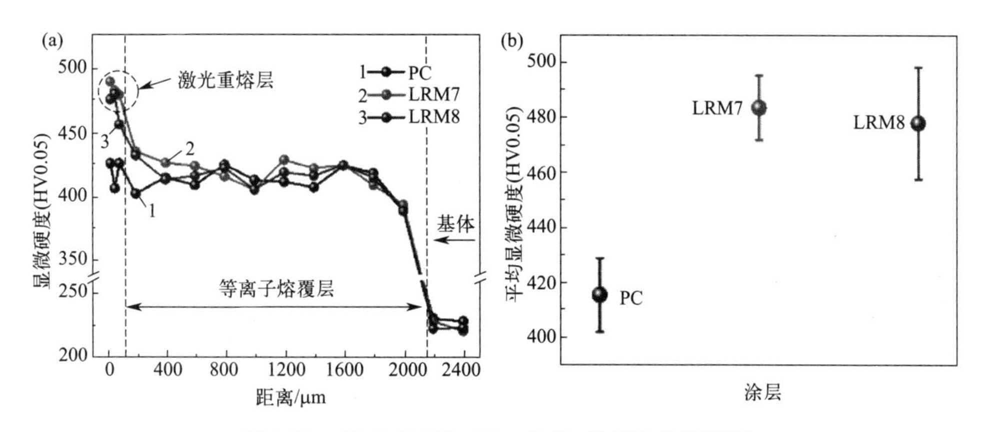

图 3-27 $(FeCoCrNi)_{75}Nb_{10}B_8Si_7$ 涂层的显微硬度

(a) 横截面深度方向的显微硬度；(b) 涂层表面的平均显微硬度

图 3-28 为 $(FeCoCrNi)_{75}Nb_{10}B_8Si_7$ 涂层的纳米压痕结果，力学性能的数值列于表 3-5 中。在图 3-28(a) 中，载荷-深度曲线所包围的面积越小，涂层的纳米硬度（H）和弹性模量（E）就越大。PC、LRM7 和 LRM8 涂层的封闭面积分别为 2.81×10^{-12}J、2.09×10^{-12}J 和 2.15×10^{-12}J，因此，通过激光重熔提高了涂层的力学性能。PC 涂层的平均 H 为 6.19GPa，LRM7 和 LRM8 涂层的平均 H 分别提升到 7.04GPa 和 6.87GPa。

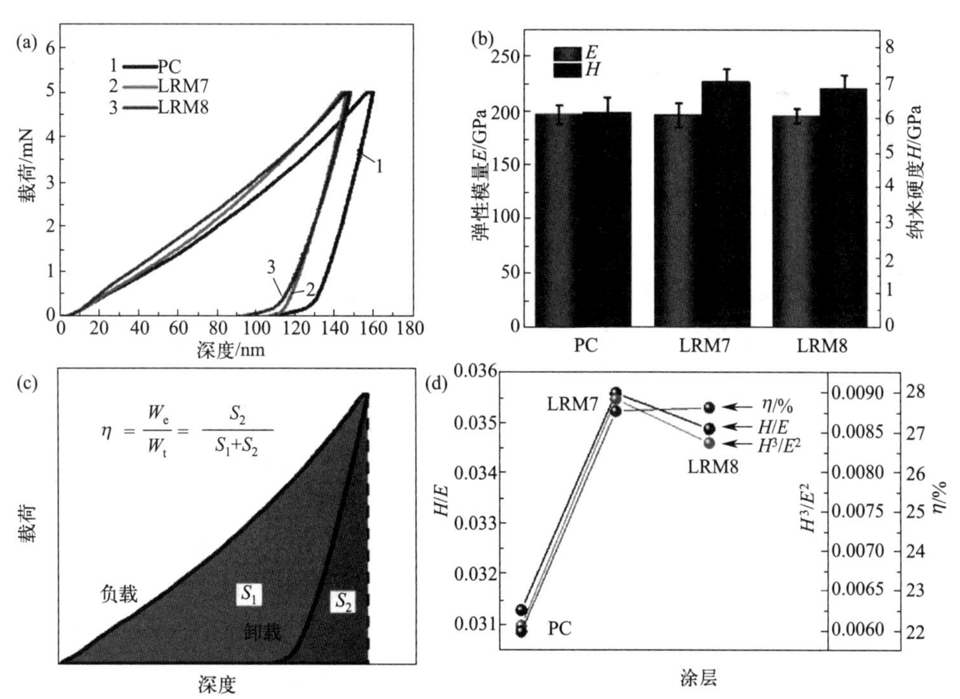

图 3-28 $(FeCoCrNi)_{75}Nb_{10}B_8Si_7$ 涂层的纳米压痕结果

(a) 载荷-深度曲线；(b) 弹性模量和纳米硬度；(c) 弹性回复率（η）的计算方法；

(d) H/E、H^3/E^2 和 η 的比较

H/E 的比值通常用于确定接触面的弹性极限，H^3/E^2 的比值表示材料在载荷作用下对塑性变形的抵抗力，因此，较大的 H/E 和 H^3/E^2 值通常代表更好的耐磨性。然而，由于激光重熔并没有显著改变涂层的 E，仅用 H/E 和 H^3/E^2 来表示涂层的弹塑性性能是不够的。弹性恢复率（η）被定义为在加载和卸载循环期间弹性变形能（W_e）与总变形能（W_t）的比值，是材料表面弹性的指标，用于计算 η 的方法如图 3-28(c) 所示。涂层的 H/E、H^3/E^2 和 η 的比较如图 3-28(d) 所示，其数值也列于表 3-5 中。LRM7 和 LRM8 涂层的三个参数的数值远高于 PC 涂层，表明激光重熔涂层比等离子熔覆涂层拥有更好的力学性能。

表 3-5 $(FeCoCrNi)_{75}Nb_{10}B_8Si_7$ 涂层的力学性能

涂层	H/GPa	E/GPa	H/E	H^3/E^2	η/%
PC	6.19±0.42	197.85±8.57	0.0313	0.00606	21.97
LRM7	7.04±0.38	197.75±10.99	0.0356	0.00892	27.54
LRM8	6.87±0.39	196.87±6.68	0.0349	0.00837	27.63

3.3.3 摩擦磨损行为

图 3-29 为 $(FeCoCrNi)_{75}Nb_{10}B_8Si_7$ 涂层的摩擦磨损结果。图 3-29(a) 所示摩擦系数（COF）曲线呈现了从波动到稳定的趋势。激光重熔后涂层的 COF 显著降低，表明其减摩性能有所提高。PC 涂层的磨损体积损失[图 3-29(b)]为 $4.81\times10^7\mu m^3$，而 LRM7 和 LRM8 涂层的磨损体积损失低一个数量级（分别为 $9.11\times10^6\mu m^3$ 和 $9.58\times10^6\mu m^3$）。

$(FeCoCrNi)_{75}Nb_{10}B_8Si_7$ 涂层的磨痕的横截面曲线如图 3-29(c) 所示，LRM7 和 LRM8 涂层的磨痕比 PC 涂层的磨痕更浅更窄；由于磨球的挤压作用，在磨痕的表面上出现了塑性凸起。磨损率和耐磨性的计算结果如图 3-29(d) 所示，激光重熔涂层的耐磨性比等离子熔覆涂层高 5 倍以上。

激光重熔后磨痕的三维形貌（图 3-30）发生了显著变化（可扫码查看）。不同的颜色代表不同的深度，磨痕颜色越蓝，磨痕深度越深。相同颜色的线代表犁沟，不规则形状的深色坑代表剥落坑。PC 涂层中可以观察到大量剥落坑，几乎没有犁沟。相比之下，在 LRM7 和 LRM8 涂层中出现了犁沟和少量的剥落坑。这些结果表明，$(FeCoCrNi)_{75}Nb_{10}B_8Si_7$ 涂层的磨损机制从等离子熔覆涂层的黏着磨损转变为激光重熔涂层的磨粒磨损和少量黏着磨损。

为了进一步分析 $(FeCoCrNi)_{75}Nb_{10}B_8Si_7$ 涂层的磨损机制，通过扫描电镜观察了摩擦磨损实验后的磨损形貌，如图 3-31 所示。PC 涂层的磨损形貌由转移层和剥落坑组成，表明 PC 涂层由于其较低的显微硬度（415.7HV 0.05）而受到了严重的黏着磨损。然而，LRM7 和 LRM8 涂层中除了少量的转移层和剥落坑外，还观察到许多犁沟，说明激光重熔涂层的摩擦磨损过程包括磨粒磨损和黏着磨损。虽然激光重熔涂层的硬度并没有比等离子熔覆涂层高出很多，但激光重熔涂层的耐磨性得到了显著的提高。

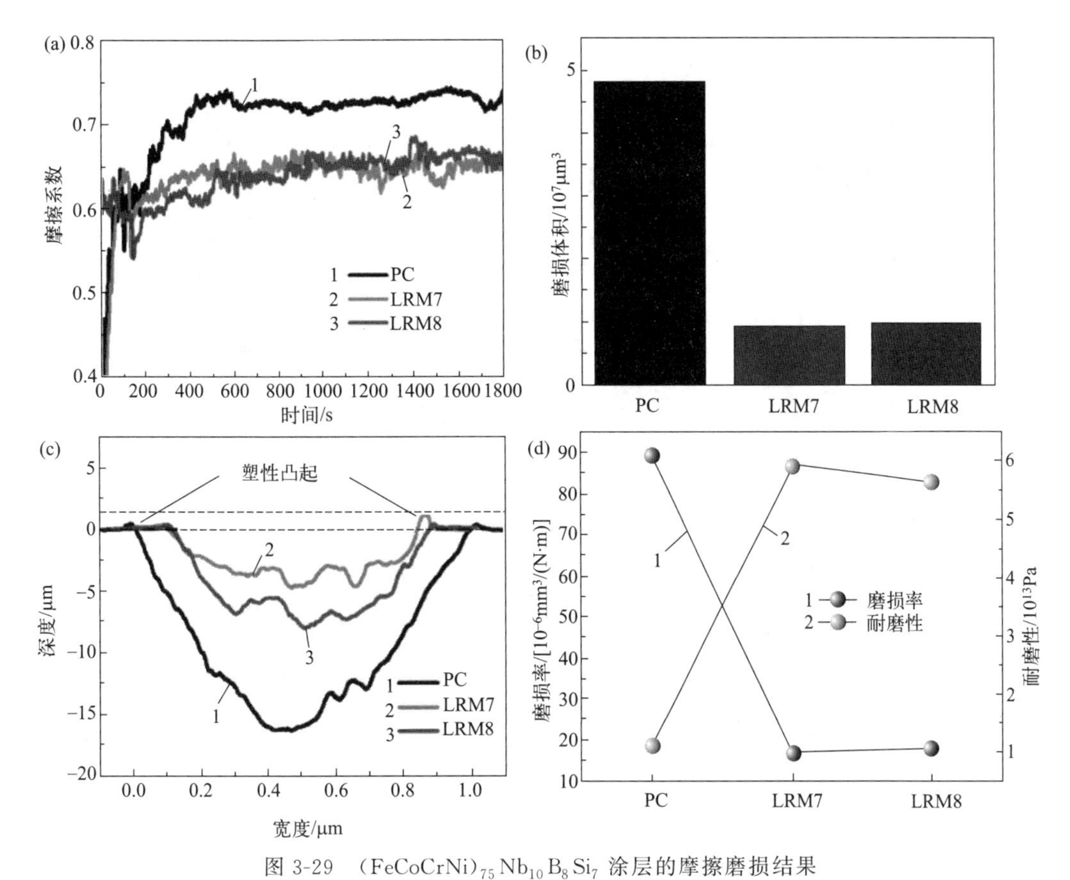

图 3-29 $(FeCoCrNi)_{75}Nb_{10}B_8Si_7$ 涂层的摩擦磨损结果

(a) COF 轮廓；(b) 磨损量损失；(c) 磨痕横截面曲线；(d) 磨损率和耐磨性

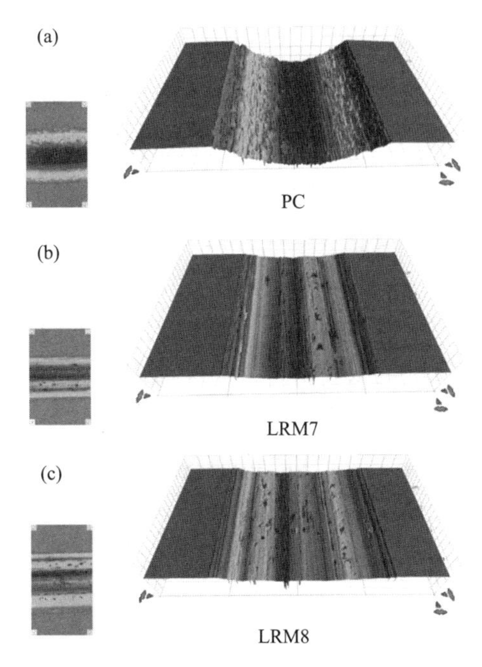

图 3-30 $(FeCoCrNi)_{75}Nb_{10}B_8Si_7$ 涂层磨痕的三维形貌

(a) PC 涂层；(b) LRM7 涂层；(c) LRM8 涂层

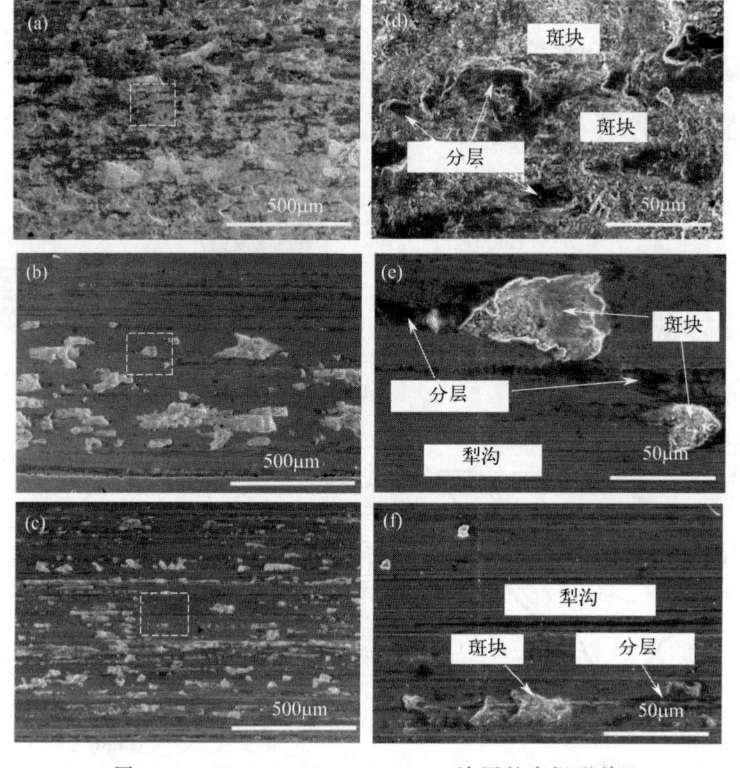

图 3-31 $(FeCoCrNi)_{75}Nb_{10}B_8Si_7$ 涂层的磨损形貌

(a) PC 涂层；(b) LRM7 涂层；(c) LRM8 涂层；(d) ～ (f) (a) ～ (c) 中方框区域微观结构的放大

3.3.4 电化学腐蚀行为

图 3-32(a) 为 $(FeCoCrNi)_{75}Nb_{10}B_8Si_7$ 涂层的动电位极化曲线，相关参数如表 3-6 所示。所有涂层的动电位极化曲线均未发现明显的拐点，表明未发生明显的钝化，因此假设表面几乎总是处于活性溶解状态。激光重熔后涂层的腐蚀电位（E_{corr}）变化不大，无明显变化趋势，可能是因为涂层的成分和结构相似。PC 涂层的腐蚀电流密度（i_{corr}）为 8.320μA/cm²，而 LRM7 和 LRM8 涂层的 i_{corr} 分别减小至 1/60（0.134μA/cm²）和 1/40（0.200μA/cm²）。极化电阻（R_P）是在 E_{corr} 处极化曲线切线的斜率，与腐蚀速率成反比。激光重熔使涂层的 R_P 提高了 4 倍以上，大大提高了涂层的耐腐蚀性能。

表 3-6 $(FeCoCrNi)_{75}Nb_{10}B_8Si_7$ 涂层的动电位极化参数

涂层	E_{corr}(vs SCE)/mV	i_{corr}/(μA/cm²)	β_a/(mV/decade)	β_c/(mV/decade)	R_P/(Ω·cm²)
PC	−532.7	8.320	1.107×10^{-1}	299.6	5.8
LRM7	−436.9	0.134	1.65×10^{-2}	1.53×10^{-2}	25.7
LRM8	−571.3	0.200	2.00×10^{-2}	2.19×10^{-2}	22.7

注：β_a 和 β_c 是描述阳极和阴极反应速率的塔费尔斜率。

$(FeCoCrNi)_{75}Nb_{10}B_8Si_7$ 涂层的 Nyquist 图[图 3-32(b)]均呈现半圆弧形，表明为活化极化，换言之，电极反应过程中液相传质步骤容易进行，电极反应阻力主要来自非均匀界面处的电荷转移步骤。激光重熔涂层的 Nyquist 图半径远大于等离子熔覆涂层的半径，表明电荷转移电阻（R_{ct}）更大。

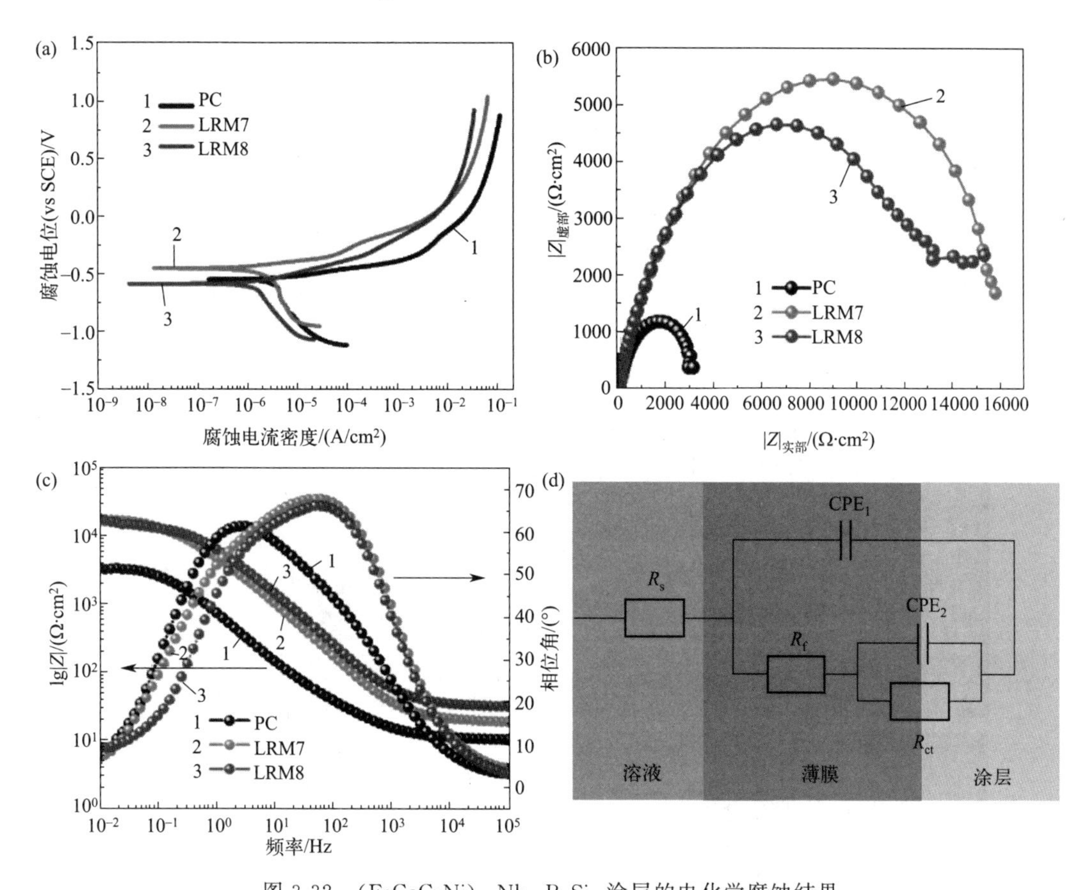

图 3-32 $(FeCoCrNi)_{75}Nb_{10}B_8Si_7$ 涂层的电化学腐蚀结果

(a) 动电位极化曲线；(b) Nyquist 图；(c) Bode 图；(d) 拟合 EIS 实验数据的等效电路

图 3-32(c) 为涂层的 Bode 图，lg|Z|在高频区反映的是溶液电阻，在低频区反映的是涂层的钝化膜电阻。lg|Z|在全频率下，激光重熔涂层的值显著高于等离子熔覆涂层的值。当相位角在中频区域达到最大值时，相应的相位角数值和频率范围表示腐蚀过程中钝化膜的稳定性。激光重熔涂层的最大相位角更大，频率范围更宽，钝化膜更加稳定。根据 $(FeCoCrNi)_{75}Nb_{10}B_8Si_7$ 涂层的腐蚀过程的特性，采用两个 R-C 的电路模型拟合建立了涂层的等效电路，如图 3-32(d) 所示。图中的 CPE 通常用于模拟由于电极与电解液界面不均匀而导致的非理想电容。CPE_1 代表钝化膜电容，CPE_2 代表双电层电容，R_f 代表钝化膜电阻，R_{ct} 代表电荷转移电阻，R_s 代表溶液电阻。$(FeCoCrNi)_{75}Nb_{10}B_8Si_7$ 涂层的 EIS 实验拟合数据如表 3-7 所示，激光重熔涂层的 R_f、R_{ct} 和 R_s 均远大于等离子熔覆涂层，表明激光重熔后耐腐蚀性能得到显著提高。

表 3-7 $(FeCoCrNi)_{75}Nb_{10}B_8Si_7$ 涂层的 EIS 实验拟合数据

涂层	$R_s/(\Omega\cdot cm^2)$	$R_f/(\Omega\cdot cm^2)$	$R_{ct}/(\Omega\cdot cm^2)$	CPE_1		CPE_2	
				$Y_1/(\Omega^{-1}\cdot s^n\cdot cm^{-2})$	n_1	$Y_2/(\Omega^{-1}\cdot s^n\cdot cm^{-2})$	n_2
PC	9.53	81.7	3.24×10^3	2.11×10^{-4}	0.75	1.26×10^{-4}	0.81
LRM7	17.35	4.99×10^3	1.19×10^4	3.47×10^{-5}	0.81	4.36×10^{-5}	0.67
LRM8	28.73	3.516×10^3	2.17×10^4	2.71×10^{-5}	0.79	6.11×10^{-5}	0.15

注：Y 表示 CPE 的导纳前因子或导纳值，反映系统中电荷的储存或传递能力。n 是无量纲指数，通常介于 0 和 1 之间，它表征了电容行为的理想性。单位中的 s^n 表示时间（秒）的幂次项，n 是上述 CPE 指数，具体的幂次决定了时间的相关性。

图 3-33 为在 3.5% NaCl 溶液中进行动电位极化测试后 $(FeCoCrNi)_{75}Nb_{10}B_8Si_7$ 涂层的腐蚀形貌。从图 3-33(a)～(c)中可以看出，所有涂层的腐蚀形式均为点蚀，在涂层表面产生了点蚀坑。图 3-33(d)～(f)是局部点蚀坑的放大图，可以清楚地发现，激光重熔涂层的点蚀坑的尺寸显著小于等离子熔覆涂层。大部分腐蚀坑没有大面积连通，形成大的腐蚀裂纹。被腐蚀掉的部分是 DR 区域，而 ID 区域得以保留，说明两相之间存在

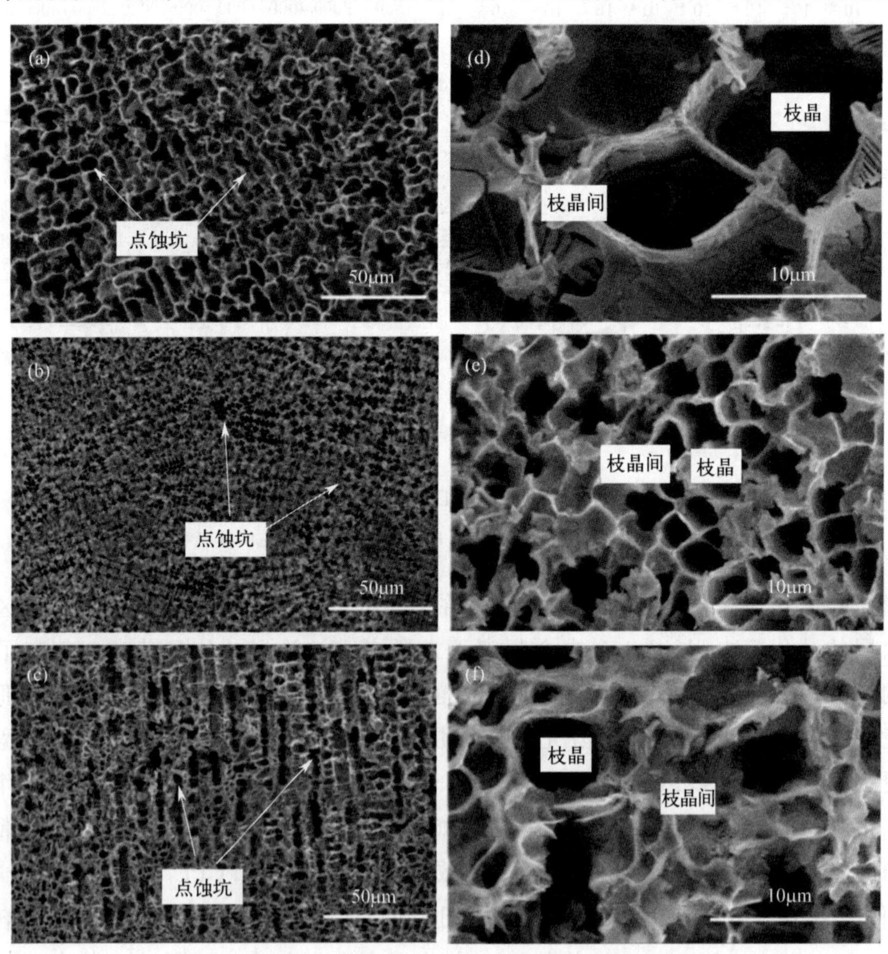

图 3-33 $(FeCoCrNi)_{75}Nb_{10}B_8Si_7$ 涂层的腐蚀形貌

(a) PC 涂层；(b) LRM7 涂层；(c) LRM8 涂层；(d) ～ (f) (a) ～ (c) 中的局部点蚀坑放大图

较大的电位差，发生了电偶腐蚀。通过前面的分析，我们知道 ID 区域为纳米 FCC＋非晶相结构，表明它具有很强的抵抗 Cl^- 腐蚀的能力。尽管如此，被腐蚀掉的 DR 区域会形成腐蚀通道，快速破坏涂层以致失效。

3.3.5 讨论

（1）激光重熔层 ID 区的分析

XRD、SEM 和 TEM 结果表明，$(FeCoCrNi)_{75}Nb_{10}B_8Si_7$ 涂层的 ID 区形成了 FCC＋非晶结构。通常，在相似成分情况下，BCC 相的硬度会高于 FCC 相，但激光重熔后产生的 FCC＋非晶结构显著强化了 BCC 基质。为了探明原因，进一步分析了 LRM7 涂层的 ID 区域。图 3-34 中的 HRTEM 表征展示了 LRM7 涂层的 ID 区域的物相和微观结构。根据非晶形成三原则，ID 区的成分符合形成非晶结构的条件。ID 区域的 SAED 图案中出现了非晶衍射环，但在 HRTEM 灰度图像中无法将非晶相与基质组织区分开。因此，通过 DigitalMicrograph 软件使用 Kindlemann-Extended 模式对 HRTEM 灰度图像进行了着色处理。绿色区域代表无晶体结构区域，即具有非晶结构的区域，而其他区域是纳米 FCC 相，晶面间距为 0.184nm。非晶和纳米 FCC 结构在 ID 区域相互交织在一起，更容易结合两种结构各自的优点，以达到更加优异的性能。

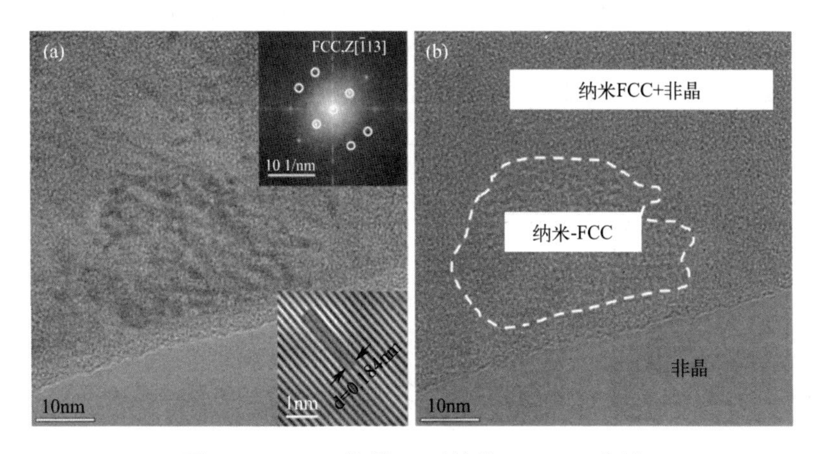

图 3-34　LRM7 涂层 ID 区域的 HRTEM 表征

（a）灰度图像，该区域的 FFT（右上角）和纳米 FCC 的 IFFT（右下角）；

（b）Kindlemann-Extended 彩色图像（绿色区域代表非晶结构，可扫码查看）

激光重熔涂层的微观结构示意图如图 3-35 所示，阐明了涂层微观组织结构的形成和生长。等离子熔覆和激光重熔涂层中的晶粒均处于粗糙界面，在负温度梯度下会生长成枝晶。虽然基于 FeCoCrNi 的 HEA 通常由 FCC 相组成，但添加原子尺寸差异很大的 Nb、B、Si 元素会增加晶格畸变并将晶体结构改变为 BCC 相。于是，涂层在凝固过程中，首先形成以 Fe、Co、Cr、Ni 元素为主要成分并掺杂少量 Nb、B、Si 元素的 BCC 枝晶，多余的元素被排出，形成富含 Nb、B、Si 元素的 ID 区。虽然 PC 涂层的 ID 区域也存在形成非晶结构的可能，但等离子熔覆熔池的长时间存在使各种元素发生充分固溶，从而阻止了非晶相的形成。然而，激光重熔的高冷却速率促进了激光重熔层在 ID

区域形成非晶相。ID区域几乎所有的Nb、B、Si元素在非晶相的形成过程中被消耗掉，剩余的Fe、Co、Cr、Ni元素重新聚集形成FCC相。非晶相已经在ID区域占据了位置，阻止了FCC相的充分生长或大面积联结，从而形成了纳米FCC相。

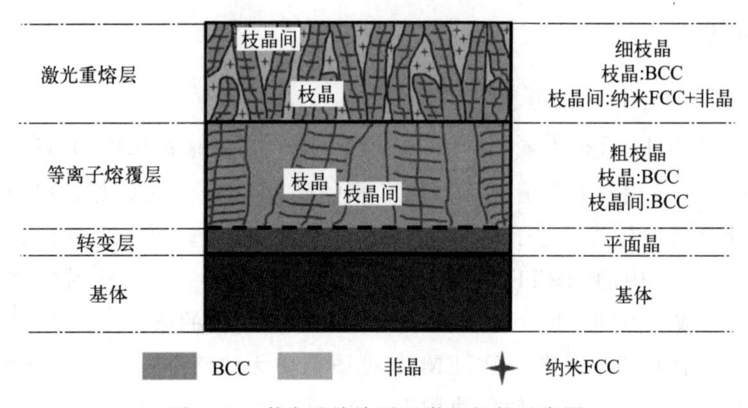

图 3-35　激光重熔涂层显微组织的示意图

进一步分析激光重熔涂层DR区域和ID区域的力学性能差异，LRM7涂层的DR区域和ID区域的纳米压痕结果如图3-36所示，所得的力学性能参数列于表3-8中，ID区域的所有力学性能值均高于DR区域。这一结果表明，ID区域比DR区域具有更高的强度、硬度、塑性和韧性，这归因于ID区域中非晶和纳米FCC相的结合，非晶相提高了强度和硬度，纳米FCC相保证了足够的塑性和韧性。

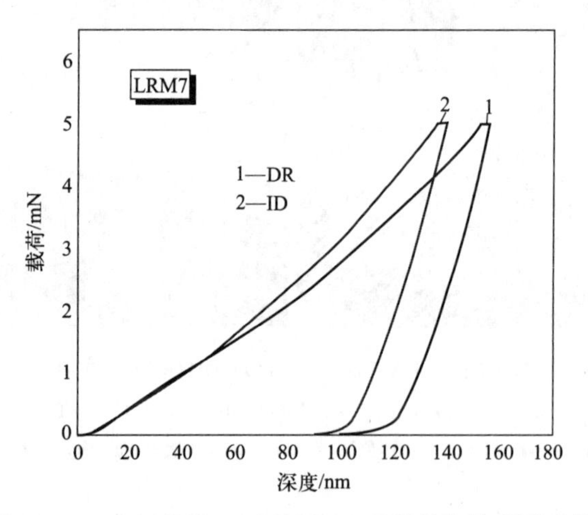

图 3-36　LRM7涂层DR区域和ID区域的荷载-深度曲线

表 3-8　LRM7涂层ID区域和DR区域力学性能

区域	H/GPa	E/GPa	H/E	H^3/E^2	η/%
DR	6.45±0.39	189.17±6.31	0.0341	0.00750	25.59
ID	7.80±0.32	206.55±5.20	0.0397	0.01228	28.86

由于ID区域非晶相和纳米FCC相的分布非常不均，而且形状不规则，很难建立模型来分析强化机制。我们试图估计涂层的整体强化机制，以反推ID区域的强度贡献。

如图 3-27 所示，LRM7 涂层的硬度为 483.9HV（即 4839MPa），高于 PC 涂层的硬度（415.7HV，即 4157MPa）。根据 Taber 方程，屈服应力被表达为：

$$H=3\sigma_{y} \tag{3-1}$$

其中，H 是显微硬度；σ_y 是合金的屈服应力。LRM7 和 PC 涂层的 σ_y 分别约为 1613MPa 和 1386MPa。基于重熔层的结构特征，我们将其强化机制简化为 BCC 枝晶的晶界强化和 ID 区纳米 FCC+非晶结构的强化。因此，LRM7 涂层和 PC 涂层之间的屈服强度差异（$\Delta\sigma_y$）可以简化为：

$$\Delta\sigma_{y}=\Delta\sigma_{N\text{-}A}+\Delta\sigma_{G} \tag{3-2}$$

其中，$\Delta\sigma_{N\text{-}A}$ 和 $\Delta\sigma_G$ 分别代表纳米 FCC+非晶结构强化和晶界强化。

晶界强化机制归因于阻碍位错运动的高密度晶界，其遵循 Hall-Petch 关系，可以表示为：

$$\sigma_{G}=\sigma_{0}+Kd^{-1/2} \tag{3-3}$$

其中，σ_0 为固有晶格摩擦应力；K 为 Hall-Petch 系数，其值约为 0.6MPa·m$^{-1/2}$；d 是平均晶粒尺寸。因此，晶粒细化引起的晶界强化增加（$\Delta\sigma_G$）可表示为：

$$\Delta\sigma_{G}=K(d_{LRM7}^{-1/2}-d_{PC}^{-1/2}) \tag{3-4}$$

其中，d_{LRM7} 和 d_{PC} 分别代表 LRM7 和 PC 涂层晶粒的平均尺寸。使用 ImageJ 软件测量了 SEM 结果（图 3-24）中的晶粒尺寸，d_{LRM7} 和 d_{PC} 分别约为 12.8μm 和 3.2μm。因此，$\Delta\sigma_G$ 为 167.7MPa，$\Delta\sigma_{N\text{-}A}$ 为 59.3MPa。

（2）摩擦磨损过程

激光重熔后 ID 区域微观结构的变化导致了机械性能的改善，我们分析了激光重熔层的摩擦磨损过程，以了解耐磨性提高的原因。图 3-37(a) 显示了往复运动的宏观过程。Al_2O_3 磨球表面的凹凸不平产生的局部压力超过了涂层材料的屈服强度，并导致了塑性变形和涂层中的一些裂纹[图 3-37(b)]。接触点处的剪切作用导致涂层表面上产生了材料的剥落坑和转移层。磨球的往复运动和摩擦增加了磨损表面的温度，导致剥落材料软化并在接触点黏附。黏合点继续承受剪切作用，材料转移到磨痕表面并脱落形成磨屑。磨屑开始黏结在一起并覆盖了部分磨痕表面，导致形成转移层[图 3-37(c)]。磨痕上犁沟的出现是由于硬质相在摩擦过程中的犁削作用引起的。分析表明，激光重熔后 ID 区域具有纳米 FCC+非晶复合结构，提供了坚硬的 ID 碎屑，从而导致磨粒磨损。在 Al_2O_3 磨球和磨损表面之间界面处的一些 ID 磨屑作为硬质压头嵌入表面涂层中，导致深犁沟。最终，带有犁沟、转移层和剥落坑的磨痕表面如图 3-37(d) 所示。

3.3.6 小结

本节采用等离子熔覆+激光重熔的工艺制备了 $(FeCoCrNi)_{75}Nb_{10}B_8Si_7$ 高熵合金非晶/纳米晶复合涂层。对涂层的物相、组织结构、力学性能、摩擦磨损行为和电化学腐蚀行为进行了研究和比较，得出以下结论：

① 等离子熔覆涂层由 BCC 相构成；激光重熔后 DR 区域为 BCC 相，ID 区域为纳米 FCC+非晶相；激光重熔后，等离子熔覆层中粗大的枝晶被熔断，激光重熔层的枝

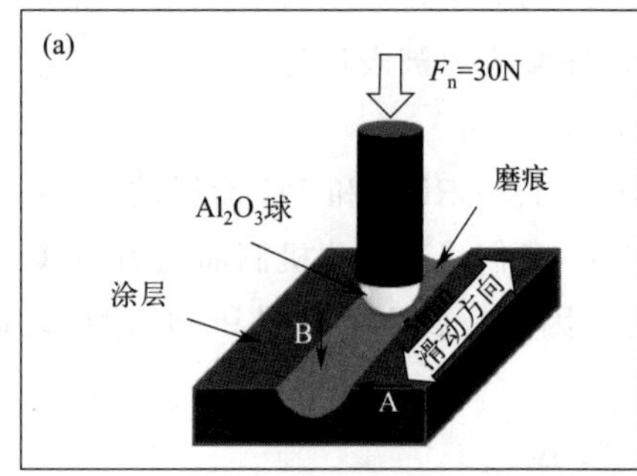

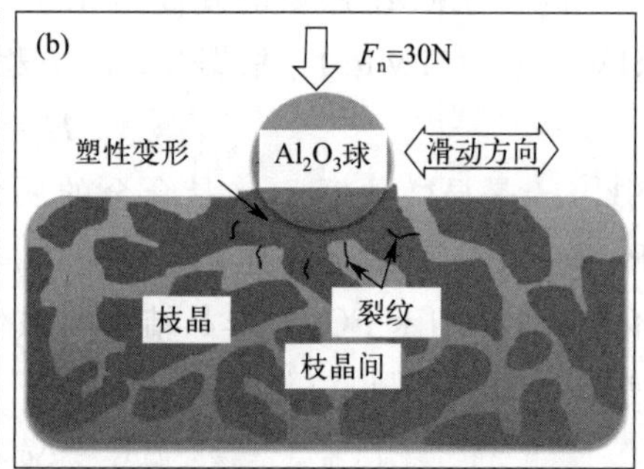

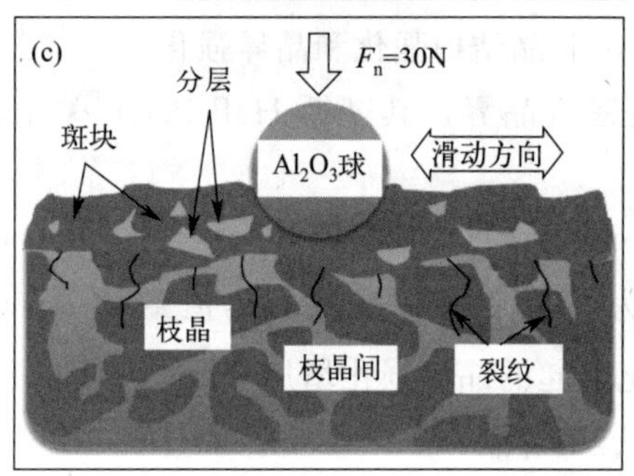

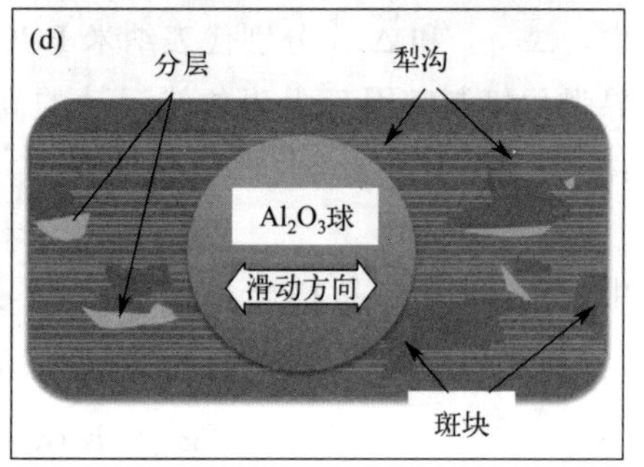

图 3-37 激光重熔涂层摩擦磨损过程示意图

(a) 往复运动宏观过程；(b)、(c) A 方向磨痕的横截面；(d) B 方向磨痕表面

晶晶粒尺寸大幅减小，ID 区域形成网状结构；激光重熔层组织结构的生成顺序为：BCC 枝晶→枝晶间非晶相→枝晶间纳米 FCC。

② 等离子熔覆涂层的平均显微硬度为 415HV 0.05，激光重熔层提高到了约 480HV 0.05；在没有降低弹性模量的情况下，激光重熔层的纳米硬度增加了近 1GPa，相应地 H/E、H^3/E^2 和 η 等均高于等离子熔覆涂层，有更高的弹性极限和抵抗塑性变形的能力；激光重熔涂层的强化机制包括晶界强化和纳米 FCC＋非晶的结构强化，激光重熔涂层 ID 区域的硬度、强度、塑性和韧性均高于 DR 区域。

③ 激光重熔涂层的 COF 降低约 0.1，磨损率约为等离子熔覆涂层的 1/5，耐磨性提高了 5 倍以上；等离子熔覆层的磨损机理是严重的黏着磨损，而激光重熔层为磨粒磨损和轻微的黏着磨损。

④ 激光重熔层的耐蚀性能略高于等离子熔覆涂层，但整体的耐蚀性均较差，DR 区域和 ID 区域较大的电位差使涂层中发生了严重的电偶腐蚀，DR 区域被腐蚀掉，形成了腐蚀通道。

3.4 非晶/陶瓷相强化 CoCrNi 基涂层设计及耐磨耐蚀性能

在海洋、核电和医疗等领域，对于设计制备新型耐磨耐蚀合金的需求越来越迫切。磨损、腐蚀及其交互作用是威胁各种工程设备安全运行的重要因素，特别是在核电工业，海洋平台中的驱动系统、勘探装置、石油管道、阀门等关键部件。传统不锈钢，如

304、316L、2205 和 2507 等具有优异的耐腐蚀性能，广泛用于各个领域，但是这些钢材的硬度普遍较低，在存在外部接触应力、承受冲击载荷的工况中耐磨性差，同时表面应力作用导致钝化膜的破坏会加剧材料的腐蚀速率，降低零部件的使用寿命，威胁服役安全。

众所周知，金属材料的耐磨、耐蚀性能相互矛盾，尤其对于陶瓷强化金属基复合材料而言，通过陶瓷相的添加可以在很大程度上提高材料的硬度与耐磨性，但是由于陶瓷相与金属基体之间的电位差异通常较大，界面处元素分布不均匀，材料在腐蚀环境中容易发生电偶腐蚀、晶间腐蚀等。活性高的金属基体在腐蚀过程中作为阳极，被选择性溶解，而陶瓷相性能稳定，作为阴极不易被腐蚀，因此随着腐蚀的进行，逐渐暴露出材料表面，这样在磨损、冲刷等外载荷的作用下，失去金属基体承载、滞留作用的陶瓷相很快破碎、脱落，造成三体磨损，进一步加剧磨损失效，而陶瓷相的脱落又进一步暴露了新的金属基体，加速腐蚀溶解，如此往复循环，促使材料在磨损腐蚀交互作用下迅速失效。因此，合理设计兼具耐磨耐蚀一体化的金属基复合材料及其涂层迫在眉睫。

如何平衡陶瓷相与基体之间的电位差，降低电偶腐蚀，同时调控陶瓷相的含量，调控材料硬度，并且改善两相之间的界面结合强度是解决上述问题的关键。解决这一问题的核心是调控物相成分差异，降低电偶腐蚀驱动力。高熵合金的设计理念是多主元金属元素的随机组合，其“鸡尾酒效应”赋予了此种合金近乎无限种类的成分可调控性，同时可以根据各种设计准则，如价电子浓度准则，通过合理选择元素种类，调节成分比例来设计晶体结构，以此实现对性能的调控。在此过程中，结合传统耐磨耐蚀合金的设计原理，选取耐蚀性优异的元素以期制备可以形成稳定钝化膜的基体体系。陶瓷强化相的种类繁多，结构复杂，选取哪一类陶瓷相是复合涂层设计的难点。具有复杂晶胞结构的碳化物的金属与非金属元素的位点均存在很大的调控空间，可以通过置换固溶的方式调节其成分。如 $Cr_{23}C_6$，该陶瓷相本身具有 FCC 的晶格结构，如果能够设计具有 FCC 结构的金属基体相使之组成金属基复合材料，则相同的晶格类型可能会对界面结合有益，便于获得优异的界面结合强度，并且这种陶瓷相的形成焓数值大于绝大多数陶瓷相，从热力学角度可行。但是碳源如何引入是能否制备出目标物相的关键，最初用石墨与纯金属粉末混合，但由于在激光熔覆过程中石墨被大量烧损，碳元素难以引入涂层中，而金属碳化物的成本相对较高，在 $M_{23}C_6$ 相中，晶胞中 C 的原子点位可以被 B 元素所置换，最终确定以 B_4C 作为非金属源。

因此，本部分以 B_4C 为碳、硼源，以 Co、Cr、Ni、Mo 元素为金属基体基本成分，通过激光熔覆的方法，以期制备出 FCC 的高熵合金基体与 $M_{23}C_6$ 强化相复合涂层，并通过调控碳与硼的含量，调节陶瓷相与基体之间的含量、成分分布和界面结构等要素，以期获得兼具磨损腐蚀抗力的金属基复合涂层。

3.4.1 陶瓷强化金属基复合涂层的制备

合金粉末的名义设计成分见表 3-9。粉体制备的具体步骤如下。一、本次所用的粉末所有元素的总量为 1.0mol，根据表 3-9 中的名义成分分别称取相应粉末质量，如表 3-10 所示。二、将四组粉末依次放入不锈钢球磨罐中，放入超声清洗后的不锈钢磨球，磨球粉末重量比为5∶1。然后倒入酒精，没过粉末与磨球，将球磨罐紧固后对其内部进行反复抽真空，通氩气操作，以使内部空气由氩气置换。三、对粉体进行球磨。球磨速度为200r/min，球磨时间6h。球磨过程中每隔10min变换一次旋转方向，以使内部粉末充分混合。四、混分结束后，将球磨罐连同粉末一同放入真空干燥箱中干燥，温度设定为50℃，干燥时间为24h。干燥完成后立即进行熔覆实验。

熔覆时，首先将混合好的粉末均匀地涂在304ss基体上，厚度为2mm，将基体不锈钢与粉末一同放入氩气氛围箱中，保持氩气流量为15L/min，以降低在熔覆过程中氧化夹杂物的形成，提高涂层的致密度。熔覆所采用的实际输出激光功率为1.4kW、扫描速度为300mm/min，方式为单道熔覆。试验完成后，根据不同测试需求采用线切割的方式对熔覆涂层切割，分别制备金相试样、摩擦磨损试样与电化学试样，以备后续表征测试使用。根据B_4C含量的不同，将涂层分别命名为S1、S2、S3以及S4。

表3-9　各组熔覆涂层粉末名义成分

样品序号	成分(原子分数)/%					
	Co	Cr	Ni	Mo	B(B_4C)	C(B_4C)
S1	27.0	27.0	27.0	14	4	1
S2	25.33	25.33	25.33	14	8	2
S3	23.67	23.67	23.67	14	12	3
S4	21.67	21.67	21.67	14	16.8	4.2

表3-10　激光熔覆涂层初始称量粉末质量

样品序号	粉末质量/g				
	Co	Cr	Ni	Mo	B_4C
S1	15.92	14.04	15.85	13.43	0.55
S2	14.93	13.17	14.87	13.43	1.11
S3	13.96	12.31	13.89	13.43	1.65
S4	12.78	11.27	12.72	13.43	2.31

通过XRD表征熔覆涂层的物相组成，采用SEM与EDS表征涂层在微米尺度的组织结构与成分分布，同时采用TEM与HRTEM结合能谱分析涂层在亚微米与纳米尺度的组织结构、成分分布，表征了不同物相的晶体结构以及结合面原子排布。通过显微硬度计、摩擦磨损试验以及电化学测试方法测试了涂层的硬度、磨损与腐蚀行为，摩擦实验压力为30N。采用XPS（X射线光电子能谱）表征手段分析了涂层表面钝化膜的组成成分及相对含量。

3.4.2　组织结构与磨损腐蚀机理

（1）涂层物相

图3-38为四组涂层的XRD图谱。图中，样品S1、S2、S3的主要物相为FCC结构。根据主衍射峰（200）的位置确定S1的晶格常数为3.611Å（1Å=0.1nm）。S1的

(200) 面表现出较大的择优取向，与其他 3 个样品的 (200) 面差异较大。这一现象可以归因于 S1 的微观结构，从熔合线界面到熔覆层顶部呈现出典型的树枝晶结构，充分暴露 (200) 晶面。S2 涂层与 S1 物相相同，从插图中可以看出，S2 中的 FCC 相并非同一物相，而是由两个 FCC 相组成，两种物相在该位置的晶面间距相差很小，通过后文分析该物相为 $M_{23}(B, C)_6$ 相。进一步增加 B_4C 含量后，在 75°与 90°附近出现两个较为明显的衍射峰，进一步确定为 $M_{23}(B, C)_6$ 相。

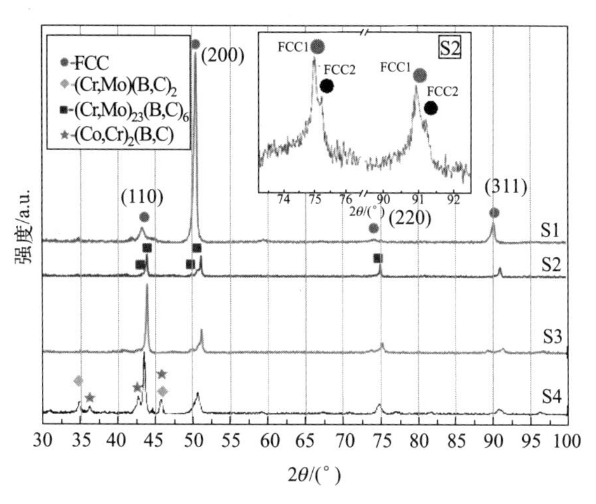

图 3-38 涂层 S1～S4 的 XRD 图谱

为了阐明物相的形成原理，对各涂层成分进行热力学计算，计算公式如下：

$$\Delta H_{\text{mix}} = \sum_{i=1, i \neq j}^{n} 4 c_i c_j \Delta H_{ij}^{\text{mix}} \tag{3-5}$$

$$\delta = 100 \sqrt{\sum_{i=1}^{n} c_i \left(1 - \frac{r_i}{\bar{r}}\right)^2} \tag{3-6}$$

$$\bar{r} = \sum_{i=1}^{n} c_i r_i \tag{3-7}$$

式中，$\Delta H_{ij}^{\text{mix}}$ 为表 3-11 中原子对之间的混合焓；c_i 为原子分数；$\bar{r}$ 是元素的平均原子半径；r_i 为 i 元素的原子半径。

从表 3-11 可以看出，Co、Cr、Ni 之间的混合焓非常小，有利于固溶体的形成，而 Cr、Mo 和 C、B 之间的混合焓最大，容易形成化合物，所以当这些元素不能完全固溶到基体中时就会形成化合物。根据 C. T. Liu 的理论研究，结合表 3-12 中 δ 与 ΔH_{mix} 的计算结果，在动力学条件满足的情况下，所有试样均可形成多种化合物甚至非晶相。但是 S1～S3 涂层的 XRD 物相分析只有 FCC 与 $M_{23}(B, C)_6$ 相，这是因为在激光熔覆过程中凝固最先形成固溶体相，由于激光熔覆的快速冷却效应以及高熵合金的缓慢扩散动力学，使其大部分被保留到室温状态形成亚稳结构，部分无法固溶的元素在热力学条件下形成 $M_{23}(B, C)_6$ 相。而在 S4 中，由于 B 与 C 的含量高，导致多种碳硼化物的形成。

表 3-11 根据 Miedema 模型得出的原子之间的混合焓值 ΔH_{ij}^{mix} kJ/mol

元素	Co	Cr	Ni	Mo	B	C
Co	0	−4	0	−5	−24	−42
Cr	—	0	−7	0	−31	−61
Ni	—	—	0	−7	−24	−39
Mo	—	—	—	0	−34	−67
B	—	—	—	—	0	−10
C	—	—	—	—	—	0

表 3-12 S1～S4 涂层的混合焓计算值

样品	δ	ΔH_{mix}
S1	13.90	−11.12
S2	17.70	−16.14
S3	23.47	−20.62
S4	23.99	−25.25

(2) 微观组织分析

图 3-39 为涂层典型的微观组织形貌。如图 3-39(a)、(d) 所示，S1 和 S2 为典型的树枝晶结构，S1 涂层的树枝晶主干尺寸约为 30μm，枝晶臂晶粒尺寸在 1～5μm。S2 涂层的树枝晶明显变大。图 3-39(c)、(f) 的成分线扫描分析表明，树枝晶中富含 Co 和 Ni 元素，枝晶间区域富含 Mo 元素。C 与 B 元素由于信号强度较弱，分布差异不明显。同时，Cr 元素在树枝晶与枝晶间的分布无明显差异，这有助于形成均匀的富 Cr 钝化膜，对于耐蚀性的提高有利。S2 试样中枝晶间区域面积多于 S1 试样，并且在 S2 的树枝晶内部出现大量的纳米尺度的析出相，原因是在快速冷却过程中，初始凝固的树枝晶中原子尺寸差异较大的 Mo、C 和 B 元素处于过饱和状态，随着温度的降低这部分元素倾向于从金属基体中分离出来，形成二次陶瓷相（甚至由于快速的冷却速度形成非晶相，将在后文分析）。根据 Orowan 强化理论，这种纳米尺度的析出相可以对位错起到有效的钉扎作用，从而提高涂层的力学性能。如图 3-39(g)、(j) 所示，随着 B、C 含量的进一步增加，大尺寸化合物在凝固过程中直接形成，在 S4 中硼化物的尺寸与数量进一步增加。根据 S4 中大尺寸陶瓷相的点扫描分析确定物相为 (Mo，Cr)(B，C)$_2$。

(3) 摩擦性能测试及磨损机理

图 3-40(a) 为涂层 S1～S4 的显微硬度分布。这一结果表明，随着 B_4C 从 1%（原子分数）增加至 4.2%（原子分数），涂层的显微硬度显著提高，在 S4 中达到最大值 1296HV，几乎是基体 304ss 的 7 倍。随着 B_4C 含量从 1%（原子分数）增加到 2%（原子分数），硬度从 550HV 左右提高到 950HV，进一步增加 B_4C 的含量时，在 S3 和 S4 中形成更多的陶瓷相，进一步提高了硬度［图 3-39(g)、(j)］。图 3-40(b) 中的 COF 曲线描述了三种类型的波动，表明了三种磨损机制。S1 涂层的平均 COF 为 0.39，在所有涂层中最低，但是摩擦系数波动明显。S2 和 S3 的 COF 曲线为另一种类型，初始阶段迅速上升，经过几次往复摩擦以后快速下降至较低水平，300s 后又开始逐渐上升，

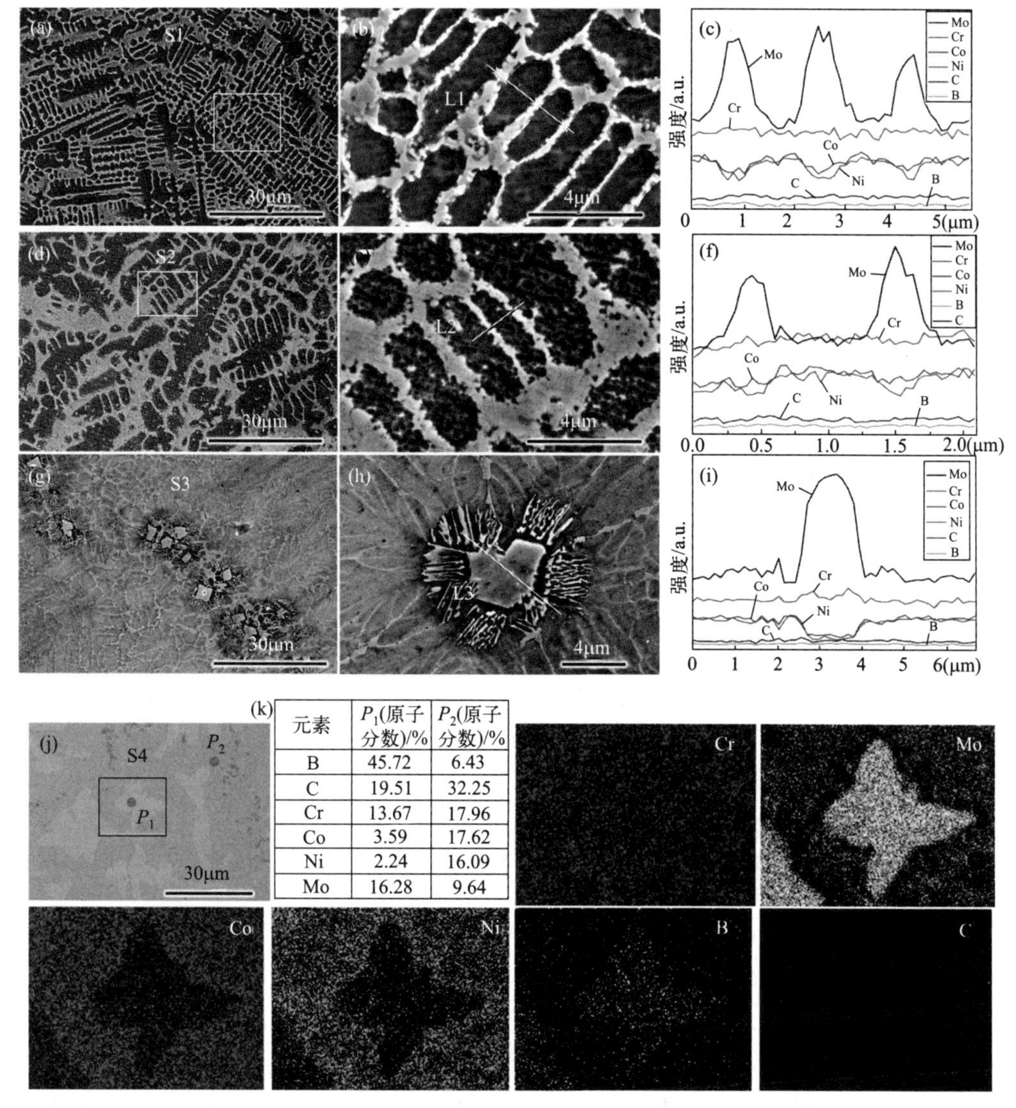

元素	P_1(原子分数)/%	P_2(原子分数)/%
B	45.72	6.43
C	19.51	32.25
Cr	13.67	17.96
Co	3.59	17.62
Ni	2.24	16.09
Mo	16.28	9.64

图 3-39　熔覆涂层 S1 至 S4 的 SEM 微观组织形貌以及相应的 EDS 成分分布

(a) ～ (c) 为涂层 S1；(d) ～ (f) 为涂层 S2；(g) ～ (i) 为涂层 S3；(j)、(k) 为涂层 S4

然后维持在较高水平波动。S2 和 S3 的平均摩擦系数分别为 0.53 和 0.56。S4 的 COF 最稳定，平均 COF 为 0.46。图 3-40(c) 描绘了四个磨痕的剖面图。S1 的磨损轨迹底部出现深沟槽，且波动大，主要是因为其硬度相对较低，在摩擦副作用下发生了严重的塑性变形，不断脱落的磨屑会导致摩擦系数的剧烈波动。

从图 3-40(c) 可以看出，S2 和 S3 的横截面比 S1 光滑，S3 的截面面积比 S2 的小，这是因为 S3 的硬度更高。四个试样中，从体积损失与摩擦系数来看，S4 的耐磨性最好。图 3-40(d) 为 S1～S4 的磨损体积，S4 的磨损体积损失仅为 S1 的 1/4 左右。

图 3-41 为试样磨损表面的 SEM 和三维形貌。如图 3-41(a2) 所示，磨损试验后 S1 产生了许多明显的深沟，说明遭受了严重的塑性犁削，正如图 3-41(a1) 所示那样，磨

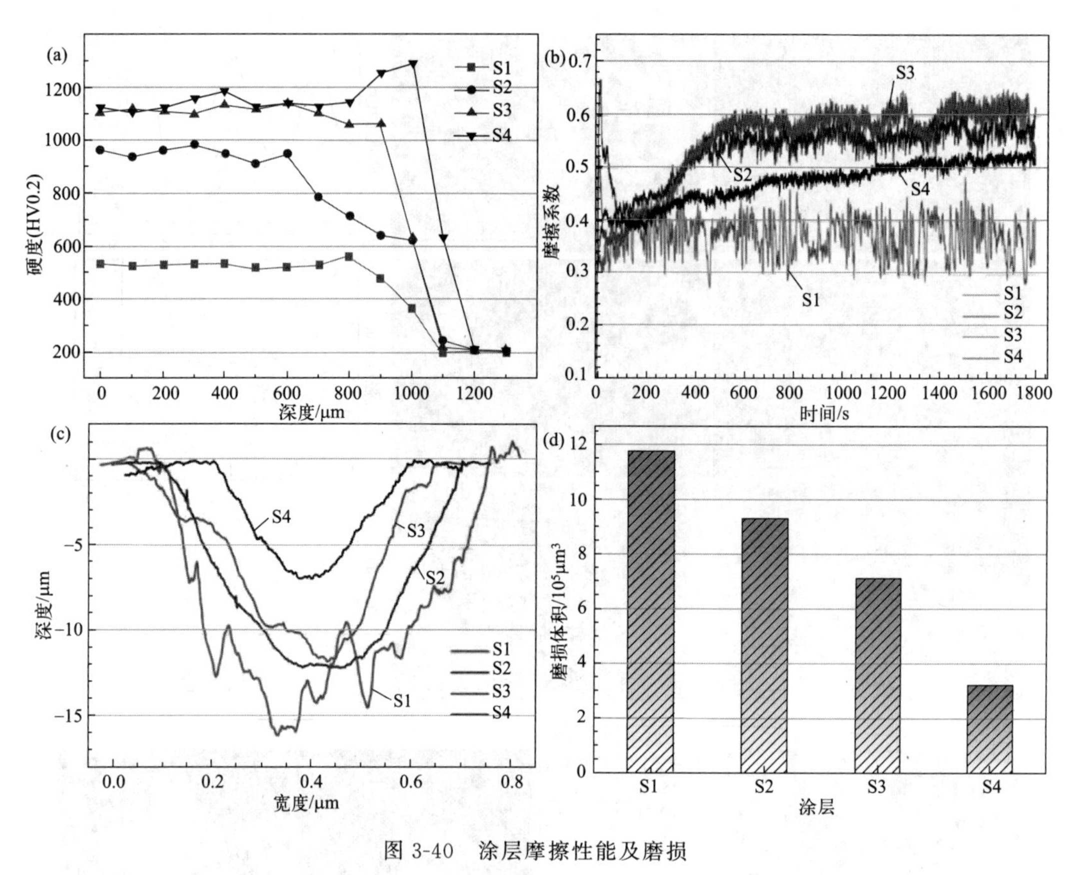

图 3-40　涂层摩擦性能及磨损

(a) 涂层沿厚度方向显微硬度分布曲线；(b) 涂层摩擦系数曲线；(c) 涂层磨痕截面轮廓；(d) 涂层磨损体积

损过程中，摩擦副的微凸起挤压并侵入涂层当中，使涂层发生严重塑性变形，并逐渐脱落，然后碎屑在摩擦副作用下逐渐黏结成斑块，将涂层与摩擦副隔离开来，起到一定润滑作用，因此该涂层体现出较低的摩擦系数，但是黏着层在摩擦副往复过程中不断地经历挤压、脱落，导致摩擦系数波动幅度增大，这与图 3-40(b) 一致。总体而言，该涂层硬度低，不能有效抵抗摩擦副的塑性侵入，耐磨性差。如图 3-41(b1)、(b2) 所示，与 S1 的磨损表面形貌相比，S2 的磨损程度明显降低。在 S2 的磨痕中只有少量的细小颗粒剥落，并且沟槽非常细小光滑，这说明在往复摩擦过程中，涂层有效抵御了摩擦副微凸体的挤压作用，未发生明显塑性变形，具有较好的耐磨性能。随着 B_4C 含量进一步增加，S3 的磨痕中上出现了部分大块剥落，这是图 3-39(g) 中形成的陶瓷相。值得注意的是，如图 3-41(c1) 所示，在垂直于磨损方向形成了许多微裂纹，这对承受较大载荷的构件来说是不利的。虽然从磨损体积来看，S3 要低于 S2 涂层，但是对于工程应用而言，S2 的综合性能要更优异。从磨损的特征来看，S2 和 S3 的磨损机理均可归为磨粒磨损。在图 3-41(d1) 中，涂层 S4 中的强化相数量进一步增加，这些强化相可以有效抵抗摩擦副的犁耕效应，阻止压头的压入，因此在图 3-40(c) 中截面面积最小。在高硬度基体与强化相的协同作用下，S4 展现出优异的抗疲劳磨损性能。

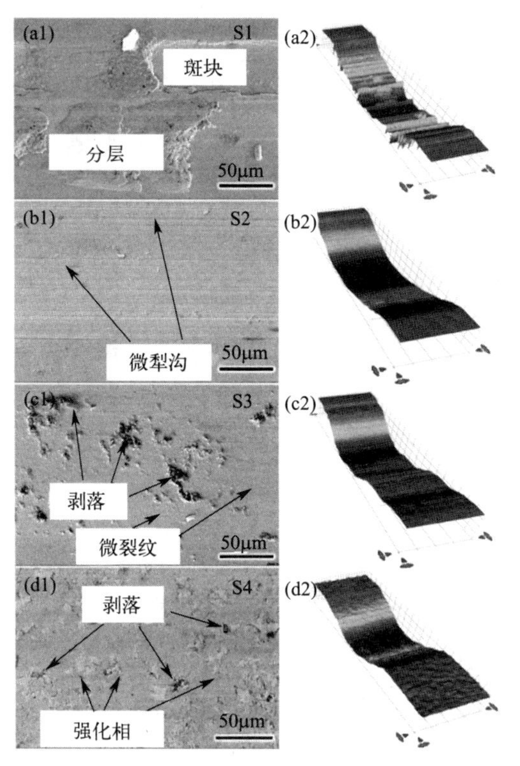

图 3-41 涂层磨痕表面 SEM 图以及相应的三维形貌

磨损试验表明，S4 抗干滑动摩擦性能最好，COF 最稳定，磨损量损失最小，但裂纹和剥落较多。为了验证最佳磨损性能的影响因素，对 S4 涂层进行了纳米压痕测量，并进一步观察其显微组织。

如图 3-42(a) 所示，曲线 1、2、3 为 S4 涂层不同位置处的载荷位移曲线。曲线 1 和 3 为涂层基体的载荷-位移曲线，硬度可以达到 10GPa，能够为陶瓷相提供很大的滞留力，而陶瓷相的硬度则可以达到 24.57GPa，比氧化铝摩擦副的硬度还要高。因此可以有效抵抗摩擦副的犁削和压入。

在图 3-42(b) 中，经过磨损试验后，硬质陶瓷相上出现大量脆性断裂和剥落。然而，所有的裂纹都被限制在陶瓷相内部，而没有向基体中扩展，这表明强化相能够在不破坏基体的情况下抵抗摩擦副的侵入。图 3-42(c) 为强化相与基体之间的过渡区。根须状的形貌一方面可以有效地钉住强化相，而一旦应力超过某一临界水平，就会发生断裂和剥落，而不会将裂纹扩展进入基体。这是一种有利于强度和韧性协调的策略。

(4) 涂层电化学性能测试及腐蚀机理

为了研究四组涂层的耐腐蚀性能，对涂层进行动电位极化测试、静电位极化测试以及莫特肖特基测试，并将测试结果与基体对比。

① 动电位极化与 EIS 测试　图 3-43(a) 为动电位极化曲线，由曲线计算得到的极化动力学参数如表 3-13 所示。S1 和 S2 钝化电位区间在 −0.3～0.6V 以上，远远高于 304ss，说明 S1 与 S2 涂层所形成的钝化膜具有更加优异的稳定性，同时二者并未出现

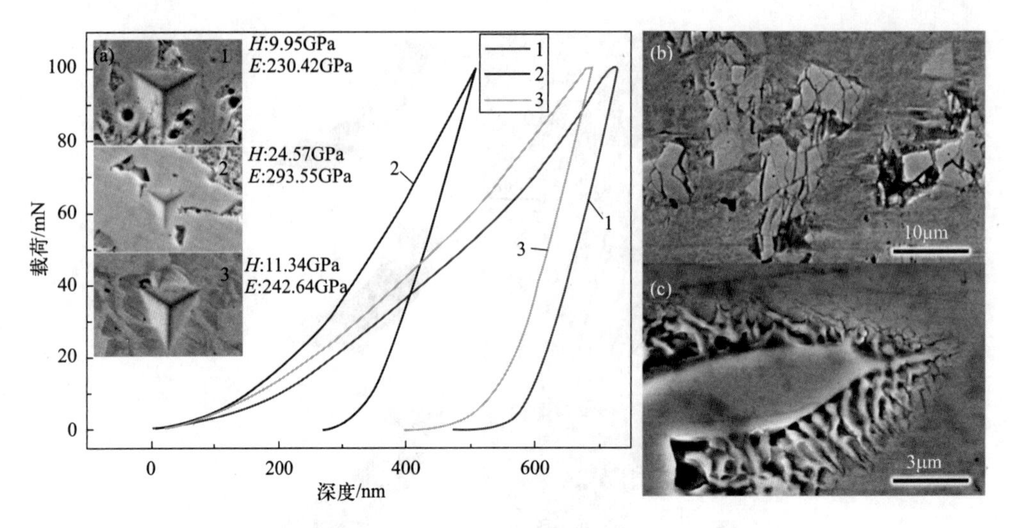

图 3-42 涂层磨损结果

(a) 涂层 S4 不同微观组织处的纳米压痕以及相应的载荷-位移曲线；

(b) 磨痕具体形貌；(c) 基体相与陶瓷相界面细节

点蚀现象。而涂层 S3 与 S4 则没有明显的钝化现象，这是由于涂层中大颗粒陶瓷相的形成导致严重的电偶腐蚀所致的。腐蚀电流密度与腐蚀速率成正比，同样 S1 与 S2 涂层具有最低的腐蚀电流密度，并且比 304ss 更低，说明其腐蚀速率更低。与 304ss 类似，S1 和 S2 直接从 E vs. lg (i) 的线性区进入稳定的钝化区，没有出现选择性溶解区域。这表明在相应的腐蚀电位下，钝化膜是自发形成的。

图 3-43(b) 中，所有的 Nyquist 曲线都为半圆弧，这通常表示非均匀表面上为电荷转移机制。图 3-43(c) 中的 Bode 图显示了两个时间常数，表示与电荷转移相关的因素有两个，内钝化膜与外钝化膜。S2 涂层的相位角从 0.01Hz 到 100Hz 以上保持较高水平，说明其具有优异的耐蚀性。用于拟合 EIS 数据的等效电路如图 3-43(d) 所示，表明了钝化膜由多孔的外层和紧凑的内层组成，这与点缺陷模型（point defects model，PDM）是一致的。薄膜内层和外层所反映的双时间常数能较好地拟合电路模型。拟合质量是通过卡方（χ^2）值来评估的，该值需要在 10^{-3} 数量级。从表 3-14 中卡方数据可以看出，拟合误差非常小，说明电路选择能够真实反映钝化膜的结构特征。

电路中 R_s 为溶液的电阻，R_f、Q_f 和 R_{ct}、Q_{ct} 分别为钝化膜外层和内层的电阻和电容。用常数相元件（CPE）解释 EIS 过程中涂层表面粗糙度和吸附引起的非理想电容响应，非理想电容的阻抗可表达为：

$$Z_{CPE}=Y^{-1}(j\omega)^{-n} \tag{3-8}$$

式中，Y 为比例因子；ω 为角频率；n 是与表面不均匀性相关的 CPE 指数，范围为 0 到 1。

从表 3-14 中可以看出，S2 涂层的 R_{ct} 最大，其 n_{ct} 接近 1，说明 S2 具有最高的电荷转移电阻，形成的钝化膜最致密，在 NaCl 溶液中的耐蚀性最好。

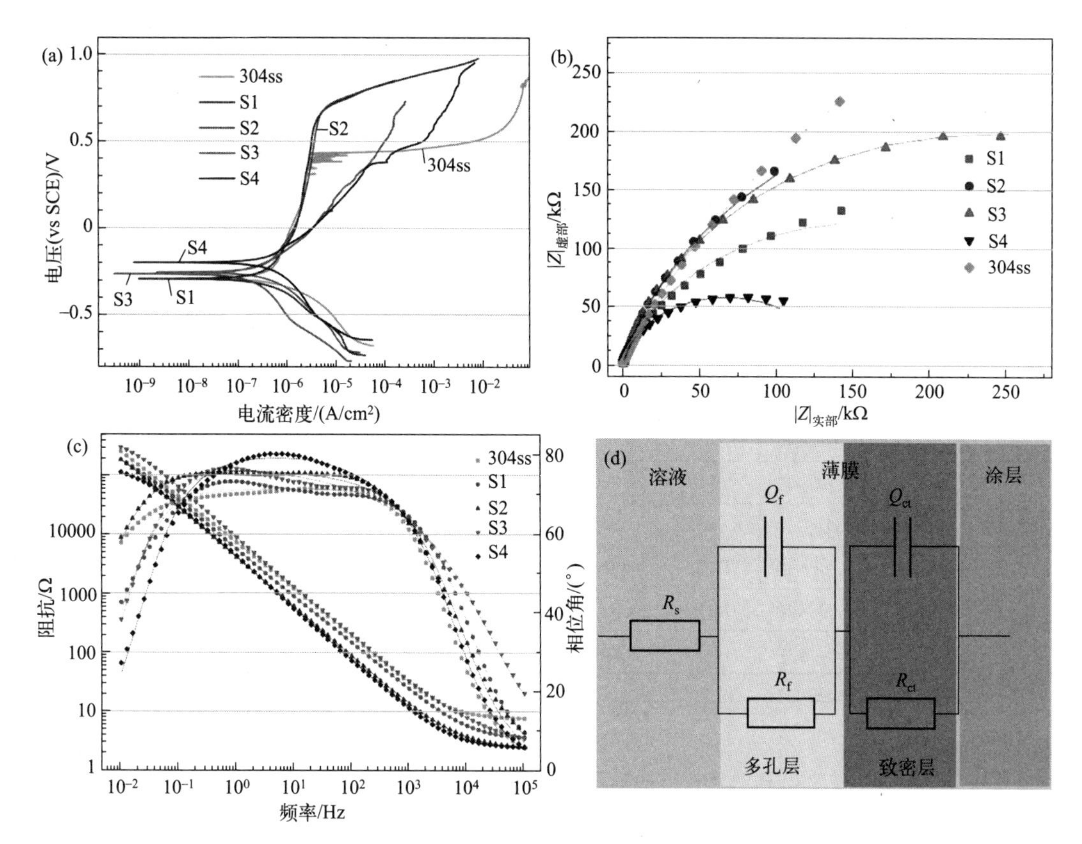

图 3-43 涂层腐蚀结果

(a) 涂层的动电位极化曲线；(b) 开路电位下的 Nyquist 图；(c) 开路电位下的 Bode 图；(d) 等效拟合电路

表 3-13 不同涂层在 0.6mol/L NaCl 溶液中的动电位极化曲线拟合参数

样品	E_{corr}(vs SCE)/mV	i_{corr}/(nA/cm^2)	E_b(vs SCE)/mV
S1	−255	186	610
S2	−292	182	650
S3	−265	222	—
S4	−199	284	—
304ss	−289	221	420

表 3-14 不同涂层在 0.6mol/L NaCl 溶液中开路电位下钝化膜的 EIS 拟合结果

样品	R_s /(Ω·cm^2)	R_{ct} /(Ω·cm^2)	R_f /(Ω·cm^2)	Q_{ct}		Q_f		χ^2
				n_{ct}	Y_{ct}/(F/cm^2)	n_f	Y_f/(F/cm^2)	
S1	3.467	3.14×10^5	112	0.834	3.67×10^{-5}	0.709	3.478×10^{-4}	1.98×10^{-4}
S2	1.766	5.68×10^5	101	0.879	5.17×10^{-5}	0.657	8.785×10^{-4}	6.63×10^{-4}
S3	2.666	4.31×10^5	52600	0.878	2.29×10^{-5}	0.569	4.681×10^{-4}	1.55×10^{-4}
S4	2.474	1.25×10^5	7586	0.830	4.53×10^{-5}	0.596	2.082×10^{-4}	2.52×10^{-4}
304ss	7.58	8.69×10^5	1172	0.814	3.203×10^{-5}	0.826	1.799×10^{-4}	2.23×10^{-4}

② 钝化膜结构分析　钝化膜厚度是影响耐蚀性能的重要参数，为了研究薄膜厚度 d 与形成电位 E_f 之间的关系，对 S2 涂层在不同的钝化电位下极化 1h，获得不同的钝化膜。图 3-44(a) 为 S2 涂层在不同成膜电位下的 Nyquist 图。表 3-15 为不同电位下 EIS 测试的拟合数据。极化电位为 0.1V（vs SCE）时形成的钝化膜具有最大的容抗半径，电荷转移电阻最大，说明此时钝化膜耐蚀性最好。

表 3-15　S2 涂层在不同电位下形成的钝化膜的 EIS 拟合结果

极化电位(vs SCE)/V	R_s /(Ω·cm²)	R_{ct} /(Ω·cm²)	R_f /(Ω·cm²)	Q_{ct}		Q_f		χ^2	C_{eff} /(F/cm²)	d/nm
				n_{ct}	Y_{ct} /(F/cm²)	n_f	Y_f /(F/cm²)			
0	2.65	3.75×10^5	14.99	0.931	4.64×10^{-5}	0.722	7.02×10^{-4}	4.97×10^{-4}	1.28×10^{-6}	1.07
0.1	2.38	6.04×10^5	14	0.905	3.13×10^{-5}	0.738	1.70×10^{-4}	2.52×10^{-4}	9.31×10^{-7}	1.48
0.2	2.15	5.19×10^5	12.4	0.874	3.27×10^{-5}	0.731	2.86×10^{-4}	2.63×10^{-4}	8.23×10^{-7}	1.68
0.3	2.03	3.92×10^5	15.21	0.922	3.04×10^{-5}	0.730	2.18×10^{-4}	1.53×10^{-3}	7.61×10^{-7}	1.82
0.4	2.25	3.55×10^5	12.33	0.915	2.38×10^{-5}	0.701	1.84×10^{-4}	9.21×10^{-4}	3.24×10^{-7}	—
0.45	2.11	3.50×10^5	18.83	0.905	3.49×10^{-5}	0.632	1.22×10^{-4}	1.39×10^{-3}	1.28×10^{-7}	—

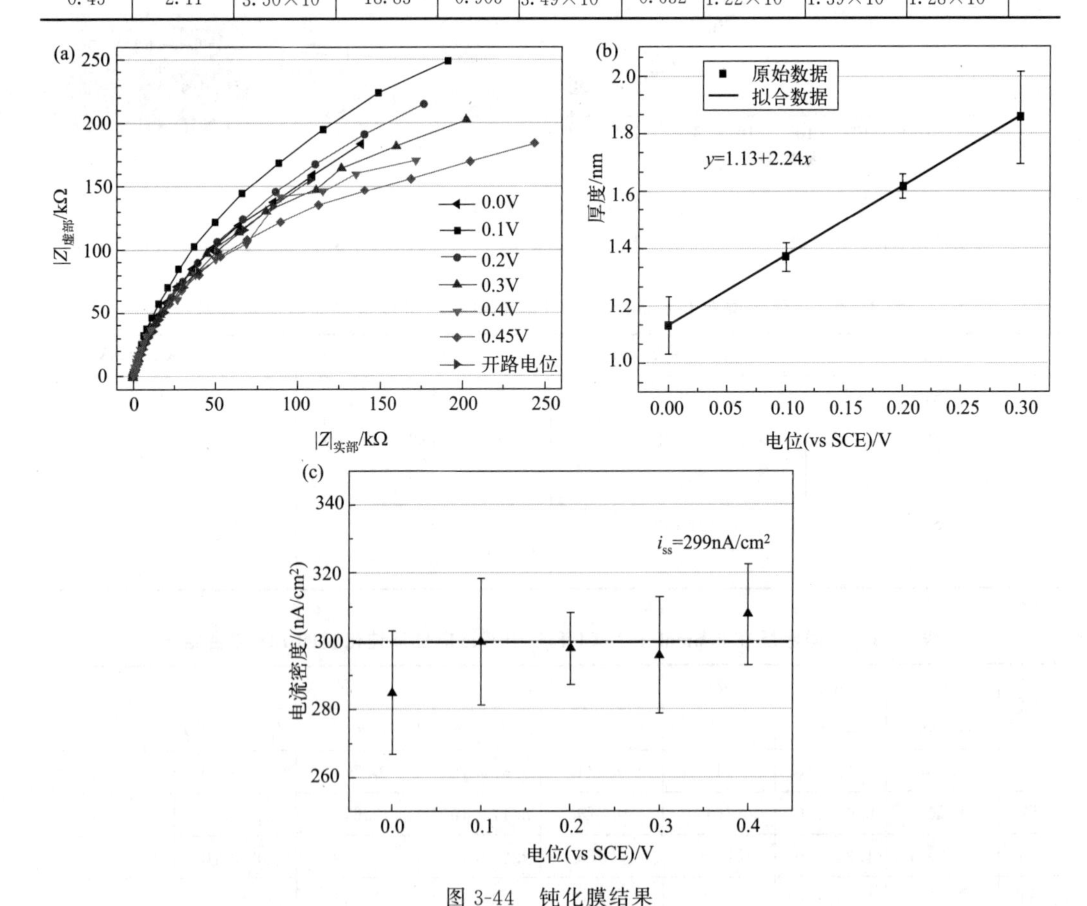

图 3-44　钝化膜结果

(a) 涂层 S2 在不同成膜电位下的 Nyquist 曲线；(b) 钝化膜厚度与相应的成膜电位之间的线性关系；(c) 不同极化电位下的准稳态钝化电流密度

薄膜厚度 d 可以用下面的关系来计算：

$$d=\frac{\varepsilon\varepsilon_0 A}{C_{eff}} \tag{3-9}$$

式中，A 为钝化膜的表面积；ε 是介电常数（在本例中，等于 15.6）；ε_0 为真空介电常数（8.8542×10^{-14}F/cm）。

C_{eff} 是由 CPE 元件推导出的钝化膜的有效电容，用来解释薄膜的性能，可以表示为：

$$C_{eff}=Q^{\frac{1}{n}}R_f^{\frac{1-n}{n}} \tag{3-10}$$

式中，Q 表示有效电容。从图 3-44(b) 中可以看出，钝化膜厚度 d 与成膜电位 E 之间存在线性关系，这符合 PDM 理论的假设。斜率 K 也可以看作成膜率，表示为：

$$K=\frac{(1-\alpha)}{E_0} \tag{3-11}$$

式中，E_0 为钝化膜内电场强度（当膜/溶液界面极化率 α 取 0.5 时，此时的 E_0 为 2.23mV/cm）。

因此，在本研究中，耐蚀性与钝化膜厚度之间并没有明显的关系。Feng 等人发现薄膜厚度变化与电荷转移电阻相似，而 Shoesmith 则发现两个参数之间不存在相关性。因此，单纯从厚度方面无法准确分析钝化膜的性能，应该对钝化膜的点缺陷密度和化学成分进行表征，以提供更准确的解释。

半导体钝化膜的电学特性对于了解其抗腐蚀保护特性至关重要。Mott-Schottky（莫特肖特基）与 PDM 理论为解释钝化膜中点缺陷行为提供了微观尺度的解释。在高电场作用下，点缺陷在钝化膜上的输运行为是描述薄膜生长和击穿动力学的关键。为了了解 S2 涂层的腐蚀行为，将钝化膜-电解质界面的电化学电容记录为外加电位的函数，以表征钝化膜的半导体性质和载流子密度。

根据 Mott-Schottky 理论，半导体钝化膜点缺陷密度和空间电荷电容的计算方法为：

$$\frac{1}{C^2}=\frac{2}{\varepsilon\varepsilon_0 eN_D}\left(E-E_{FB}-\frac{kT}{e}\right)\text{for n 型} \tag{3-12}$$

$$\frac{1}{C^2}=\frac{2}{\varepsilon\varepsilon_0 eN_A}\left(E-E_{FB}-\frac{kT}{e}\right)\text{for p 型} \tag{3-13}$$

式中，N_D 和 N_A 分别为供体和受体缺陷密度；e 为电子电荷（1.6×10^{-19}C）；E_{FB} 是平带电势；k 为玻尔兹曼常数（1.38×10^{-23}J/k）；T 为热力学温度（K）；ε 是介电常数（在本例中取值 15.6）；ε_0 为真空介电常数（8.8542×10^{-14}F/cm）。因此，C^{-2} 与 E 为线性关系，其斜率与掺杂浓度成反比。图 3-45(a) 为 S2 涂层在不同电位下形成的钝化膜的 C^{-2} 与 E 的关系。曲线的斜率为正意味着钝化膜是 n 型半导体，其主要的缺陷供体是氧空位和/或阳离子填隙。由于阳离子间隙的形成能约为 4.7eV 高于氧空位的形成能 2.7eV，认为此时的半导体主要缺陷为氧空位。虽然所有曲线都表现出相似的特征，但由于薄膜的不均匀性，二者并未完全线性相关。斜率随外加电位的变化是因为钝化膜结构和成分的改变。直线区域为本次线性拟合部分。

Macdonald 等人开发的 PDM 理论为从微观角度定性描述钝化膜的生长和破裂提供了一种有效的方法。模型假设钝化膜具有双层结构，其内层是具有高度点缺陷密度的金属氧化物阻隔层，向金属内部生长，外层通过金属阳离子穿过钝化膜水解，随后以氢氧化物或者氧化物沉积形成。钝化膜的生长和破裂与这些缺陷在静电场中的迁移有关。因此，决定点缺陷的迁移和薄膜生长动力学的主要参数是薄膜中缺陷的密度和扩散率。由 Mott-Schottky 图计算出的供体密度在 $0.45\times10^{21}\sim3.8\times10^{21}\text{cm}^{-3}$ 范围内，如图 3-45 (b) 所示。因此，利用 Mott-Schottky 分析结合 PDM，N_D 与成膜电位 E_f 之间的指数关系可以表示为：

$$N_D=\omega_1\exp(-bE_f)+\omega_2 \tag{3-14}$$

式中，ω_1、ω_2 和 b 是与缺陷在钝化膜内扩散有关的常数；E_f 是钝化膜的形成电位。Macdonald 还在 Nernst-Plank 输运方程的基础上证明了 ω_2 与点缺陷扩散系数 D_0 之间的关系：

$$\omega_2=-\frac{J_0}{2KD_0} \tag{3-15}$$

式中，J_0 是点缺陷通量；K 是平衡常数。

D_0 可以表示为：

$$D_0=-\frac{J_0RT}{2F\omega_2E_0} \tag{3-16}$$

式中，E_0 为平均电场强度；F 为法拉第常数；D_0 为氧空位的扩散率；R 为气体常数；T 为热力学温度。

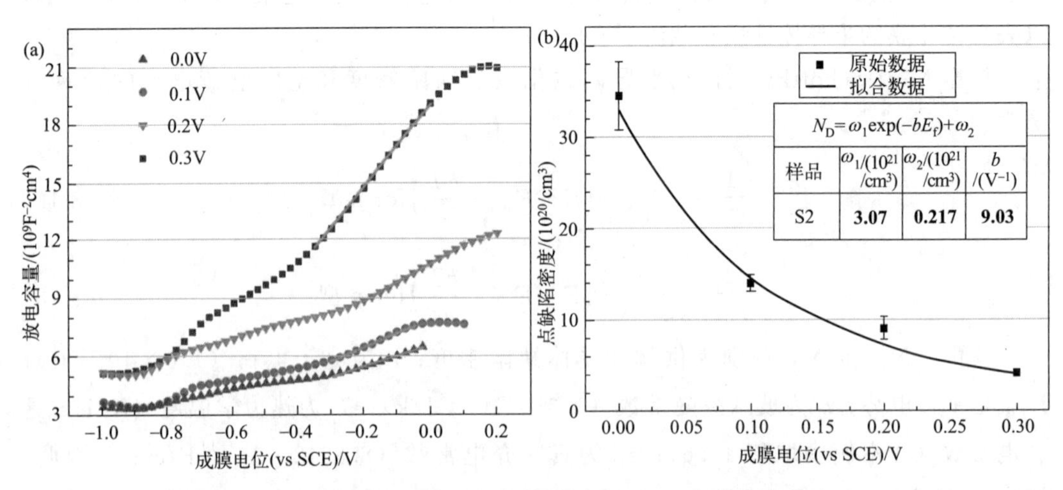

图 3-45　在不同成膜电位下的钝化膜的 Mott-Schottky 测试曲线 (a) 及供体点缺陷密度与成膜电位的关系 (b)

对于一个双电荷氧空位，$J_0=-i_{ss}/2e$，i_{ss} 是稳态电流密度。根据 Burstein 和 Daymond 的研究，稳态电流密度难以获得，即使在静电位极化 15h 后钝化电流仍呈现下降趋势。在本次研究中，以钝化 1h 后的准钝化电流密度来反应钝化膜性质，这种假设是合理的，因为此时研究的是成膜电位的影响，计算的是静电位极化 1h 后的性质。如图 3-44(c) 所示，电流密度约为 299nA/cm^2，这与 PDM 假设吻合，即钝化电流密度与成膜势无关。因此，氧空位的扩散率可以计算为 $D_0=2.49\times10^{-17}cm^2/s$。

③ 钝化膜成分分析　钝化膜的成分是决定耐蚀性能的关键。为了研究钝化膜的化学组成，对 S2 涂层在 0.2（vs SCE）V 下极化 1h 后形成的钝化膜和溅射 10s 后的钝化膜进行 XPS 分析，以分别获取钝化膜内层与外层的成分信息。

钝化膜成分如图 3-46(a) 所示，刻蚀前，Cr 的含量为 36.95%，Mo 的含量为 42.49%，远高于涂层的名义含量。高钝化元素的富集合理解释了涂层具有较大的钝化电位区间，并且没有出现任何亚稳点蚀现象的原因。该现象与 Liu 和 C. T. Liu 的研究结果一致，即酸洗不锈钢表面，由于 Fe 元素的选择性溶解而呈现富 Cr 层，本次研究是 Co 与 Ni 的选择性溶解。钝化膜被刻蚀 10s 后，裸露出薄膜内层。XPS 结果显示，Co 和 Ni 的含量分别从 11.77%增加到 26.53%和 8.79%增加到 19.52%，而 Cr 和 Mo 分别从 36.95%和 42.49%下降到 23.36%和 30.60%。Co 和 Cr 的含量都接近 S2 涂层的名义含量，而 Ni 的含量低，Mo 的含量高。这些差异表明，钝化膜内层富 Mo 贫 Ni。

图 3-46 给出了 Co $2p_{3/2}$、Cr $2p_{3/2}$、Ni $2p_{3/2}$、Mo 3d 和 O 1s 反卷积后的精细谱拟合结果，以及不同组分的百分比。Co $2p_{3/2}$ 分为三个组成峰，即未刻蚀金属态 Co (778.0eV) 和刻蚀金属态 Co(778.2eV)、CoO_x(779.2eV) 和 $Co(OH)_y$(781.1eV)。未刻蚀钝化膜的钴元素的氢氧化物峰值强度约为 64.34%，而钴元素的氧化物含量几乎为零；刻蚀后其氧化物含量增加到 19.03%，氢氧化物含量下降。

图 3-46(c) 中，两种条件下的 Cr $2p_{3/2}$ 均由三个组成峰组成：未刻蚀金属态 Cr (573.9eV) 与刻蚀金属态 Cr(574.2eV)、Cr_2O_3(575.8eV) 和 $Cr(OH)_3$(577.3eV)。未刻蚀膜中 Cr_2O_3 含量为 16.29%，$Cr(OH)_3$ 含量为 58.82%，金属态为 24.89%，表明 $Cr(OH)_3$ 是钝化膜的主要成分。刻蚀后，金属态成为主要成分，含量为 63.04%，且 Cr_2O_3 含量高于 $Cr(OH)_3$。因此，薄膜的外层主要由 $Cr(OH)_3$ 组成，而内层富含 Cr_2O_3。这些结果与 V. Maurice 的结果一致。

在图 3-46(d) 中，Ni $2p_{3/2}$ 谱可以分为三个组成峰：未刻蚀的金属 Ni(852.4eV) 与刻蚀金属 Ni(852.9eV)、NiO_x(853.6eV) 以及 $Ni(OH)_y$(855.6eV)。NiO_x 和 $Ni(OH)_y$ 的相对峰强度表明 $Ni(OH)_y$ 是钝化膜中的主要氧化物质。刻蚀后化合物以 NiO_x 含量为主。

Mo 谱呈现出一个由 Mo $3d_{5/2}$ 和 Mo $3d_{3/2}$ 自旋轨道耦合而成的双峰。如图 3-46(e) 所示，对未刻蚀的钝化膜进行 Mo 反卷积后，可以得到五个峰。Mo^{6+} 是外层钝化膜主要的钼氧化物，根据 Pourbaix 图，在 NaCl 溶液中，Mo 元素可以在固体表面形成 MoO_4^{2-} 离子，内层 Mo^{4+} 含量高。MoO_4^{2-} 离子层具有阳离子选择性，可以作为抗 Cl^- 的高效点蚀抑制剂，并允许氧化物内层阻挡层的生长。

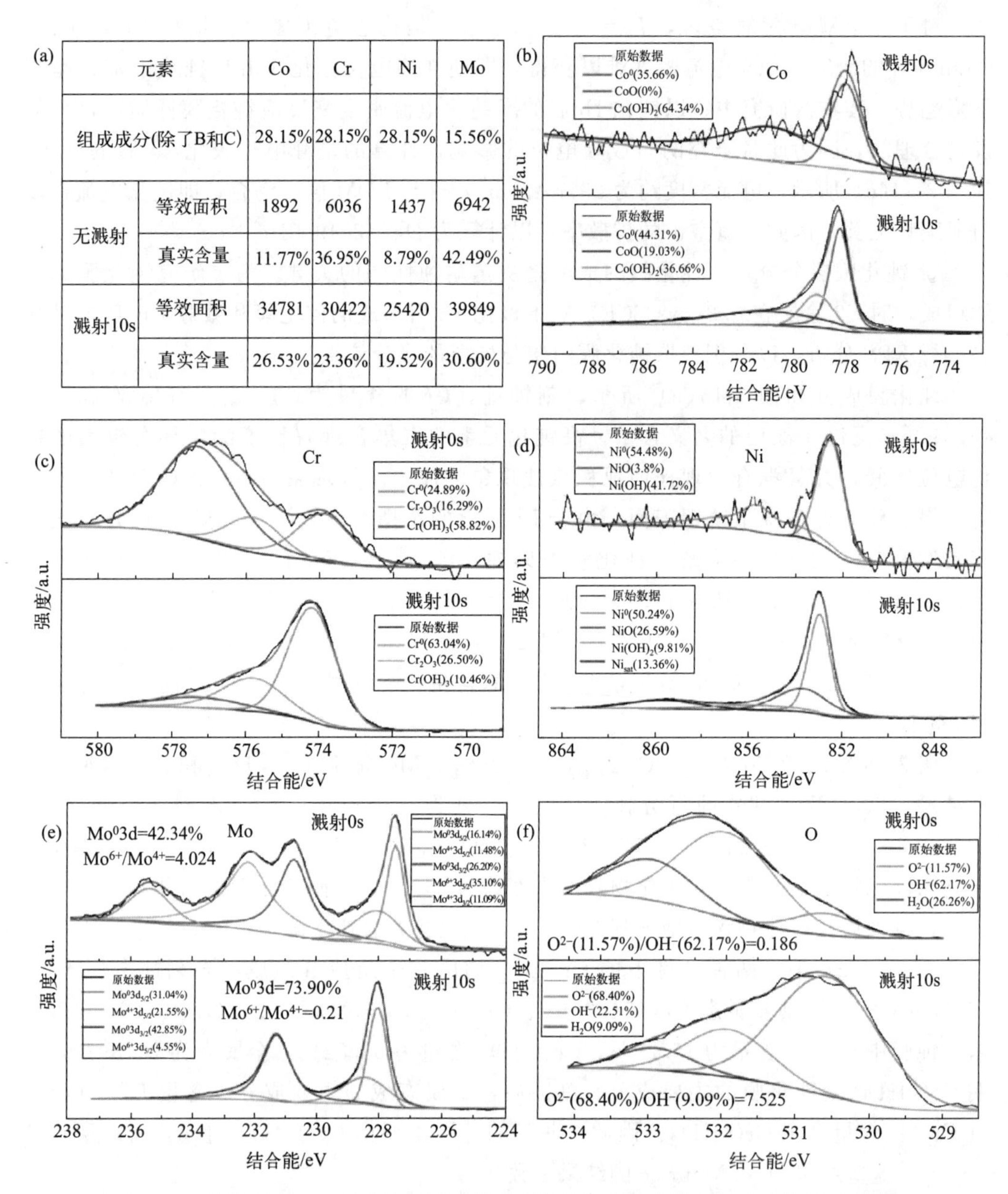

(a)

元素		Co	Cr	Ni	Mo
组成成分(除了B和C)		28.15%	28.15%	28.15%	15.56%
无溅射	等效面积	1892	6036	1437	6942
	真实含量	11.77%	36.95%	8.79%	42.49%
溅射10s	等效面积	34781	30422	25420	39849
	真实含量	26.53%	23.36%	19.52%	30.60%

图 3-46 涂层 S2 在 0.2V 电位下极化所形成的钝化膜的内层与外层元素 XPS 分析

每种元素上图表示未刻蚀状态的结果，下图为刻蚀 10s 后的结果

氧元素的三个峰分别对应 O^{2-}、OH^- 和 H_2O。OH^- 是膜外层主要的阴离子，含量为 62.17%。内层 O^{2-} 含量为 68.40%，表明内层存在大量金属氧化物。钝化膜中较高的结合水含量对耐蚀性也有积极的影响。

此外，各元素的金属态峰在刻蚀后都向更高的结合能转变。这是因为涂层中 B 和 C 元素的作用，它们固溶于金属晶格中，改变了每个金属原子的环境。结合 EIS、Mott-Schottky 和 XPS 结果，该钝化膜外层由氢氧化物组成，结构松散，阻抗小，内层由金属氧化物组成，结构致密。

3.4.3 分析与讨论

元素分布、晶体结构和界面特征是决定合金耐磨性和耐蚀性的关键因素。因此，为了探究这些特性，并分析其在微观尺度上对提高硬度和耐蚀性的作用，分别对 S1、S2 涂层进行 TEM 分析。

图 3-47 为涂层 S1 的 HAADF-STEM 以及相应的 EDS 图像，其成分分布与前文中的 SEM 中的结果一致，树枝晶为 FCC 相，枝晶间区域为 $M_{23}(B, C)_6$ 相，通过 SAED 的衍射斑点可以看出，FCC 基体相的斑点与 $M_{23}(B, C)_6$ 相完全重合，这说明两相具有良好的共格界面关系，且 $M_{23}(B, C)_6$ 相的晶面间距为 FCC 基体相的三倍。良好的共格界面将有利于促进不同物相之间的结合力，提高其力学性能。

在树枝晶晶粒内部成分、结构均匀，未观察到析出相。在两相界面附近观察到了大量位错的形成，这是由于两相之间物性的差异，如弹性模量、热膨胀系数等，在激光熔覆的快速凝固过程中，树枝晶首先结晶形核长大，后凝固结晶的 $M_{23}(B, C)_6$ 相为了降低界面处的晶格畸变，两相之间出现变形协调，以平衡较大的残余应力，从而导致位错的产生。

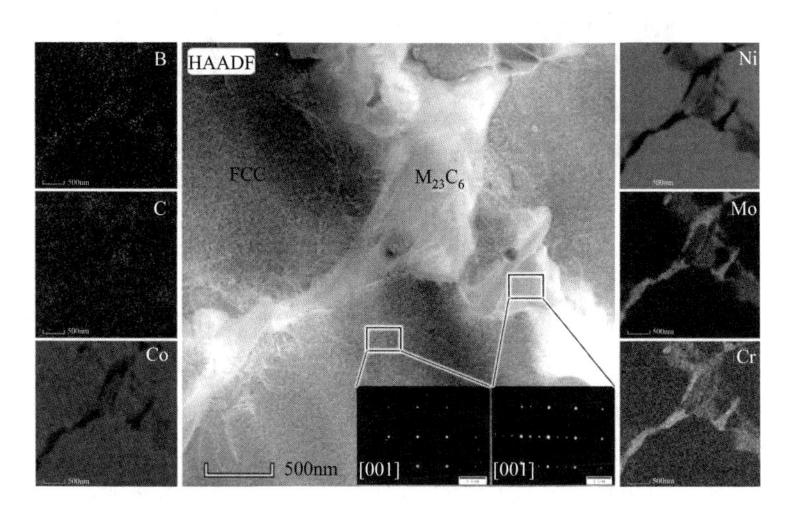

图 3-47 S1 涂层的 HAADF-STEM、SAED 以及相应的 EDS 结果

而在 S2 涂层中，除了图中观察到的大的一次枝晶与枝晶间区域外，树枝晶内部还存在大量的析出相亚结构。对该部分进行 TEM 分析，其明场像以及对应的元素分布如图 3-48 所示，在树枝晶内部存在细小二次等轴晶粒，强化相位于这些细小等轴晶的晶界以及交点位置。可以明显看出，该区域由三个衬度的物相组成，分别是网状的灰色边界区、等轴亚晶相以及黑色的亚晶角区域。通过对这些位置进行 SAED、HRTEM 以及 EDS 分析得出灰色网状区域富含 Cr、Mo、C、B 为非晶相，高分辨图像如图 3-49 所示，该区域的 SAED 显示为非晶环，其原子结构排布混乱无序，亚晶角区域成分与非晶成分一致，但已经形成了结晶态的 $M_{23}(B, C)_6$，而被灰色网状区域包围的等轴亚晶为富含 Co、Cr、Ni 的 FCC 基体相。

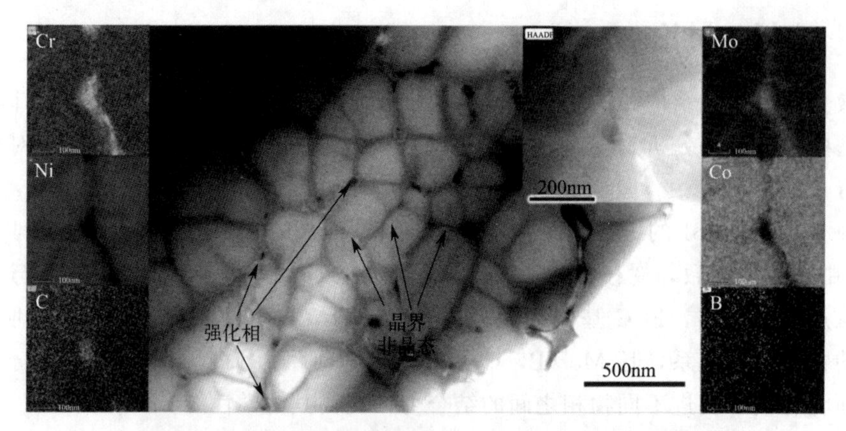

图 3-48　涂层 S2 树枝晶内部亚晶粒组织的明场像、HAADF-STEM 以及相应的 EDS 成分分布

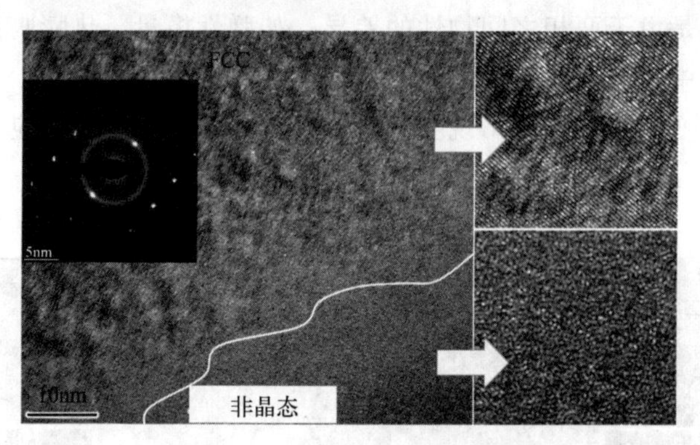

图 3-49　S2 涂层的 FCC 相与非晶界面的 HRTEM 图

对不同物相的界面进行 HRTEM 分析，其结果如图 3-50 所示，可以看出，从［001］与［011］晶带轴方向，FCC 基体相与 M_{23}(B，C)$_6$ 存在良好的界面共格匹配关系，根据图 3-51 界面的 IFFT 变换可以清晰看出相界面之间的共格关系。进一步分析界面的 SAED 结果，如图 3-52，计算得出的 M_{23}(B，C)$_6$ 的晶格常数近似等于 FCC 晶格常数的三倍，两相之间的偏转角度小于 1°，两相之间是 cube-on-cube 的位向关系，界面处未发现位错。原子密排密度理论认为原子密排度越高越耐腐蚀，晶界位置的原子

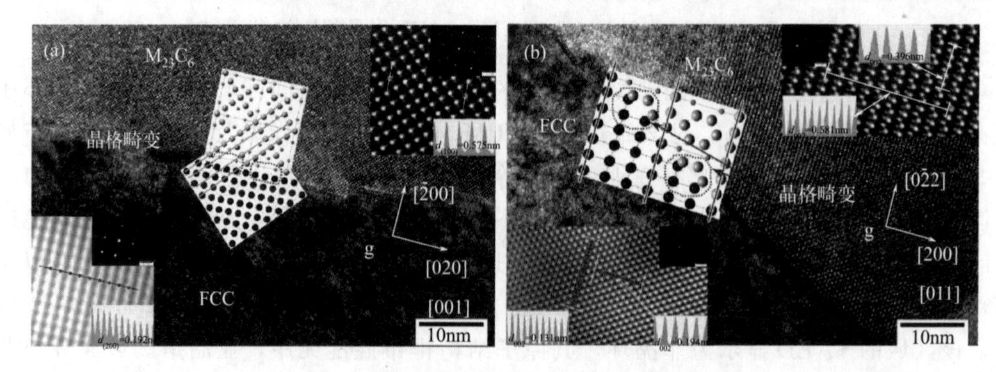

图 3-50　S2 涂层不同物相界面的高分辨图像

(a) 沿［001］晶带轴高分辨、傅里叶以及反傅里叶图像；(b) 沿［011］晶带轴高分辨、傅里叶以及反傅里叶图像

排列混乱，能量高，原子密排度低，因此其耐蚀性差。因此，良好的共格界面可以有效降低界面晶格畸变，使原子更为稳定，提高物相之间的结合力，降低畸变能，对于耐磨性与耐蚀性的提高有促进作用。FCC 基体与非晶区域的界面同样具有较低的界面能，如图 3-49 所示，因为非晶具有无序的原子结构，可以尽可能适应 FCC 基体边界的原子排布，从而有效降低界面能量，提高原子稳定性，同时非晶本身无序的原子结构，缺乏滑移系，使其具有高硬度与优异的耐腐蚀性能。

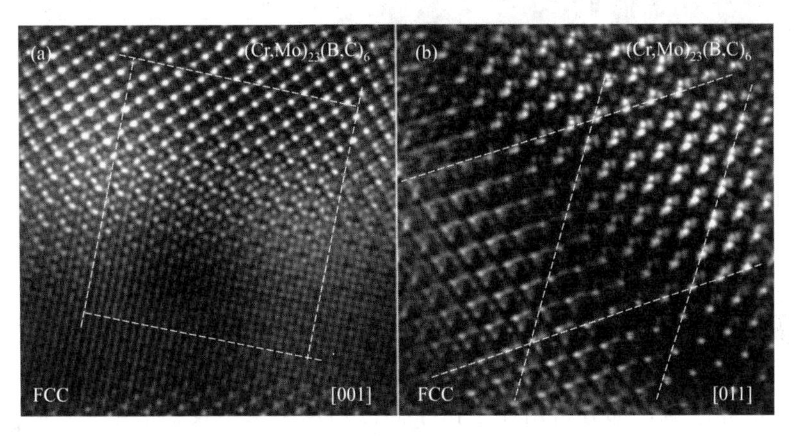

图 3-51　FCC 与碳化物界面原子排布 IFFT

(a) [001] 晶带轴；(b) [011] 晶带轴

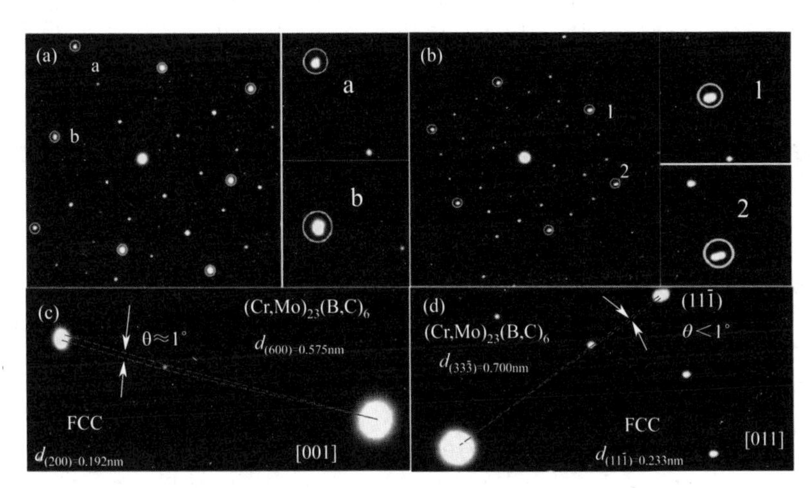

图 3-52　FCC 基体与碳化物相界面位置的 SAED 结果

(a) 两相从 [001] 晶带轴的衍射斑点；(b) 两相从 [011] 晶带轴的衍射斑点；

(c) (200) 晶面偏转角度；(d) $(11\bar{1})$ 晶面偏转角度

同时，对不同物相的电位差进行测量，其结果如图 3-53 所示，不同物相之间的电位差仅仅只有 20mV，可以有效降低物相之间的电偶腐蚀，从而保证其优异的耐蚀性能。

图 3-54 为 S1 与 S2 涂层的凝固过程示意图，激光扫过粉末以后，熔池逐渐凝固，首先树枝晶开始形核长大，形成了富含 Co、Cr、Ni 的 FCC 基体相，而原子尺寸差异

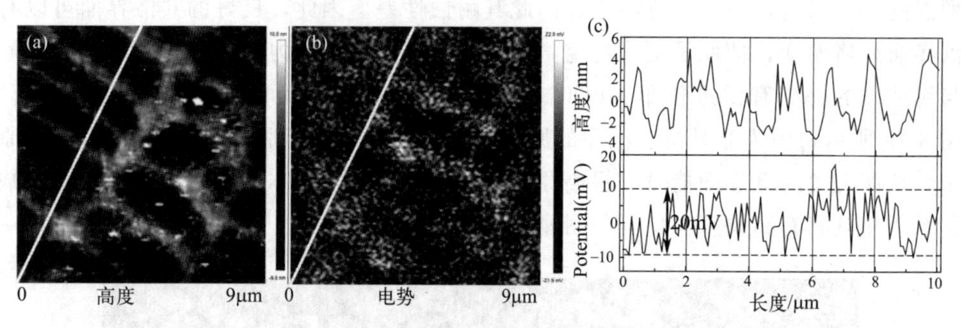

图 3-53　涂层 S2 的树枝晶与枝晶间的 SKPFM（扫描开尔文探针力显微镜）结果

较大的 Mo、C、B 受到固溶度的限制，被逐渐排出到树枝晶前端，并且以其为基底逐渐开始凝固结晶，在混合焓的作用下，形成了具有复杂晶胞结构的 $M_{23}(B, C)_6$ 相，如图 3-54 中的黄色一次枝晶间区域。此阶段，S1 与 S2 涂层凝固过程相似，只是 S2 涂层的枝晶间区域的 $M_{23}(B, C)_6$ 相更多。由于 S2 涂层中 B 与 C 元素含量更高，在激光熔覆的快速冷却作用下，大量 B 与 C 原子固溶于树枝晶中，但随着温度的继续降低，过渡固溶于 FCC 相中的 Mo、C 和 B 原子因温度降低而逐渐从基体中析出，形成了如图 3-48 所示的亚晶界区域，部分析出原子由于高冷却速率来不及扩散组合，而是处于混沌状态，一时无法组合形成有序的晶体结构，形成了灰色区域的非晶态，只有在晶界区域有部分结晶。最终形成图 3-54 所示的多级网状结构。该多级结构的出现，对 S2 涂层的力学性能与电化学性能具有重大影响。

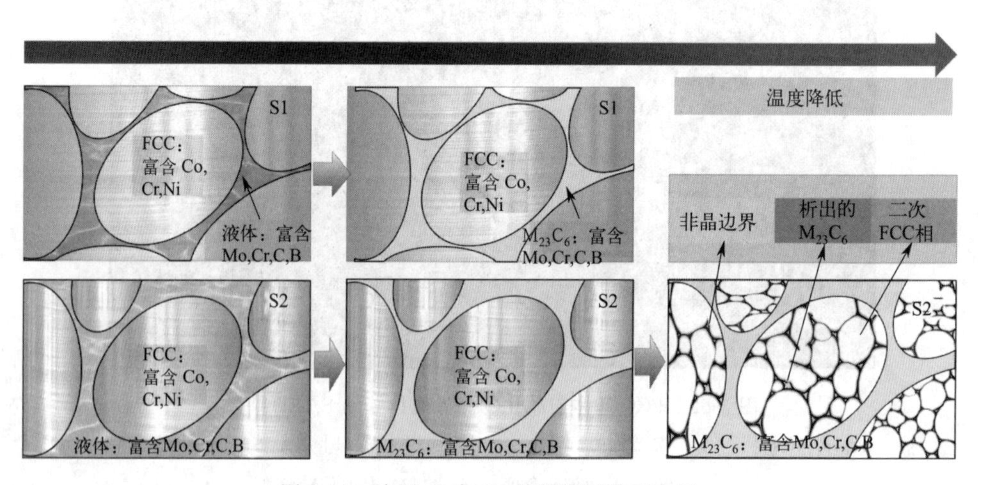

图 3-54　涂层 S1 与 S2 的凝固过程示意图

与 S1 涂层相比，S2 涂层形成了多级网状结构，其中，无论在一次树枝晶与枝晶间，还是树枝晶内部的亚结构，$M_{23}(B, C)_6$ 相与 FCC 相之间均具有良好的共格界面，同时非晶相也可以很好地适应 FCC 的晶格界面，从而使不同物相之间具有低界面能。金属的溶解速率受控于金属原子脱离基体晶格结构溶解进入溶液中的激活能，良好的界面匹配使得界面处的原子处于低能量状态，相对稳定，因此挣脱原始晶格位置需要的激活能就高，因此界面就会更耐腐蚀。同时由于快速冷却效应，各物相处于过饱和状态，使成分进一步均匀化，从而降低了各物相之间的电位差，减小物相之间的腐蚀驱动力，进一步确保体系优异的耐腐蚀性能。

S2 涂层具有更高含量的一次枝晶间陶瓷相，同时树枝晶内部析出的二次陶瓷相与高硬度非晶相，进一步提高了 S2 涂层的硬度，使其可达 1000HV，从而保证了涂层优异的耐磨性。

因此，本次研究通过合理的成分设计，结合激光熔覆的快速冷却工艺，通过调控 B_4C 含量可以制备出多级多尺度协同强化，且同时具有优异耐腐蚀性能的高熵合金复合涂层。

3.4.4 小结

本研究成功制备了具有不同耐磨与耐蚀性能的共格 $M_{23}(B, C)_6$ 相及非晶强化 CoCrNiMo 高熵合金复合涂层。通过调控外加 C 与 B 元素的含量，涂层可以实现耐磨与耐腐蚀性的同步提升。该设计方法对于开发海工装备新材料具有重要意义。具体研究结果如下：

① 随着 B_4C 含量从 1%（原子分数）增加到 4.2%（原子分数），涂层硬度逐渐从 550HV 提高到 1200HV。同时，耐磨性逐渐提高，但是 S3 与 S4 涂层的磨痕出现裂纹与脆性剥落。S1 涂层硬度低，表现为塑性黏着磨损，S2 与 S3 涂层为磨粒磨损，S4 涂层为疲劳磨损。

② B_4C 含量在 1%～2%（原子分数）时，涂层能够保持优异的耐腐蚀性能，进一步增加其含量，耐蚀性下降，因此对于维持高耐磨、耐蚀性而言，B_4C 的临界含量在 2%（原子分数）。

③ 对 S2 涂层钝化膜的 XPS 分析表明，钝化膜外层富 Cr 和 Mo 的氢氧化物，内层以金属氧化物为主，富 Cr 与 Mo 的氧化物对涂层耐蚀性起到决定性作用。

$M_{23}(B, C)_6$ 与 FCC 之间的共格界面，可有效降低相间的晶格畸变，降低界面能，提高界面结合强度，降低晶间腐蚀倾向。同时在树枝晶内部析出的二次陶瓷相与非晶相的共同作用下，保证了 S2 涂层同时兼具优异的耐磨耐蚀性能。

4

激光熔覆金属间化合物强化 HEAs 涂层耐磨与耐蚀性

第 4 章图片

4.1 Laves 相调控 $CoCrMnNiTi_x$ 系涂层的耐磨耐蚀性能

4.1.1 涂层的物相分析

图 4-1(a) 和 (b) 分别为激光熔覆不同 Ti 含量 $CoCrMnNiTi_x$ 高熵合金涂层的 X 射线衍射图谱以及局部放大图。从图 4-1(a) 中可以看出，在不加入 Ti 元素时，合金涂层的 XRD 图谱中只有一组 FCC 峰，表明其形成了 FCC 单相固溶体。当 Ti 含量为 0.25 时，$CoCrMnNiTi_{0.25}$ 涂层物相仍然只有 FCC，说明加入少量的 Ti 后涂层的物相并没有发生变化。当 Ti 含量增加至 0.5 时，$CoCrMnNiTi_{0.5}$ 涂层的主相仍为 FCC，此时图谱中出现了少许的 Laves 相。随着 Ti 含量的不断增加，$CoCrMnNiTi_{0.75}$ 和 $CoCrMnNiTi_1$ 涂层 FCC 衍射峰的强度逐渐降低，并且 Laves 相的衍射峰越来越多，涂层的物相由 FCC 相转变为 FCC+Laves 相。经过分析比对，Laves 相主要为 $(Co, Fe)_2Ti$。从图 4-1 (b) 我们发现，随着 Ti 含量的增加，FCC 固溶体的衍射峰逐渐发生了左移，表明 FCC 固溶体的晶格常数增大，由于 Ti 的原子半径较大，Ti 原子会固溶于 FCC 固溶体中引起强烈的晶格畸变；此外，由于激光熔覆快热快冷的特点，Ti 原子的固溶程度会进一步增加，$Ti_{0.75}$ 至 Ti_1 的衍射峰的偏移也会更加严重。

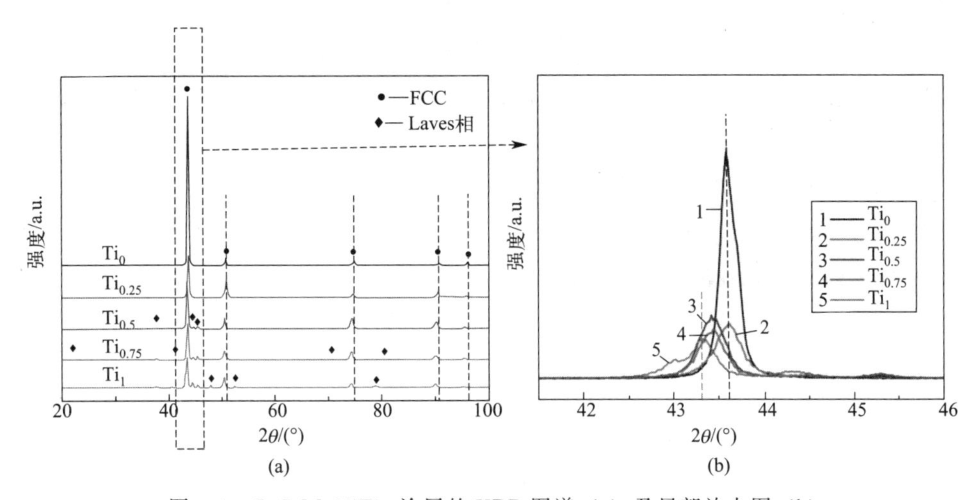

图 4-1　$CoCrMnNiTi_x$ 涂层的 XRD 图谱（a）及局部放大图（b）

4.1.2 涂层的显微组织分析

图 4-2 为 $CoCrMnNiTi_x$ 涂层随着 Ti 摩尔比增加的微观组织 SEM 图。其中，图 4-2 (a′)、(b′)、(c′)、(d′) 和 (e′) 分别对应于图 4-2(a)、(b)、(c)、(d) 和 (e) 中白框区域的放大部分。从图 4-2(a) 和 (a′) 可以看出，当不添加 Ti 时，$CoCrMnNiTi_0$ 涂层的微观结构是柱状晶。随着 Ti 含量继续添加到 0.25，$CoCrMnNiTi_{0.25}$ 涂层逐渐从柱状晶变为等轴晶。当 Ti 含量为 0.5 时，$CoCrMnNiTi_{0.5}$ 涂层中开始出现 Laves 相，

此时 Laves 相的含量较少，主要分布在晶间位置，并且观察到少量的 Laves 相以共晶结构形式分布，如图 4-2(c) 和 (c′) 所示。从图 4-2(d) 和 (d′) 可以看出，随着 Ti 含量增加到 0.75，Laves 相的数量也继续增加，且 Laves 相仍然分布在晶间，此时 Laves 相依然为断断续续的分布。当 Ti 含量增加到 1 时，Laves 相的数量几乎完全占据了晶间位置，并且以共晶结构形式分布的 Laves 相的数量也更多，如图 4-2(e) 和 (e′) 所示。随着 Ti 含量的增加，涂层物相为 FCC+Laves 相，Laves 相的含量逐渐增加，这可能导致涂层强度和硬度显著增加，塑性显著下降。另外，我们还发现，Ti 的添加使得晶粒产生细化，所产生的细晶强化效果可能对涂层的性能产生有利的影响。有报道称在 CoCrFeNiMn 高熵合金中加入 2%（原子分数）的 Ti 会导致晶粒尺寸和沉淀体积分数显著降低。同样，激光熔覆快速加热和冷却的特点也会使涂层中的晶粒产生细化。从涂层的微观结构 SEM 来看，Ti 含量导致的微观结构变化对应于图 4-1 中 XRD 物相变化。

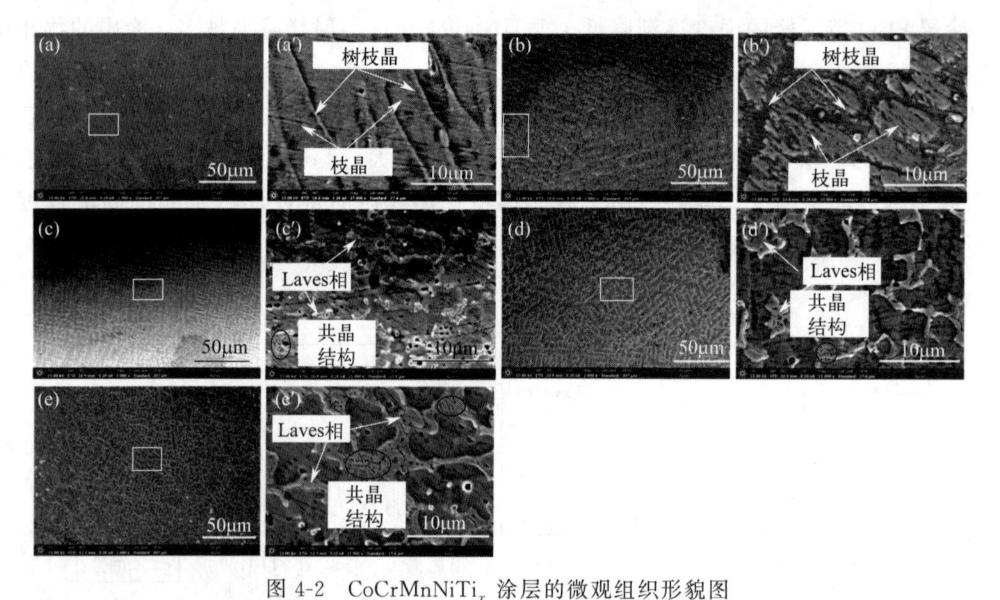

图 4-2 CoCrMnNiTi$_x$ 涂层的微观组织形貌图

(a)、(a′) Ti$_0$；(b)、(b′) Ti$_{0.25}$；(c)、(c′) Ti$_{0.5}$；(d)、(d′) Ti$_{0.75}$；(e)、(e′) Ti$_1$

为了确定各元素以及物相的分布，我们对 CoCrMnNiTi$_x$ 涂层进行了 EDS 面扫分析，结果如图 4-3 所示。结合能谱（EDS）的成分分析（如表 4-1 所示）我们发现，Co 元素在涂层中分布均匀，Ti 元素主要分布在晶界（区域 B）处，且 Fe 元素在晶界也有较多含量的分布，因为熔覆过程会产生一定的稀释率，Q235 基体的 Fe 元素会扩散稀释于涂层中。Cr、Ni、Mn、Fe 元素主要分布在晶粒内部（区域 A），因此，结合 XRD 结果推断晶粒内部区域为富（Co、Cr、Ni、Mn、Fe）的 FCC 结构，晶间区域（区域 B）则为富（Ti、Co、Fe）的 Laves 相。此外，我们还发现当 Ti 含量较低时，面扫描结果显示 Ti 元素也集中分布于晶界，我们推测此时可能并未生成 Laves 相或形成的数量较少，因此在进行 XRD 分析时 CoCrMnNiTi$_{0.25}$ 涂层中并未检测到 Laves 相。

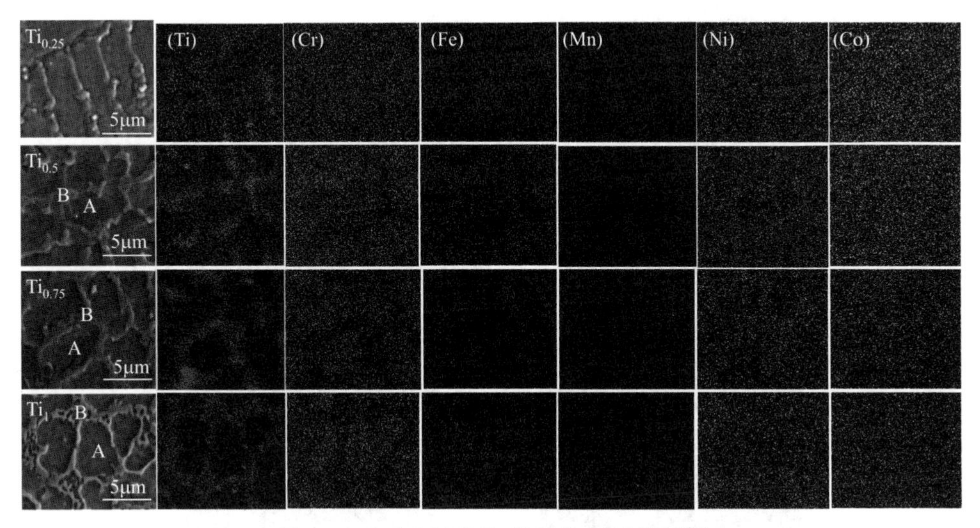

图 4-3　$CoCrMnNiTi_x$ 涂层的 EDS 面扫图

表 4-1　$CoCrMnNiTi_x$ 涂层不同区域化学成分（原子分数）　　%

Ti 含量	区域	Co	Cr	Ni	Mn	Fe	Ti
$Ti_{0.5}$	A	14.13	15.29	12.34	14.06	40.55	3.63
	B	10.02	10.94	9.70	11.77	26.02	31.54
$Ti_{0.75}$	A	11.35	12.99	9.87	11.85	50.05	3.90
	B	13.97	9.63	14.55	12.64	32.40	16.81
Ti_1	A	11.38	12.75	10.33	11.61	47.78	6.14
	B	12.56	10.00	12.29	11.45	39.18	14.52

为了进一步确定 $CoCrMnNiTi_x$ 涂层的微观组织结构，采用 TEM 测试对 $CoCrMnNiTi_{0.75}$ 涂层进行了选区电子衍射和高分辨图片观察，如图 4-4 所示。图 4-4(a) 为晶粒内部 FCC 相的高分辨图片，图 4-4(b) 为其进一步放大，可以观察到 FCC 区域存在许多细小的晶粒，晶粒之间有着不同的晶粒取向。我们进一步得到其衍射斑点，发现衍射斑点呈环状分布，得到了很多衍射环，经过分析，衍射环的晶面指数由内向外依次为(111)、(200)、(311)、(222)。这是典型的纳米晶衍射花样，我们在文献中也观察到此类衍射环。因此我们判断，晶粒内部的 FCC 相是由更多细小的纳米晶组成的。

4.1.3　显微硬度分析

在室温下，我们研究了不同 Ti 含量对 $CoCrMnNiTi_x$ 涂层显微硬度的影响，图 4-5 为添加不同 Ti 含量 $CoCrMnNiTi_x$ 涂层在 0.98N 载荷下的显微硬度结果。从图中可以看出，当涂层中不添加 Ti 时，涂层物相为单一 FCC 相，由于 FCC 相为面心立方结构，硬度较低，因此 $CoCrMnNiTi_0$ 涂层表现出最低的硬度，为 165.33HV 0.1。通常具有单相 FCC 结构的高熵合金一般具有较低的硬度值，如 CoCrFeNiMn 合金硬度值处于 125～160HV 之间，与我们的实验结果相一致。随着 Ti 含量的增加，涂层中 Laves 相的体积分数逐渐增大，涂层的硬度逐渐增加，$CoCrMnNiTi_1$ 涂层表面显微硬度达到

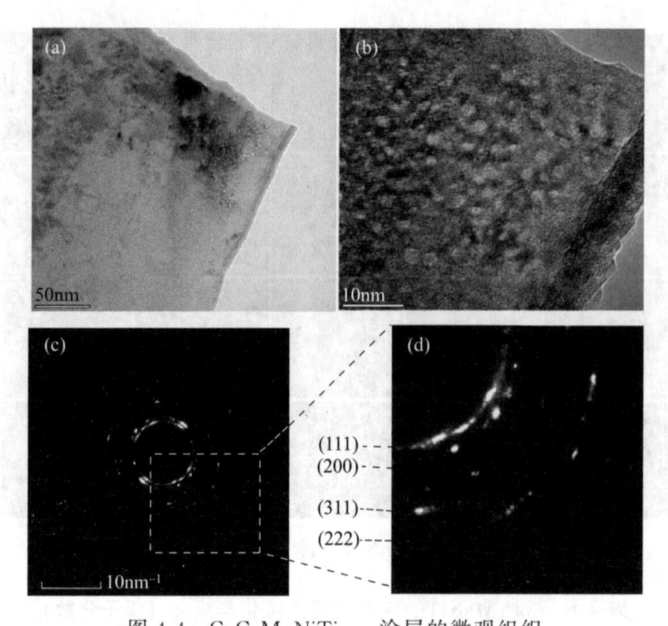

图 4-4　$CoCrMnNiTi_{0.75}$ 涂层的微观组织

(a)、(b) 晶粒内部透射图；(c) 对应的衍射花样；(d) (c) 的局部放大图

523.73HV0.1。对比五种体系熔覆层的硬度值随 Ti 含量提高逐渐增加的趋势，我们可以从如下几个方面进行解释：首先，对比体系中各元素的原子半径发现 Ti 具有最大的原子半径，Ti 固溶于 FCC 固溶体会引起强烈的晶格畸变而阻碍位错运动，起到固溶强化的效果；其次，从涂层的物相分析及 SEM 图中我们可以发现，随着 Ti 含量的提高，涂层中生成的 Laves 相的数量也逐渐增加，Laves 相是一种具有高硬度的金属间化合物，因此涂层的硬度也相应增加；最后，从透射结果来看，涂层 FCC 区域内部存在许多纳米晶，纳米晶的存在等效于弥散强化作用，对 FCC 区域的硬度起到有利影响，从而可以提高整体的硬度。

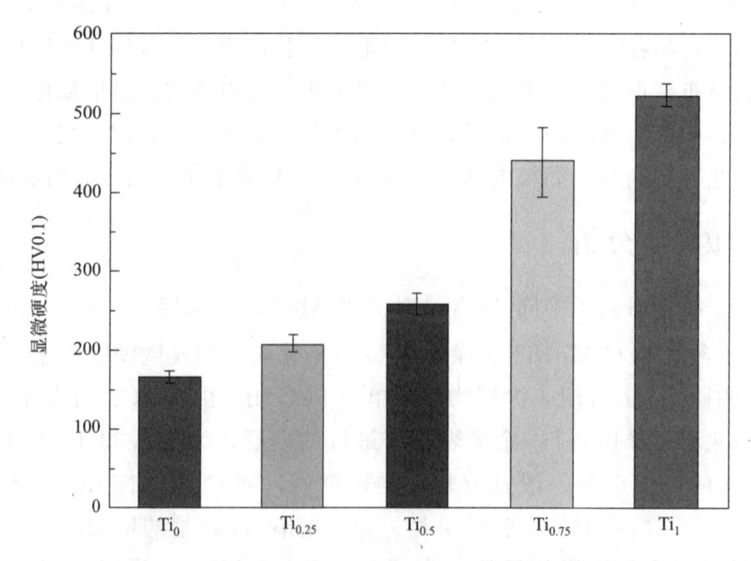

图 4-5　不同 Ti 含量 $CoCrMnNiTi_x$ 涂层的显微硬度

4.1.4 纳米压痕分析

为了对涂层的力学性能进行表征，我们又进一步做了纳米压痕测试，CoCrMn-NiTi$_x$ 涂层的位移-载荷曲线如图 4-6 所示。通过位移-载荷曲线我们可以看出，$CoCrMnNiTi_0$ 和 $CoCrMnNiTi_{0.25}$ 的位移非常相近，这是因为当 Ti 含量为 0.25 时涂层中并未出现 Laves 相，涂层仍然为单一的 FCC 相，此时涂层硬度相近，在加载卸载过程中产生的形变也相近。而当 Ti 含量为 0.5 时涂层中开始出现 Laves 相，在 100mN 力的作用下位移出现降低，此时位移-载荷曲线开始出现明显的差别。相应地，当 Ti 含量继续增加，涂层出现了更多数量的 Laves 相，由于纳米压痕是在纳米级别下的测试，因此 $CoCrMnNiTi_{0.75}$ 和 $CoCrMnNiTi_1$ 涂层的位移再次非常相近，由于此时涂层的硬度相较于 $CoCrMnNiTi_{0.5}$ 涂层有了幅度较大的提升，因此位移-载荷曲线再一次发生明显变化，相同载荷作用下位移再一次降低。图 4-7 显示了纳米压痕测试的特征参数硬度（H）和弹性模量（E），从图中可以看到，涂层的纳米硬度与显微硬度的趋势一致，特别是当 Ti 的含量增加到 0.75 和 1 时，$CoCrMnNiTi_{0.75}$ 和 $CoCrMnNiTi_1$ 涂层的纳米硬度值达到 4.81GPa 和 6.91GPa，分别为 Ti_0 涂层纳米硬度值（2.54GPa）的 1.9 和 2.7 倍；比较涂层的弹性模量，我们可以发现，涂层的弹性模量大小相近，最大差距也仅为 20GPa 左右。当 Ti 含量为 0.75 时，涂层的弹性模量最大，为 202.06GPa，表明其在抵抗弹性变形方面的能力更强。

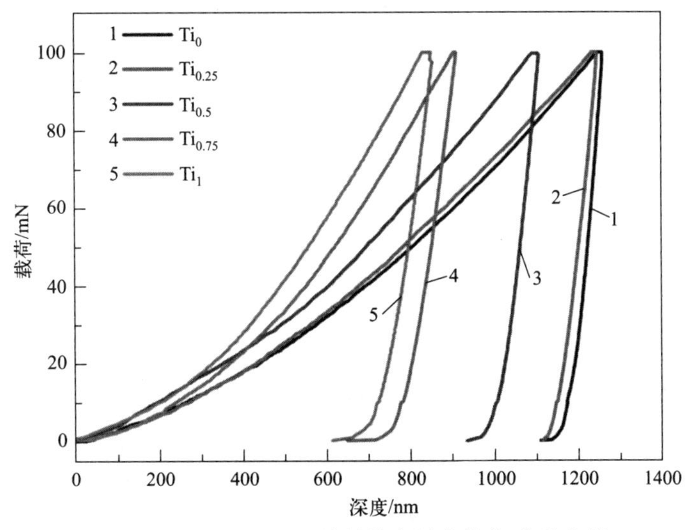

图 4-6 CoCrMnNiTi$_x$ 涂层纳米压痕载荷-位移曲线

已有研究证明，磨损损失与 H/E 和 H^3/E^2 值密切相关。H/E 用于评估表面接触中的弹性行为极限，而 H^3/E^2 表示对塑性变形的阻力。H/E 和 H^3/E^2 值的增加表明涂层具有更出色的耐磨性。CoCrMnNiTi$_x$ 涂层的 H/E 和 H^3/E^2 值随着 Ti 含量的增加而显著增加，如表 4-2 所示。$CoCrMnNiTi_1$ 涂层的 H/E 和 H^3/E^2 值分别是 $CoCrMnNiTi_0$ 涂层的近 3 倍和 20 倍。结果同样可归因于 Ti 引起的固溶强化、Laves 相的生成以及 FCC 区域纳米晶的存在。

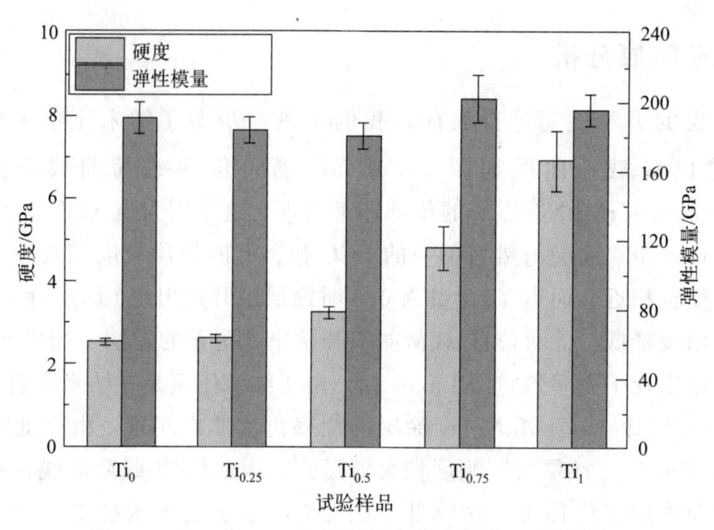

图 4-7 $CoCrMnNiTi_x$ 涂层平均纳米硬度和弹性模量

表 4-2 $CoCrMnNiTi_x$ 涂层的力学性能参数

样品	H/GPa	E/GPa	H/E	H^3/E^2
Ti_0	2.54	190.86	0.01331	0.00045
$Ti_{0.25}$	2.62	183.99	0.01424	0.00053
$Ti_{0.5}$	3.26	180.40	0.01807	0.00106
$Ti_{0.75}$	4.81	202.06	0.02380	0.00273
Ti_1	6.91	195.39	0.03537	0.00864

4.1.5 线性干磨损性能分析

（1）摩擦系数

图 4-8 为室温条件下添加不同 Ti 含量 $CoCrMnNiTi_x$ 涂层的摩擦系数（COF）曲线。摩擦系数是表征材料磨损性能的重要参数之一，从摩擦系数曲线中可以看出磨损过程中的两个阶段：起始磨合阶段和稳定磨损阶段。从图中可以看到，随着 Ti 含量的增加，不同的晶体结构造成了摩擦系数的不同，涂层的摩擦系数呈现先降低后增加的趋势，经计算，稳定阶段的 $CoCrMnNiTi_0$、$CoCrMnNiTi_{0.25}$、$CoCrMnNiTi_{0.5}$、$CoCrMnNiTi_{0.75}$ 和 $CoCrMnNiTi_1$ 涂层的平均摩擦系数分别为 0.6997、0.6447、0.6222、0.5923、0.6268。对于金属材料而言，通常摩擦系数越小，说明其在磨损过程中越稳定，耐磨性越好。单一的 FCC 结构由于低的表面硬度和强度而具有较差的抗变形能力，因此 $CoCrMnNiTi_0$ 涂层的耐磨性较低。随着 Ti 含量的增加，Laves 相的体积分数增加，涂层的硬度（如图 4-5 所示）和强度增加，涂层表面具有良好的抗变形能力，涂层的摩擦系数不断减小。而 Ti 的比例从 0.75 增加至 1 时，磨损抗力却略有下降，观察 $CoCrMnNiTi_1$ 的摩擦系数曲线我们发现，摩擦系数在磨损过程上下波动较大，即使是在摩擦过程的稳定阶段，这是因为磨损过程中磨球会与硬度较高的 Laves 相以及硬度低的 FCC 相频繁交互作用，类似于汽车行驶在凹凸不平的路面，说明高的硬度并不一

定有高的磨损抗力，还要结合具体的物相及组织结构来判断。

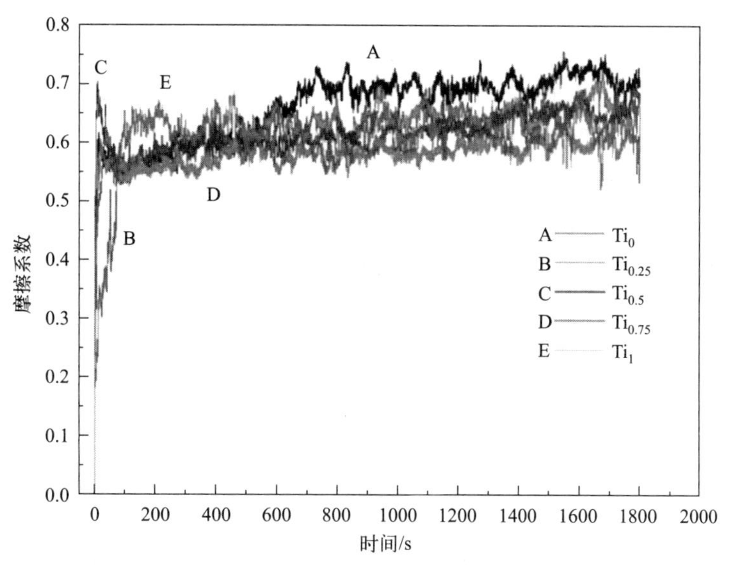

图 4-8 CoCrMnNiTi$_x$ 涂层的摩擦系数

（2）磨损体积

图 4-9 显示了 CoCrMnNiTi$_x$ 涂层的磨损体积。比较各涂层的体积损失量，可以发现：在一定范围内当 Ti 的比例增加时，由于硬度的提高，磨损量逐渐减少，涂层的耐磨性能逐渐提高，经计算，CoCrMnNiTi$_0$ 的体积损失是 CoCrMnNiTi$_{0.75}$ 的 4 倍。随着 Ti 含量的增加，失重的变化与被测涂层整体显微硬度的变化相反，这归因于高硬度可能导致高熵合金耐磨性的提高。当 Ti 的比例由 0.75 增加到 1 时，相较于 CoCrMnNiTi$_{0.75}$ 涂层，磨损量又略有增加，这与图 4-8 中涂层的摩擦磨损曲线的变化相一致。

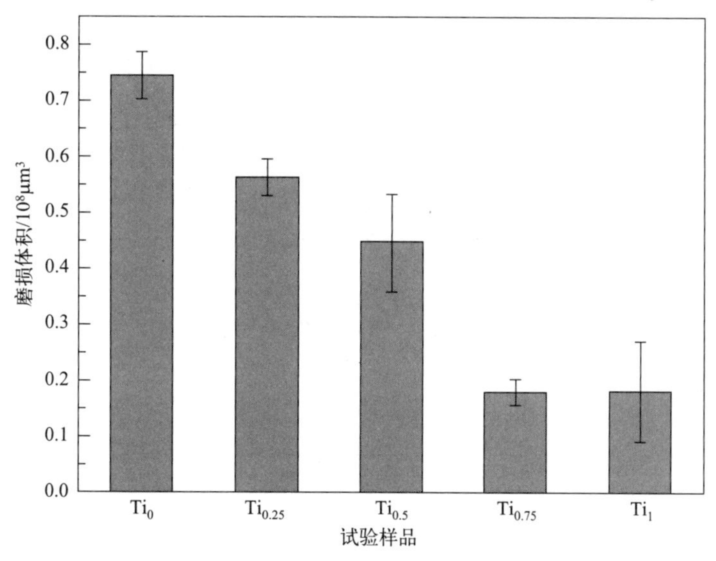

图 4-9 添加不同 Ti 含量 CoCrMnNiTi$_x$ 涂层的磨损体积

(3) 磨痕三维形貌与横截面

在摩擦磨损实验结束后，我们采用三维形貌对涂层的磨痕及其横截面轮廓进行了观察，不同 Ti 含量对 $CoCrMnNiTi_x$ 涂层的耐磨性影响结果如图 4-10 和图 4-11 所示。图 4-10 为磨损后涂层的三维轮廓，其中颜色变化可以表现出涂层磨损的深度和宽度。我们发现，当 Ti 含量较低时，由于涂层硬度低使得磨损较为严重，然后通过图 4-11 中涂层的磨痕横截面曲线，我们可以发现，在磨球的滑动和压力挤压作用下，涂层的外侧发生了不同程度的塑性变形，并且 Ti 含量越低，塑性变形的程度越严重，表明此时涂层的磨损抗力较低，磨痕宽度和深度较大；Ti 含量越高，涂层硬度提高，塑性变形的

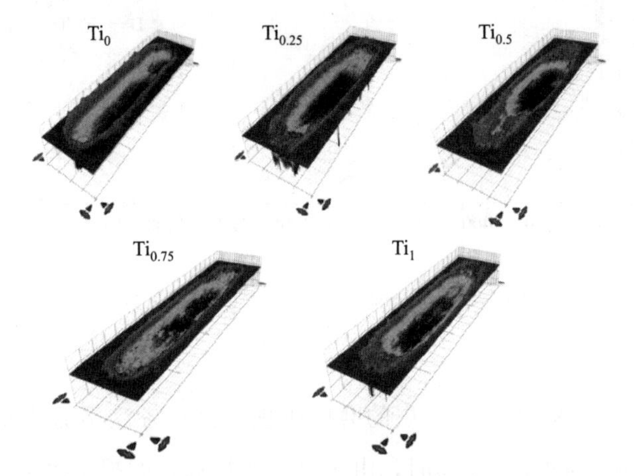

图 4-10 $CoCrMnNiTi_x$ 涂层磨痕轮廓的三维形貌

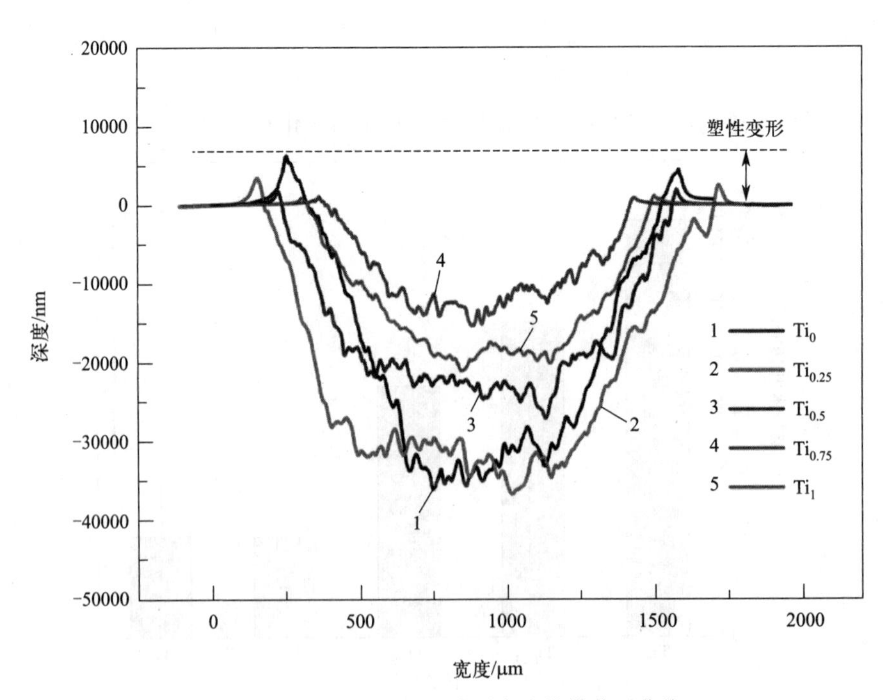

图 4-11 $CoCrMnNiTi_x$ 涂层磨痕的横截面曲线

程度逐渐降低，磨痕的深度逐渐减小，截面轮廓波动小，说明磨损面相对较为平整，没有出现较深的犁沟。当 Ti 含量为 0.75 时，$CoCrMnNiTi_{0.75}$ 涂层的横截面曲线比其他四组平坦，表明其磨损痕迹窄而浅，从涂层的三维形貌颜色变化也可以看出，此时磨痕较浅，从而反映出其具有较好的耐磨性。

（4）磨损形貌

图 4-12 显示了 $CoCrMnNiTi_x$ 涂层的磨损痕迹和磨损表面的形态，边框内为低倍显微镜下涂层的磨痕宏观形貌，磨损表面的元素分析也列在表 4-3 中。在图 4-12(a)、(b) 中所示的 $CoCrMnNiTi_0$、$CoCrMnNiTi_{0.25}$ 涂层的磨损表面上观察到大量碎屑以及沟槽，这意味着在摩擦过程中已经发生了接触表面的严重擦伤。磨损表面的碎屑主要由 Co、Cr、Fe、Mn、Ni 和 O 元素组成，如表 4-3 所示。此外，少量的铝是来自 Al_3O_2 磨球的对应成分。根据涂层的物相组织、硬度以及磨痕微观形貌可以证实，$CoCrMnNiTi_0$ 及 $CoCrMnNiTi_{0.25}$ 涂层的磨损机理主要是黏着磨损。由于硬度的增加，涂层对表面塑性变形的抵抗力显著提高。如图 4-12(c)～(e) 所示，从 $CoCrMnNiTi_{0.5}$ 开始，涂层表面磨屑开始减少，并出现了一些剥落及分层，由于 Laves 相的出现，脆硬的 Laves 相在磨球滑动剪切作用下会发生撕裂破损，增加了剥落坑的数量，剥落的 Laves 相又会跟随磨球在涂层表面继续滑动磨损，当磨损颗粒压入涂层表面到一定深度时会出现裂纹，当裂纹扩展到表面时会发生脆性断裂，然后形成碎片，此时磨损形式主要为磨粒磨损；相较于 $CoCrMnNiTi_{0.5}$ 涂层，$CoCrMnNiTi_{0.75}$ 涂层中出现了数量较多的 Laves 相，且 FCC 基体相中固溶了更多的 Ti 元素，固溶强化作用更加明显，硬度有了较大幅度的提升，因此 $CoCrMnNiTi_{0.75}$ 涂层表现出更加优良的磨损抗力。而当 Ti 含量达到 1 时，涂层中出现了更多的 Laves 相，此时涂层发生的磨粒磨损也更为严重，产生的剥落坑数量较多，从而产生了更大的体积损失，因此 Ti_1 涂层相较于 $CoCrMnNiTi_{0.75}$ 涂层磨损更为严重。这一结果也与磨痕截面轮廓、摩擦磨损曲线以及摩擦磨损之后的体积损失相匹配。因此，涂层的耐磨性并不是跟硬度呈现正相关，还与涂层的物相组织等有关，添加合适比例的 Ti 元素可以有效提高涂层的耐磨性。

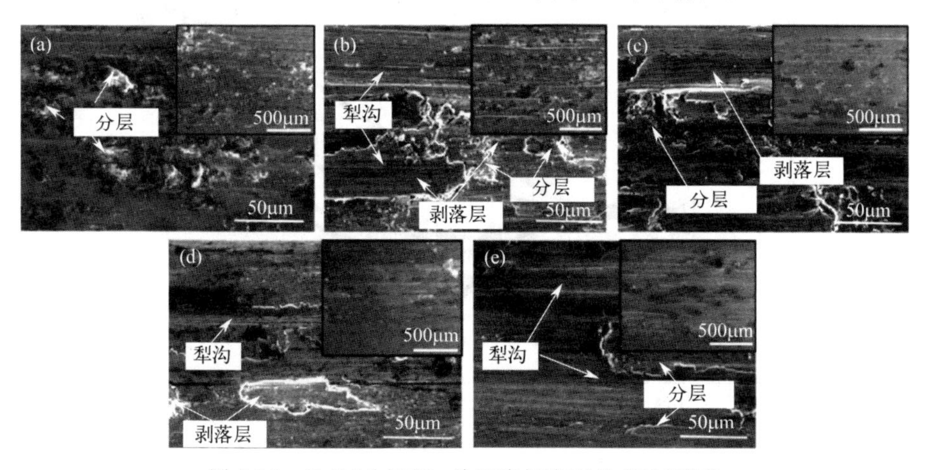

图 4-12　$CoCrMnNiTi_x$ 涂层磨损表面的 SEM 形貌

(a) Ti_0；(b) $Ti_{0.25}$；(c) $Ti_{0.5}$；(d) $Ti_{0.75}$；(e) Ti_1

表 4-3　CoCrMnNiTi$_x$ 涂层磨损表面的化学成分组成

样品	化学成分(质量分数)/%							
	Co	Cr	Fe	Mn	Ni	Ti	O	Al
Ti_0	8.88	9.54	44.83	10.15	9.92	—	16.48	0.21
$Ti_{0.25}$	7.82	11.97	37.80	12.93	9.32	1.60	17.99	0.58
$Ti_{0.5}$	11.71	10.15	36.79	10.44	11.46	3.75	14.86	0.84
$Ti_{0.75}$	10.23	9.37	40.41	11.14	11.29	6.19	11.18	0.19
Ti_1	7.44	9.31	30.65	9.62	10.04	9.12	23.51	0.31

4.1.6　涂层的电化学腐蚀行为分析

(1) 动电位极化曲线

图 4-13 是 CoCrMnNiTi$_x$ 高熵合金涂层在 3.5%NaCl 溶液中的动电位极化曲线。从图中可以看出，活化区起初比较平坦，随着电势的升高，曲线逐渐变得陡峭，只有 CoCrMnNiTi$_{0.75}$ 涂层出现稳定的钝化区。钝化区的形成表明在腐蚀电位下在合金表面上形成了保护膜。随着 Ti 含量的增加，涂层的腐蚀电位逐渐增大，Ti 含量为 0.75 时达到最大值−284.5mV，涂层的腐蚀电流密度不断减小，在 Ti 含量为 0.75 时具有最小值为 0.263μA/cm^2；当 Ti 含量为 1 时，涂层的腐蚀电位下降，自腐蚀电流密度又开始升高，CoCrMnNiTi 具有最小的腐蚀电位和最大的腐蚀电流密度。表 4-4 列出了各组涂层和基体的腐蚀电位（E_{corr}）和腐蚀电流密度（i_{corr}），五组涂层的腐蚀电位呈现先升高后降低的趋势，腐蚀电流密度为先减小后增大的趋势，对应的涂层的耐蚀性为先增大后减小，CoCrMnNiTi$_{0.75}$ 涂层表现出良好的耐腐蚀性。与基体（Q235 钢）相比，涂层

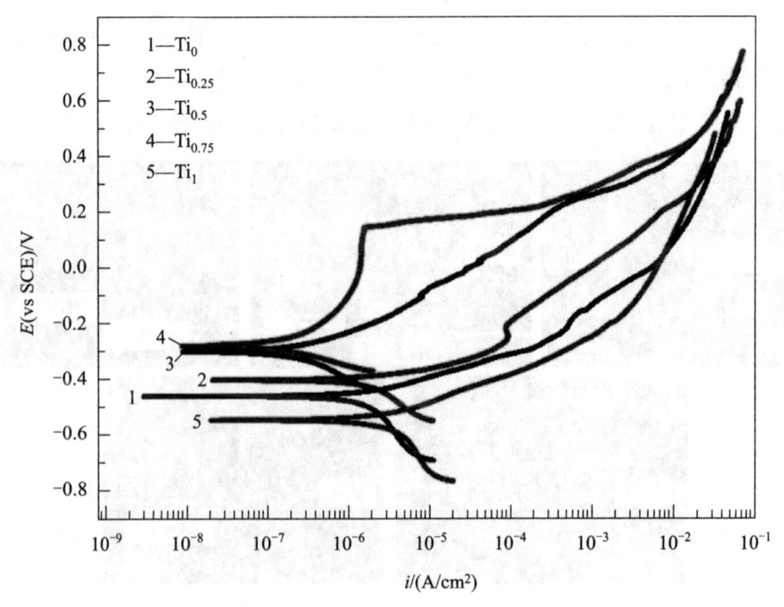

图 4-13　CoCrMnNiTi$_x$ 涂层的动电位极化曲线

自由腐蚀电流密度降低，自由腐蚀电位更“正”，表明 Q235 钢表面的涂层在 3.5% NaCl 环境中起着保护作用。此外，本研究中采用激光熔覆制备涂层，激光熔覆的快热快冷过程以及低稀释率的特点，相当于对涂层进行了快速淬火，在一定程度上可以有效抑制元素的偏析，提高组织的均匀性，每组涂层的耐腐蚀性都得到了极大的提高。有文献报道随着 Ti 含量的增加，$Al_2CrFeCoCuNiTi_x$ 高熵合金涂层在 0.5mol/L HNO_3 溶液中的耐腐蚀性增强。

表 4-4　$CoCrMnNiTi_x$ 涂层在 3.5%NaCl 溶液中的电化学参数

参数	Ti_0	$Ti_{0.25}$	$Ti_{0.5}$	$Ti_{0.75}$	Ti_1	Q235
E_{corr}/mV	−465.0	−407.0	−360.0	−284.5	−550.5	−741.3
i_{corr}/(μA/cm^2)	1.470	1.360	0.391	0.263	1.764	8.74

（2）交流阻抗分析

我们还进行了 $CoCrMnNiTi_x$ 涂层的电化学阻抗谱（EIS）测试。图 4-14(a) 显示了涂层的 Nyquist 图，（b）为图（a）中红框部分的局部放大图。从图中可以看出，曲

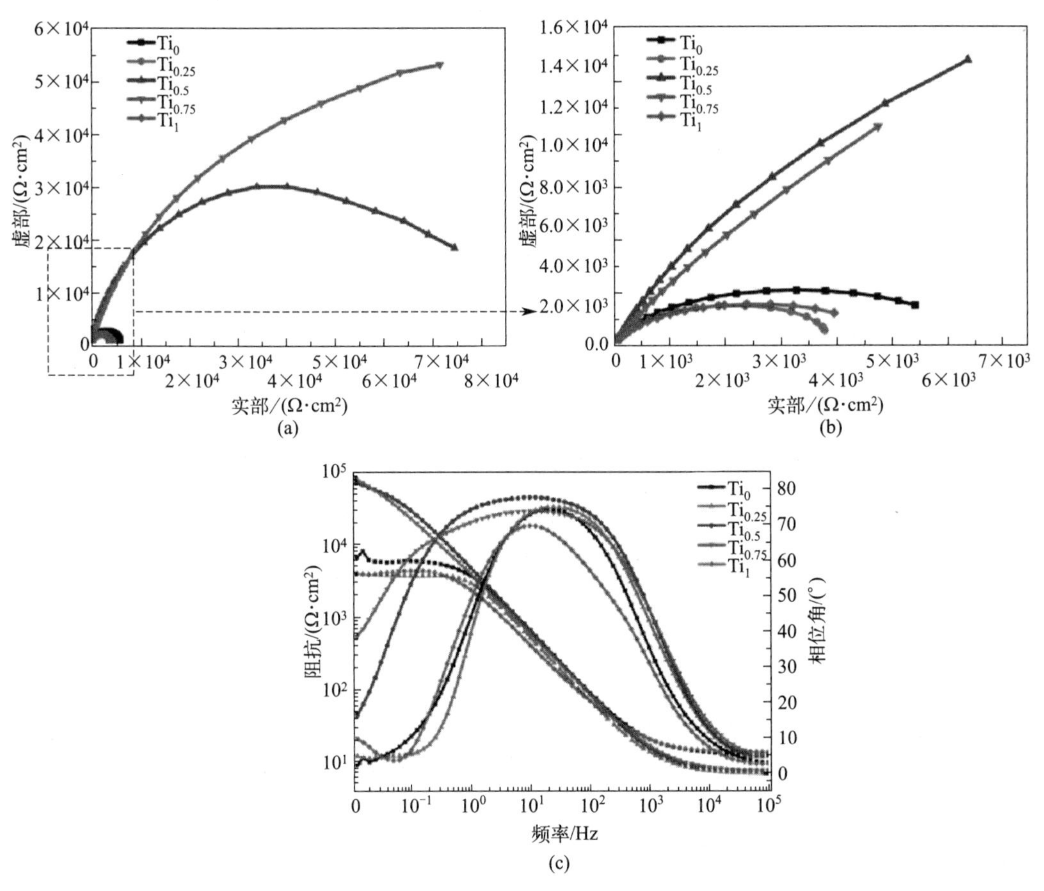

图 4-14　$CoCrMnNiTi_x$ 涂层在 3.5%NaCl 溶液室温下的电化学阻抗谱图

（a）Nyquist 曲线；（b）Nyquist 曲线的局部放大；（c）Bode 曲线

线均为半圆弧，即单一的容抗弧。容抗弧可以反映金属在腐蚀过程中的溶解行为，半径越大，电荷转移阻力越大。随着 Ti 含量的增加，容抗弧的半径呈现先增大然后减小的趋势，该趋势又反映出涂层的耐腐蚀性也表现出先增大后减小，$CoCrMnNiTi_{0.75}$ 的容抗弧半径最大，表现出最好的耐蚀性，与动电位极化曲线的测试结果一致。从图 4-14 中的 Bode 图及相位图可以看出，五组涂层的相位角在高频范围内相似，都接近 0°；在中频区，相位角达到最大值，对应的频率范围大小代表腐蚀过程中钝化膜的稳定性，$Ti_{0.75}$ 具有较宽的频率范围；在低频区，相位角同样呈现先增大后减小的趋势，$Ti_{0.75}$ 具有最大的相位角，表明更容易形成稳定的钝化膜。

综合动电位极化测试以及电化学阻抗谱的测试结果，我们发现，对于 $CoCrMnNiTi_x$ 系高熵合金涂层，随着 Ti 含量的增加，涂层的腐蚀电位（E_{corr}）呈现先升高后降低的趋势，腐蚀电流密度（i_{corr}）为先减小后增大的趋势。基于以上结果，我们进行以下分析：首先，Ti 可以提高涂层的抗点蚀性能，在一定范围内添加 Ti 可以提高涂层的耐腐蚀性，当 Ti 含量持续增加时，由于产生大量的 Laves 相，贫 Cr 的 Laves 相和富 Cr 的 FCC 相由于电势差而形成大量的微观腐蚀电池，从而导致 Ti_1 涂层耐蚀性的降低；其次，随着涂层中 Ti 含量的上升，涂层中 Cr 元素的相对含量不断减少，Cr 是提高耐蚀性的元素，其可以形成钝化膜，含量降低相应地会影响钝化膜的厚度，不利于涂层的耐蚀性；此外，Ti 会引起晶格畸变，涂层应力增大，很有可能在涂层中存在微裂纹，同样对涂层的耐蚀性产生不利的影响。

4.1.7 小结

本节采用激光熔覆制备了不同 Ti 含量的 $CoCrMnNiTi_x$（x=0、0.25、0.5、0.75、1）系高熵合金涂层，研究了 Ti 含量对涂层的物相、组织形貌、硬度以及耐磨性、耐蚀性能的影响，并且得到了 Ti 含量对高熵合金涂层的影响规律以及机制，主要结论概括如下：

① $CoCrMnNiTi_x$ 系高熵合金涂层成形较好，随着 Ti 含量的增加，涂层物相由 FCC 变为 FCC＋Laves 相；显微组织发现，当 Ti 含量为 0.5 时，涂层中开始出现 Laves 相，且 Laves 相分布在晶界；Ti 含量继续增加，Laves 相含量也随之增加，这与 XRD 物相分析结果一致。TEM 结果表明，晶粒内部的 FCC 基体存在无数细小的纳米晶。

② 随着 Ti 含量的增加，涂层中产生更多的 Laves 相，涂层的显微硬度不断提高，CoCrMnNiTi 硬度达到 523HV0.1。纳米压痕实验得到 CoCrMnNiTi 涂层最高纳米硬度达到 6.91GPa。相较于基体，涂层的硬度及力学性能都有较大提高，主要归因于 Ti 引起的固溶强化、Laves 相的生成以及 FCC 区域纳米晶的存在。

③ 涂层的耐磨性随着 Ti 含量的增加呈先增加后降低的趋势，磨损形式由低 Ti 含量时 Ti_0 和 $Ti_{0.25}$ 的黏着磨损，逐渐转变为高 Ti 含量时的磨粒磨损；$CoCrMnNiTi_{0.75}$ 具有最好的耐磨性。Laves 相含量较多时在磨损过程中，在磨球的挤压作用下会发生撕裂、剥落，产生较严重的磨粒磨损，耐磨性能反而降低。一定含量的 Ti 元素有利于提高涂层的耐磨损性能。

④ 随着 Ti 含量的增加，涂层的腐蚀电位先升高后降低，腐蚀电流密度呈现先降低后升高的趋势，与 Q235 基体的耐蚀性相比都有很大的提高。其中，$CoCrMnNiTi_{0.75}$ 涂层表现出最好的耐腐蚀性。Ti 含量持续增加时，由于产生大量的 Laves 相，贫 Cr 的 Laves 相和富 Cr 的 FCC 相由于电势差而形成大量的微观腐蚀电池，从而导致 $CoCrMnNiTi_1$ 涂层耐蚀性的降低。其次，涂层中 Cr 元素的相对含量不断减少，相应地会影响钝化膜的厚度，且 Ti 会引起晶格畸变，涂层应力增大，很有可能在涂层中存在微裂纹，同样对涂层的耐蚀性产生不利的影响。

4.2 Laves 相调控 CoCrFeNiTiAl 系涂层的耐磨耐蚀性能

4.2.1 复合涂层的物相分析

AlCoCrFeNi(Ⅰ)、$CoCrFeNiTi_{0.5}$(Ⅱ) 和 $AlCoCrFeNiTi_{0.5}$(Ⅲ) 高熵合金涂层的 XRD 图谱如图 4-15 所示。AlCoCrFeNi(Ⅰ) 涂层由有序 BCC 相（B2）和无序 BCC 相（A2）组成。AlCoCrFeNi(Ⅰ) 涂层的（110）衍射峰与 BCC1 和 BCC2 的（110）衍射峰重叠，BCC 结构的 A2 和 B2 相晶体结构相似，但化学成分不同，因此难以通过 XRD 清楚地区分。有研究报道 Al 的加入促进了 BCC 的形成，且 AlCoCrFeNi 合金的主要相是分布在基体中 A2 相内的 B2 相，形成旋节线分解结构。$CoCrFeNiTi_{0.5}$(Ⅱ) 涂层由单一的 FCC 固溶相，伴有轻微的 Laves 相组成。大原子尺寸的 Ti 原子可以溶解到 FCC

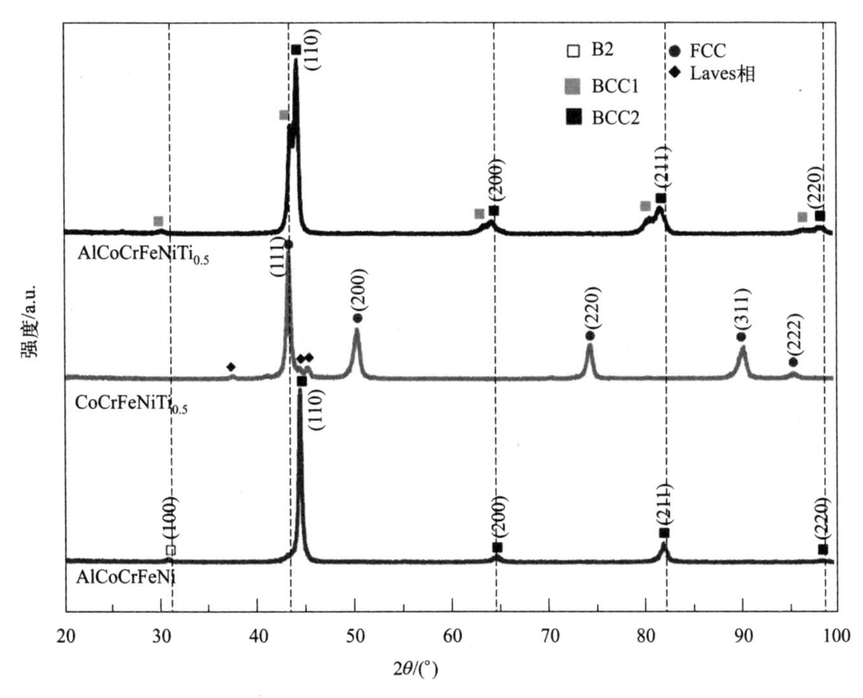

图 4-15　AlCoCrFeNi(Ⅰ)、$CoCrFeNiTi_{0.5}$(Ⅱ)、$AlCoCrFeNiTi_{0.5}$(Ⅲ) 涂层的 XRD 图谱

基体中，导致晶格畸变。从 $CoCrFeNiTi_{0.5}$（Ⅱ）的最强 FCC 的（111）峰估计 FCC 结构的晶格常数为 3.596Å，大于 CoCrFeNi 合金的晶格常数（a=3.561Å）。同时，Ti 与 Fe、Co、Cr、Ni 具有较高的负熵，容易形成 Fe_2Ti 型金属间化合物 Laves 相。从 $AlCoCrFeNiTi_{0.5}$（Ⅲ）涂层的 XRD 结果分析表明，该合金为双相 BCC 结构（分别表示为 BCC1 和 BCC2）。在 AlCoCrFeNi（Ⅰ）涂层中，Ti 的加入促进了 BCC 相从 BCC2 向 BCC1+BCC2 的分离。

4.2.2 复合涂层的显微组织分析

CoCrFeNi-(Al,Ti) 复合涂层的横截面显微组织 SEM 图如图 4-16 所示。由于激光熔覆高的能量密度导致较大的温度梯度，在结合区观察到平面晶，涂层与基体呈现出良好的冶金结合［图 4-16(a)～(c)］，并且通过图 4-16(c) 区域 SEM-EDS 线扫描结果，可以发现随着元素信号从涂层到基体的扩散，元素分布存在逐渐变化的趋势。此外，涂层组织致密、无裂纹，但出现了一些微小的气孔，这可能是熔覆和快速凝固过程中被气体吞没造成的。

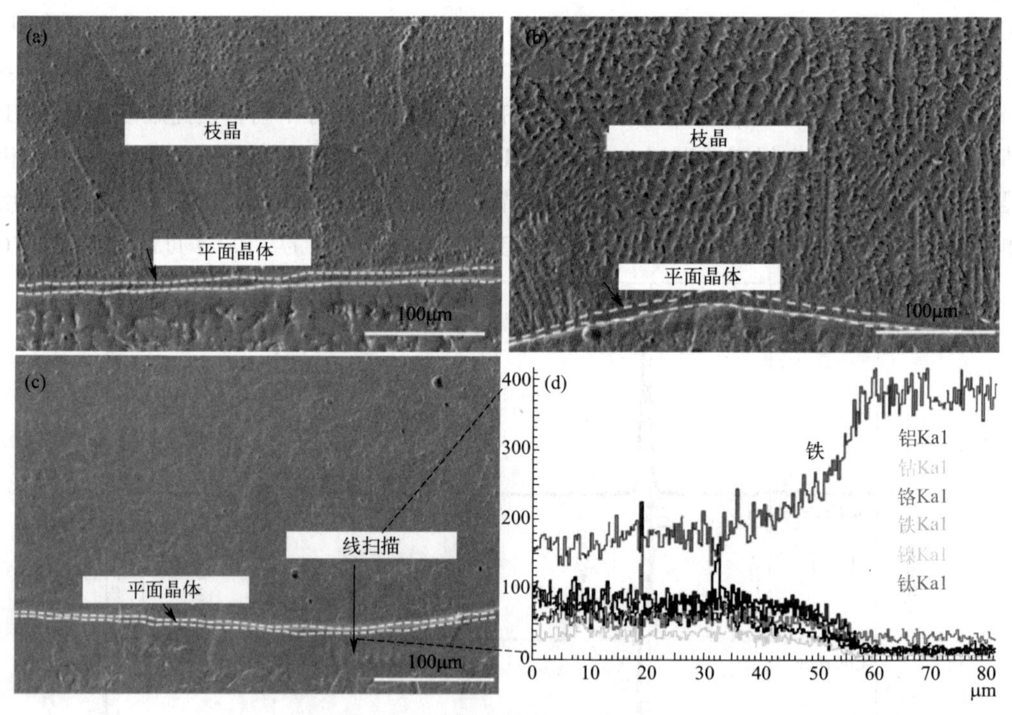

图 4-16　涂层的横截面显微组织

(a) AlCoCrFeNi（Ⅰ）；(b) $CoCrFeNiTi_{0.5}$（Ⅱ）；(c) $AlCoCrFeNiTi_{0.5}$（Ⅲ）；(d) 沿不同元素的成分线扫描剖面

AlCoCrFeNi（Ⅰ）、$CoCrFeNiTi_{0.5}$（Ⅱ）和 $AlCoCrFeNiTi_{0.5}$（Ⅲ）高熵合金涂层的表面显微组织如图 4-17 所示。从图 4-17(a) 可以看出 AlCoCrFeNi（Ⅰ）涂层的显微组织为粗大的等轴晶。通过 ImageJ 软件对 BSE 图像中的晶粒尺寸进行定量分析，$AlCoCrFeNiTi_{0.5}$（Ⅲ）涂层的平均粒径［如图 4-17(d) 所示］约为 37.8μm，明显小于 AlCoCrFeNi（Ⅰ），说明 Ti 的引入使组织得到明显细化。$CoCrFeNiTi_{0.5}$（Ⅱ）涂层是由

浅灰色基体（DR）和深灰色相（ID-A）组成的不规则结构［图 4-17(b)］，同时，在深灰色相区观察到少量黑色相（ID-B），如图 4-17(c) 所示。表 4-5 为涂层不同区域的化学成分，从 AlCoCrFeNi(Ⅰ) 涂层的测量平均成分可以看出，枝晶基体（DR）富 Ni 和 Al，而枝晶间（ID）富含 Co、Cr 和 Fe。$AlCoCrFeNiTi_{0.5}$(Ⅲ) 涂层的 DR 区域富含 Ni、Al 和 Ti，ID 区富含 Fe 和 Cr，综合成分分析和先前的研究，DR 的物相为（Ni，Al，Ti）基的有序 BCC 相。如表 4-5 所示，AlCoCrFeNi(Ⅰ) 和 $AlCoCrFeNiTi_{0.5}$(Ⅲ) 涂层的 DR 区域富含 Al、Ni、Ti，元素有明显的偏析，是因为 Al 与 Ni、Ti 的混合负焓最大，分别为－22kJ/mol 和－30kJ/mol。因此，焓控制了合金体系的偏析过程，并促进了 Ni、Al 和 Ti 在某些相中的富集。根据表 4-5 所示的 EDS 分析，$CoCrFeNiTi_{0.5}$(Ⅱ) 涂层的浅灰色基体（DR）富 Fe 和 Cr，而黑色相（ID-B）区域的 Ti 浓度高于枝晶间区域的深灰色相（ID-A）。结合图 4-15 和以往报道的 XRD 结果，富集更多 Ti 的黑色相（ID-B）为 Laves 相，因为 Ti 易于稳定 Laves 相，并且存在组成元素中与 Ni 混合的最大负焓，这也促进了 Laves 相的形成。然而，Laves 相在高熵合金中是多组分的。根据表 4-5 所示的 ID-B 区组成，确定 Laves 相为 $(Ni, Fe)_2Ti$ 型结构，而 Laves 相中其他小组分原子很容易替代 Ni 和 Fe 元素。

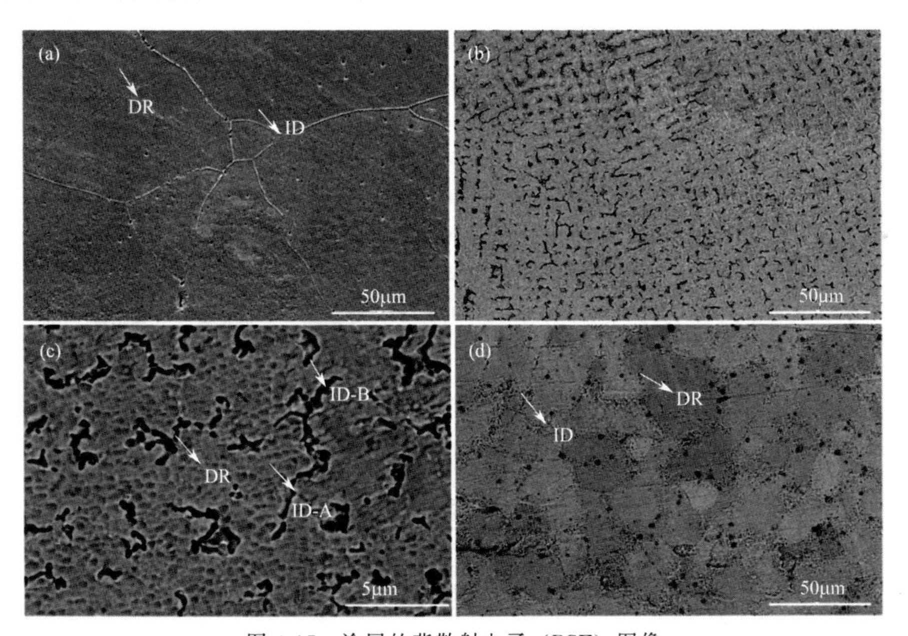

图 4-17　涂层的背散射电子（BSE）图像

(a) AlCoCrFeNi(Ⅰ)；(b)、(c) $CoCrFeNiTi_{0.5}$(Ⅱ)；(d) $AlCoCrFeNiTi_{0.5}$(Ⅲ)

表 4-5　AlCoCrFeNi(Ⅰ)、$CoCrFeNiTi_{0.5}$(Ⅱ) 和 $AlCoCrFeNiTi_{0.5}$(Ⅲ) 涂层的化学成分（原子分数）　%

样品	区域	元素					
		Al	Co	Cr	Fe	Ni	Ti
AlCoCrFeNi(Ⅰ)	DR	18.34	16.66	15.94	31.30	18.06	—
	ID	9.76	17.93	18.95	35.64	17.72	—

续表

样品	区域	元素					
		Al	Co	Cr	Fe	Ni	Ti
$CoCrFeNiTi_{0.5}$(Ⅱ)	DR	—	18.98	19.90	39.14	16.64	5.33
	ID-A	—	18.30	18.71	33.72	17.11	12.16
	ID-B	—	18.68	11.40	27.50	20.29	22.13
$AlCoCrFeNiTi_{0.5}$(Ⅲ)	DR	13.15	14.70	10.21	35.51	16.41	10.02
	ID	10.70	14.06	15.64	40.56	12.80	6.72

4.2.3 复合涂层显微硬度和纳米压痕分析

涂层的横截面和表面显微硬度分别如图 4-18(a) 和图 4-18(b) 所示，与 AlCoCrFeNi(Ⅰ) 和 $CoCrFeNiTi_{0.5}$(Ⅱ) 涂层相比，$AlCoCrFeNiTi_{0.5}$(Ⅲ) 涂层（702.3HV）的平均硬度在添加 Al 和 Ti 后明显提高。Al 的加入促进了 AlCoCrFeNi(Ⅰ) 的 BCC 相的形成，强度高于 $CoCrFeNiTi_{0.5}$(Ⅱ) 的 FCC 基涂层。此外，大原子半径的 Ti 溶解在 BCC 基

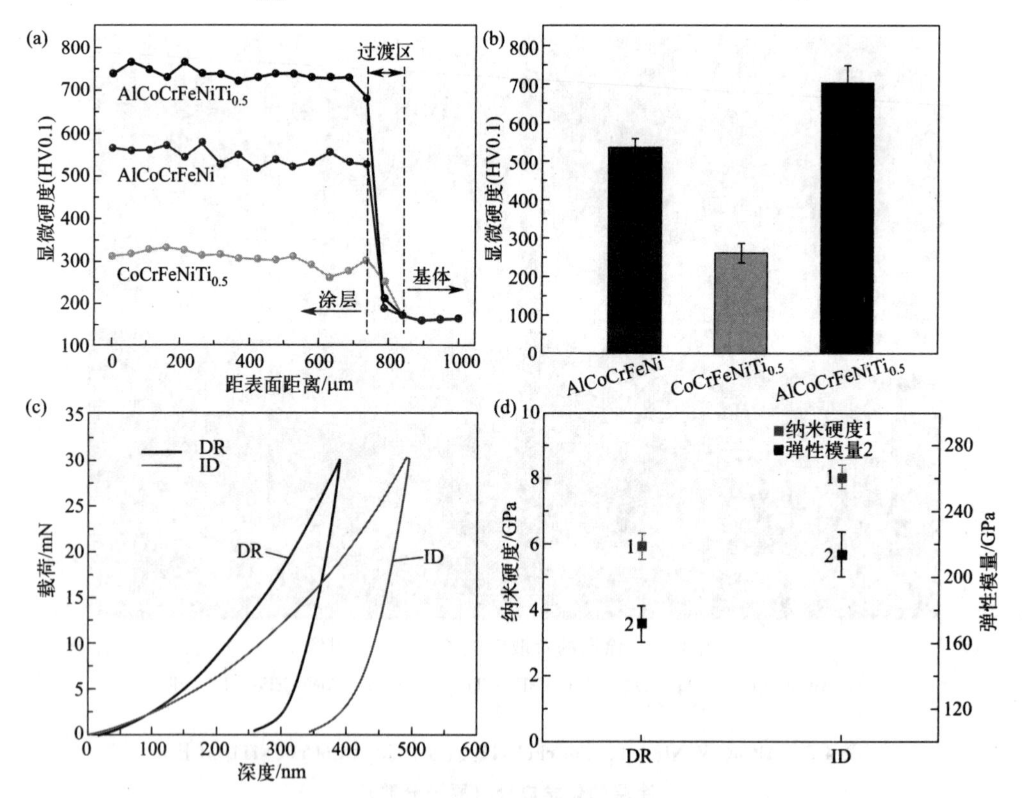

图 4-18 涂层显微硬度和纳米压痕分析

(a) AlCoCrFeNi(Ⅰ)、$CoCrFeNiTi_{0.5}$(Ⅱ)、$AlCoCrFeNiTi_{0.5}$(Ⅲ) 涂层的横截面；

(b) 表面显微硬度；(c) $AlCoCrFeNiTi_{0.5}$(Ⅲ) 涂层的 DR 和 ID 区域的纳米压痕载荷-位移曲线；

(d) $AlCoCrFeNiTi_{0.5}$ 涂层不同区域的平均纳米硬度和弹性模量

AlCoCrFeNiTi$_{0.5}$(Ⅲ)涂层中，固溶强化效果增强，使得AlCoCrFeNiTi$_{0.5}$(Ⅲ)涂层的显微硬度最高。

通过纳米压痕测试对AlCoCrFeNiTi$_{0.5}$(Ⅲ)涂层进一步确定，DR和ID区域的载荷-位移曲线如图4-18(c)所示。基于Oliver-Pharr方法，ID区的纳米硬度约为7.93GPa，高于DR区的纳米硬度（5.94GPa），如图4-18(d)所示。ID和DR区域的弹性模量分别为213.5GPa和171.4GPa。在AlCoCrFeNi(Ⅰ)中加入适量的Ti后[AlCoCrFeNiTi$_{0.5}$(Ⅲ)]，大原子尺寸的Ti溶解到FCC基体中，引起晶格畸变和XRD衍射峰的分离（图4-15），起到固溶强化作用；另外，引入Ti后平均晶粒尺寸明显变小（图4-17），晶粒细化产生晶界强化。基于上述结果和分析可以得出，在添加Ti后，BCC基的AlCoCrFeNiTi$_{0.5}$(Ⅲ)涂层与BCC基AlCoCrFeNi(Ⅰ)涂层相比，机械性能明显改善。

4.2.4 复合涂层耐蚀性能分析

在室温下，AlCoCrFeNi(Ⅰ)、CoCrFeNiTi$_{0.5}$(Ⅱ)和AlCoCrFeNiTi$_{0.5}$(Ⅲ)涂层在3.5% NaCl溶液中的动电位极化曲线如图4-19所示。在图4-19(a)中，曲线直接从Tafel区转变为稳定的钝化区，表明高熵合金涂层在腐蚀电位下是自发钝化的。高熵合金易发生点蚀，包括表面上亚稳态凹坑的成核、生长和再钝化。如图4-19(b)所示，在点蚀电位(E_{pit})以下的钝化区域，电流峰值代表亚稳态点蚀，在CoCrFeNiTi$_{0.5}$(Ⅱ)和AlCoCrFeNiTi$_{0.5}$(Ⅲ)涂层中更为明显。表4-6为电化学腐蚀参数，发现AlCoCrFeNi-Ti$_{0.5}$(Ⅲ)涂层具有较高的腐蚀电位（E_{corr}）和较低的腐蚀电流密度（i_{corr}），这表明涂层耐腐蚀性能优于（Ⅰ）和（Ⅱ）涂层。与AlCoCrFeNi(Ⅰ)合金的点蚀电位（E_{pit}）相比，含Ti的CoCrFeNiTi$_{0.5}$（Ⅱ）和AlCoCrFeNiTi$_{0.5}$(Ⅲ)涂层都有更高的E_{pit}和更宽的钝化区间（$E_{pit}-E_{corr}$），这表明Ti元素的添加明显提高了高熵合金涂层的耐点蚀性能。

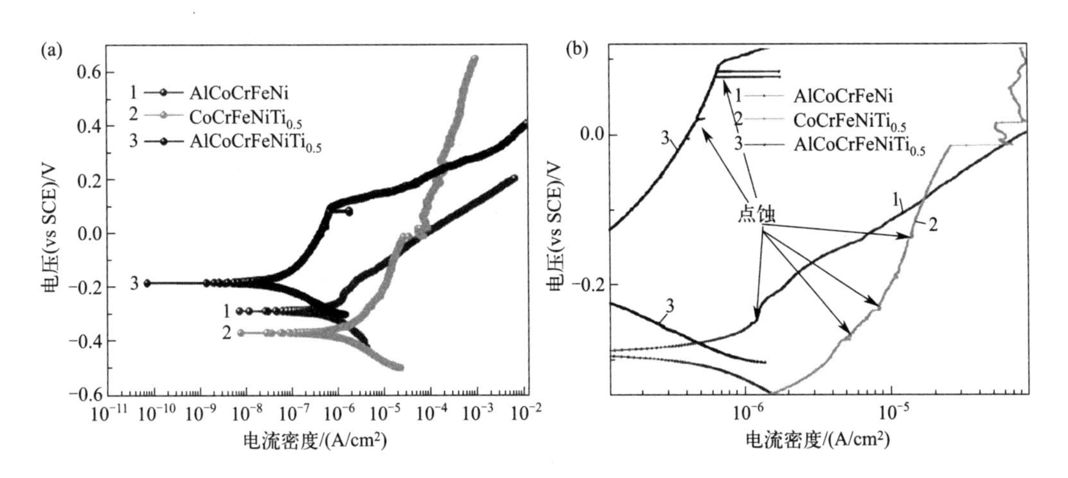

图4-19 AlCoCrFeNi(Ⅰ)、CoCrFeNiTi$_{0.5}$(Ⅱ)、AlCoCrFeNiTi$_{0.5}$(Ⅲ)涂层的动电位极化曲线（a）和局部放大图（b）

表 4-6 室温下三种高熵合金涂层在 3.5%NaCl 溶液中的电化学参数

样品	E_{corr}(vs SCE)/V	i_{corr}/(A/cm^2)	E_{pit}(vs SCE)/V	$E_{pit}-E_{corr}$(vs SCE)/V
AlCoCrFeNi(Ⅰ)	−0.291	6.250×10^{-6}	−0.215	0.076
$CoCrFeNiTi_{0.5}$(Ⅱ)	−0.372	1.080×10^{-5}	−0.015	0.357
$AlCoCrFeNiTi_{0.5}$(Ⅲ)	−0.185	1.017×10^{-7}	0.098	0.283

图 4-20(a) 和 (b) 分别为 AlCoCrFeNi(Ⅰ)、$CoCrFeNiTi_{0.5}$(Ⅱ) 和 $AlCoCrFeNiTi_{0.5}$(Ⅲ) 涂层在室温 3.5%NaCl 溶液中的 Nyquist 图和 Bode 图。如图 4-20(a) 所示，Nyquist 图均为半圆形，在 3.5%NaCl 溶液中电荷转移的控制下，高熵合金的腐蚀行为表现为电容性行为，半圆直径随电荷转移电阻的增加而增加。图中可以看出 $AlCoCrFeNiTi_{0.5}$(Ⅲ) 的 Nyquist 图直径最大，这表明涂层具有优异的耐腐蚀性。图 4-20(b) 中 $|Z|$-f 图中 $|Z|$ 的高频值对应的极化电阻,反映了合金在溶液中的耐蚀性。

设计等效电路来拟合 EIS 结果，如图 4-20(c) 所示，其中 R_s 为溶液的电阻；R_p 为钝化膜电阻；R_{ct} 为电荷转移电阻，Q 为双层电容，用恒相位元件 (CPE) 代替，以补偿系统中的非均匀性。因此，无源层和伪双层的电容分别被 CPE_1 和 CPE_2 取代。Z_{CPE} 由 $Z_{CPE}=[Y_0(j\omega)]^{-n}$ 给出，其中 ω 为角频率；n 为相移；Y_0 是比例系数；j 是虚数单位。拟合的 EIS 结果如表 4-7 所示，可以得到相似的 R_s 值，分别为 12.08Ω·cm^2、11.70Ω·cm^2 和 12.91Ω·cm^2。$AlCoCrFeNiTi_{0.5}$(Ⅲ) 涂层的 R_{ct} 值比 AlCoCrFeNi(Ⅰ) 涂层高两个数量级，比 $CoCrFeNiTi_{0.5}$(Ⅱ) 涂层高三个数量级，表明钝化膜在 $AlCoCrFeNiTi_{0.5}$(Ⅲ) 涂层上，活性位点较少，进一步导致涂层的耐腐蚀性能更高。

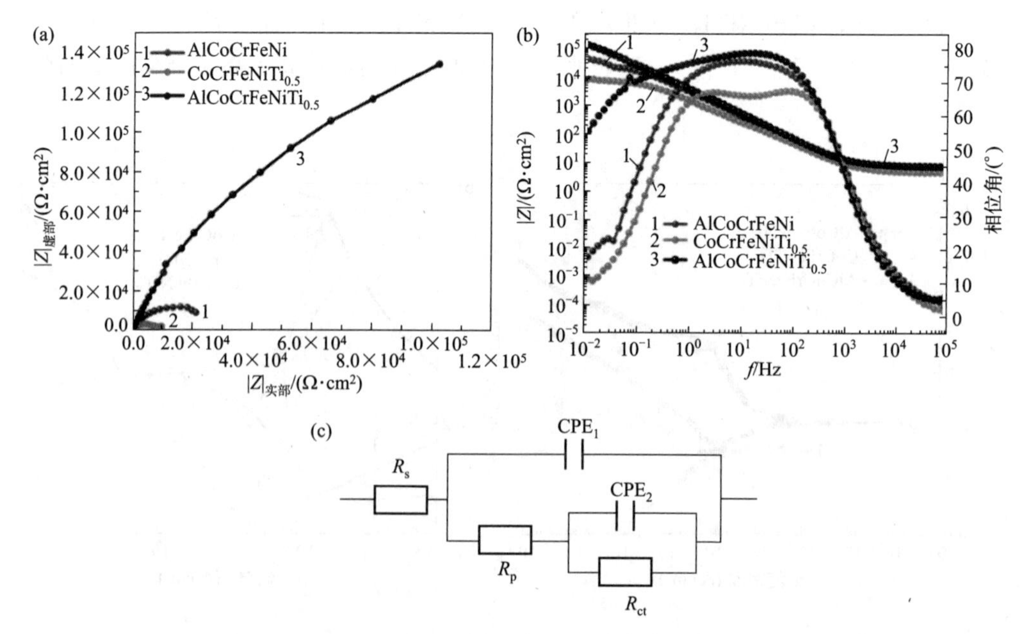

图 4-20 AlCoCrFeNi(Ⅰ)、$CoCrFeNiTi_{0.5}$(Ⅱ)、$AlCoCrFeNiTi_{0.5}$(Ⅲ) 涂层在室温 3.5%NaCl 溶液中的 Nyquist 图 (a)、Bode 图 (b) 和拟合三种涂层的 EIS 数据的等效电路 (c)

表 4-7 拟合室温下三种涂层在 3.5%NaCl 溶液中的 EIS 结果得到的等效电路参数

样品	R_s /(Ω·cm^2)	R_p /(Ω·cm^2)	R_{ct} /(Ω·cm^2)	CPE$_1$		CPE$_2$	
				Y_1 /(μF/cm^2)	n_1	Y_2 /(μF/cm^2)	n_2
AlCoCrFeNi(Ⅰ)	12.08	3.28×10^4	1.29×10^4	55.06	0.87	48.49	0.82
CoCrFeNiTi$_{0.5}$(Ⅱ)	11.70	5.79×10^3	8.45×10^3	80.47	0.85	45.73	0.79
AlCoCrFeNiTi$_{0.5}$(Ⅲ)	12.91	4.07×10^5	2.81×10^6	6.57	0.80	3.57	0.80

图 4-21 为三种涂层在室温下分别在 3.5%NaCl 溶液中进行动电位极化测试后的 SEM 形貌。如图 4-21(a) 中的 AlCoCrFeNi(Ⅰ) 涂层，由于枝晶和枝晶之间的化学成分不同（表 4-5），观察到双相之间电连接且存在电位，易形成电偶腐蚀。腐蚀初期，腐蚀程度较轻，可观察到细小的点蚀形貌。随着腐蚀的加剧，由贫 Al 的枝晶间形成的钝化膜与富 Al 的枝晶结合力相对较弱，不能稳定地抑制腐蚀扩散。可以看出，在枝晶区域形成了保护膜 Al_2O_3，这可能是因为保护膜较少导致狭窄的枝晶间被腐蚀。与 AlCoCrFeNi(Ⅰ) 涂层相比，CoCrFeNiTi$_{0.5}$(Ⅱ) 中的点蚀较轻，如图 4-21(b) 所示。同样地，在图 4-21(c) 所示的 AlCoCrFeNiTi$_{0.5}$(Ⅲ) 涂层中，凹坑稀疏地形成，其中由于微原电池，枝晶在涂层表面优先腐蚀 [图 4-21(d)]；枝晶和枝晶间区域分别充当阳极和阴极，结果与 AlCoCrFeNi(Ⅰ) 涂层的腐蚀行为一致。因此，Al 的添加 [在 AlCoCrFeNi(Ⅰ) 和 AlCoCrFeNiTi$_{0.5}$(Ⅲ) 高熵合金中] 导致富 Al（贫 Cr）相的形成，这对点腐蚀有负面影响。考虑到在当前系统中不可避免地存在富 Al（贫 Cr）相，添加 Ti 是提高耐点蚀性的一种有效方法。

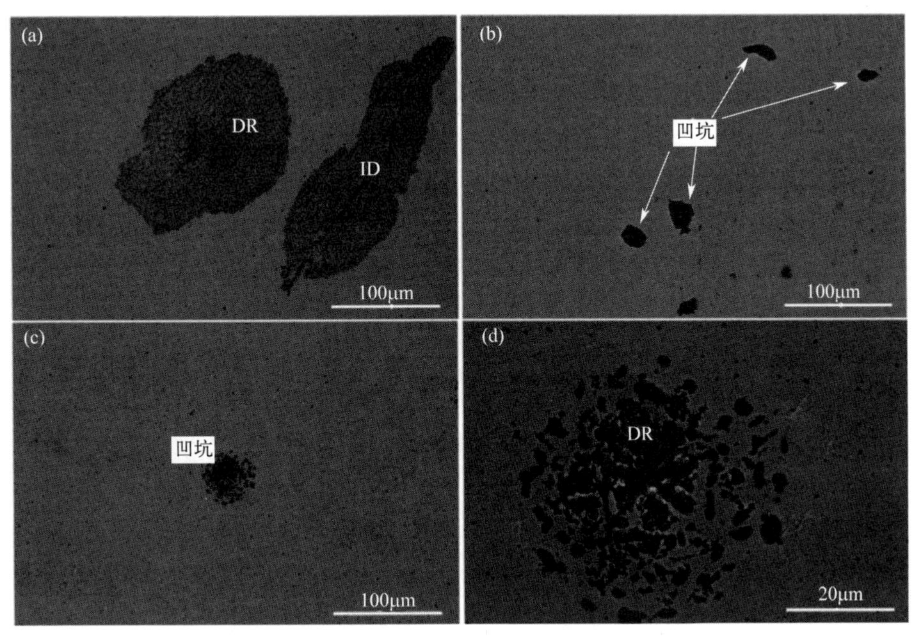

图 4-21 在室温 3.5%NaCl 溶液中电化学测试后涂层的腐蚀形貌

(a) AlCoCrFeNi(Ⅰ)；(b) CoCrFeNiTi$_{0.5}$(Ⅱ)；(c)、(d) AlCoCrFeNiTi$_{0.5}$(Ⅲ)

4.2.5 小结

本节采用激光熔覆制备了外加 Al/Ti 的 AlCoCrFeNi(Ⅰ)、CoCrFeNi$Ti_{0.5}$(Ⅱ) 和 AlCoCrFeNi$Ti_{0.5}$(Ⅲ) 高熵合金涂层，研究了外加 Al/Ti 对涂层物相、组织结构和耐蚀性能的影响。根据实验结果得出的主要结论如下：

① CoCrFeNi$Ti_{0.5}$(Ⅱ) 涂层为 FCC 固溶相和少量的 Laves 相，AlCoCrFeNi(Ⅰ) 涂层为单一的 BCC 相（BCC2），而 AlCoCrFeNi$Ti_{0.5}$(Ⅲ) 涂层的相特征为富 Fe、Cr 的无序 BCC 相（BCC2）和富含 Al、Ni、Ti 的有序 BCC 相（BCC1）。

② AlCoCrFeNi(Ⅰ) 涂层的显微组织为粗大的等轴晶，Ti 的引入使 AlCoCrFeNi-$Ti_{0.5}$(Ⅲ) 涂层组织得到细化。CoCrFeNi$Ti_{0.5}$(Ⅱ) 涂层组织由枝晶的基体相和枝晶间的 $(Ni,Fe)_2Ti$ 型 Laves 相组成。

③ AlCoCrFeNi$Ti_{0.5}$(Ⅲ) 涂层较 AlCoCrFeNi(Ⅰ) 和 CoCrFeNi$Ti_{0.5}$(Ⅱ) 涂层相比显微硬度最高。在 BCC 基的 AlCoCrFeNi(Ⅰ) 涂层中添加 Ti 后起到的固溶强化和晶粒细化作用，使 AlCoCrFeNi$Ti_{0.5}$(Ⅲ) 涂层机械性能明显提高。

④ Ti 元素的添加明显提高了高熵合金涂层的耐点蚀性能，AlCoCrFeNi$Ti_{0.5}$(Ⅲ) 涂层具有较高的腐蚀电位（E_{corr}）和较小的腐蚀电流密度（i_{corr}），钝化区较宽，耐腐蚀性能最优。

5

单元素调控 HEAs 涂层耐磨与耐蚀性

第 5 章图片

5.1 Nb 元素调控 CoCrNiSiB 涂层的耐磨耐蚀性能

5.1.1 物相与组织结构

图 5-1 展示了（CoCrNi)$_{72-x}$Nb$_x$B$_{18}$Si$_{10}$ 涂层的 XRD 图谱。Nb0 涂层呈现出双相 FCC 结构，由 CoCrNi 基的 FCC1 相和富 Cr、B 的 FCC2 相组成。对于含 Nb 的涂层，在双相 FCC 外出现了 G 相陶瓷相，并且其衍射峰强度随着 Nb 含量的增加越来越高。G 相陶瓷相是以 Nb_3Ni_2Si 为初始结构的硬质相，同样具有 FCC 结构。

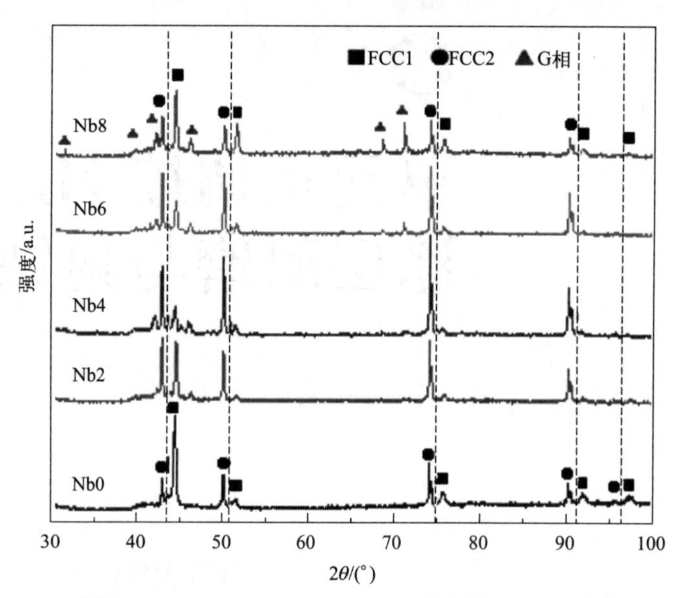

图 5-1 （CoCrNi)$_{72-x}$Nb$_x$B$_{18}$Si$_{10}$ 涂层的 XRD 图谱

根据成分分析结果（表 5-1）和混合焓理论，G 相中的 Ni、Nb 元素会被 Co、Cr 部分取代，因此（CoCrNi)$_{72-x}$Nb$_x$B$_{18}$Si$_{10}$ 涂层中的 G 相陶瓷相可以被认为是 Nb_3(Ni,Co,Cr)$_2$Si 或（Nb,Cr)$_3$(Ni,Co)$_2$Si。同时，当 Nb 含量不超过 6%（原子分数），Nb 掺杂削弱了 FCC1 的主峰，增强了 FCC2 的峰强，这是由于 G 相的形成消耗了 FCC1 中的 Ni、Co、Si 元素导致的。然而在 Nb8 涂层中，FCC1 的主峰又高于 FCC2，出现了非常明显的 G 相衍射峰。从成分分析上看，Nb8 涂层的 G 相中含有大量 Cr 元素，而 FCC2 富含 Cr 元素，因此 G 相中的 Cr 元素来自于 FCC2，导致了 FCC2 的衍射峰减弱。

表 5-1 （CoCrNi)$_{72-x}$Nb$_x$B$_{18}$Si$_{10}$ 涂层成分分析结果（原子分数） %

涂层	区域	元素					
		Co	Cr	Ni	Nb	B	Si
Nb0	FCC1	30.29	24.86	36.13	—	0	11.72
	FCC2	25.09	56.43	14.91	—	0	3.57

续表

涂层	区域	元素					
		Co	Cr	Ni	Nb	B	Si
Nb2	FCC1	31.99	22.78	35.57	0.39	0	9.27
	FCC2	19.92	72.02	7.25	0.14	0	0.67
	G 相	26.05	18.05	35.47	5.71	0	14.73
Nb4	FCC1	32.26	34.00	26.10	3.90	0	3.74
	FCC2	19.42	67.74	9.72	1.22	0	1.90
	G 相	28.27	19.41	35.34	7.86	0	9.13
Nb6	FCC1	33.75	21.51	33.28	3.76	0	7.70
	FCC2	18.29	72.15	6.57	1.59	0	1.40
	G 相	26.53	26.30	26.45	8.69	0	12.03
Nb8	FCC1	37.08	23.34	35.02	2.46	0	2.10
	FCC2	16.64	76.38	5.40	0.95	0	0.62
	G 相	21.18	26.29	23.97	13.43	0	15.14

图 5-2 展示了 $(CoCrNi)_{72-x}Nb_xB_{18}Si_{10}$ 涂层横截面宏观形貌的 SEM 图像及示意图。涂层整体呈半圆拱形，与基体具有良好的冶金结合，无缺陷。稀释率（θ）由以下公式计算：

$$\theta=\frac{S_1}{S_1+S_2}\times 100\% \tag{5-1}$$

其中，S_1 是基材的熔化面积；S_2 是基材表面上方的涂层面积。经计算，Nb0、Nb2、Nb4、Nb6、Nb8 涂层的稀释率分别为 21.13%、23.57%、16.64%、15.88%、14.20%。添加少量的 Nb 比无 Nb 涂层的稀释率略高，随着 Nb 含量的增加，涂层的稀释率显著降低。

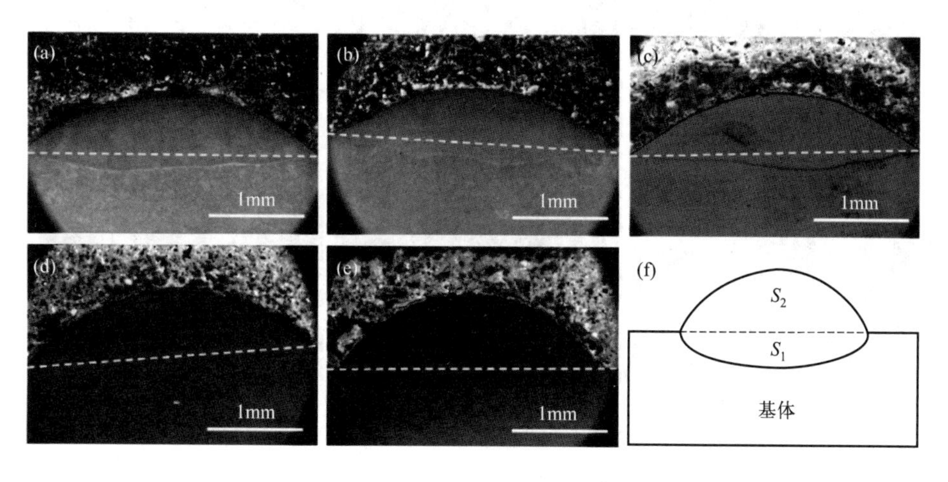

图 5-2 $(CoCrNi)_{72-x}Nb_xB_{18}Si_{10}$ 涂层横截面宏观形貌的 SEM 图像及示意图

(a)Nb0；(b)Nb2；(c)Nb4；(d)Nb6；(e)Nb8；(f)计算稀释率的示意图

图 5-3 展示了$(CoCrNi)_{72-x}Nb_xB_{18}Si_{10}$ 涂层横截面的 SEM 图像，表 5-1 为涂层对应区域的点扫描成分分析结果。如图 5-3(a)～(e) 所示，涂层与基体实现了良好的冶金结合，但涂层底部存在着少量气孔、夹杂等缺陷；而在涂层的中上部 [图 5-3(a_1)～(e_1)]，气孔、夹杂等缺陷有所改善。Nb0 涂层由基质组织和柳叶状结构组成，后者大小不一，但分布均匀。两种结构的 EDS 点扫描结果如表 5-1 所示，柳叶状结构富含 Cr 元素，以及相对较多的 Co 元素，基质组织富含 Co、Ni、Si 元素和少量 Cr 元素。由于 B 元素的原子序数太小，无法检测到分布趋势。根据混合焓理论，两种元素的混合焓越负，越容易形成化合物。因此，根据表 5-1，B 元素会与 Cr 元素结合从而形成了柳叶状结构，其中少量 Co 元素取代了 Cr 元素，柳叶状结构可以被视为 $(Cr,Co)_xB_y$ 陶瓷相。结合

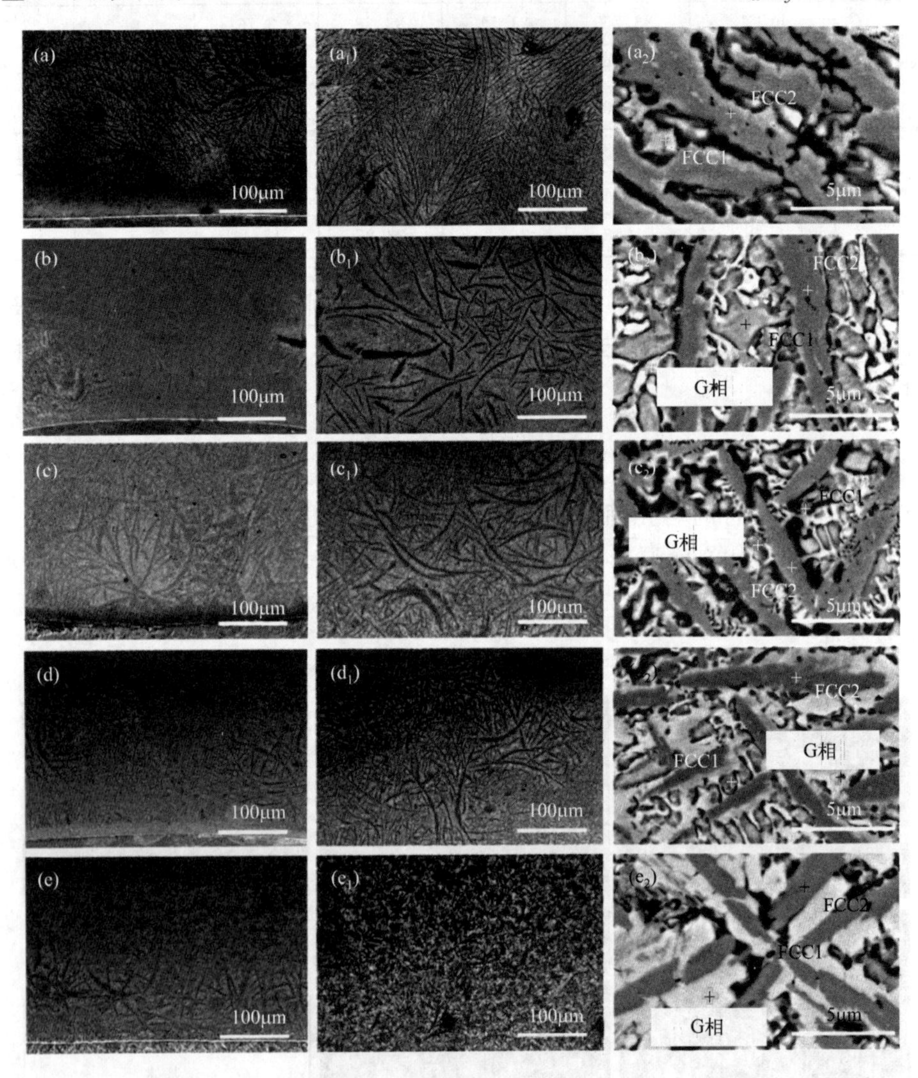

图 5-3　$(CoCrNi)_{72-x}Nb_xB_{18}Si_{10}$ 涂层横截面的 SEM 图像

(a)～(e) 涂层底部与基体的连接处；(a_1)～(e_1) 涂层的中上部；

(a_2)～(e_2)(a_1)～(e_1) 中的部分放大图；(a)、(a_1)、(a_2) Nb0；(b)、(b_1)、(b_2) Nb2；

(c)、(c_1)、(c_2) Nb4；(d)、(d_1)、(d_2) Nb6；(e)、(e_1)、(e_2) Nb8

XRD 结果，Nb0 涂层为双相 FCC 结构，表明基质组织和柳叶状陶瓷相具有相同的晶体结构，基于 Co、Cr、Ni、Si 的基质组织为 FCC1，柳叶状陶瓷相 $(Cr,Co)_xB_y$ 为 FCC2。

对比 Nb0 涂层，含 Nb 涂层中的柳叶状陶瓷相密度有所减小，形态也发生了变化。在 Nb2 和 Nb4 涂层中，双相 FCC 仍然是主要结构，并出现了一些白亮的结构，即富含 Nb 元素的 G 相。随着 Nb 含量的增加，Nb6 涂层中开始出现块状的 G 相，柳叶状陶瓷相变得越来越少、越来越短。在 Nb8 涂层中，柳树状结构进一步减少，变短变薄，与 G 相共同形成了雪花状的共晶结构。可以看出，添加少量的 Nb 会诱导基质中的 Co、Ni、Si 和极微量 Cr 元素与其结合形成 G 相，这也是图 5-1 中 FCC1 相的 XRD 衍射峰峰强减弱的原因。随着 Nb 含量的增加，G 相中与 Nb 元素混合焓绝对值最小的 Cr 元素含量大幅度增加，说明 G 相不仅从 FCC1 获得更多的 Cr，而且从 FCC2 获得更多的 Cr，使得双相 FCC 的峰强均减弱。

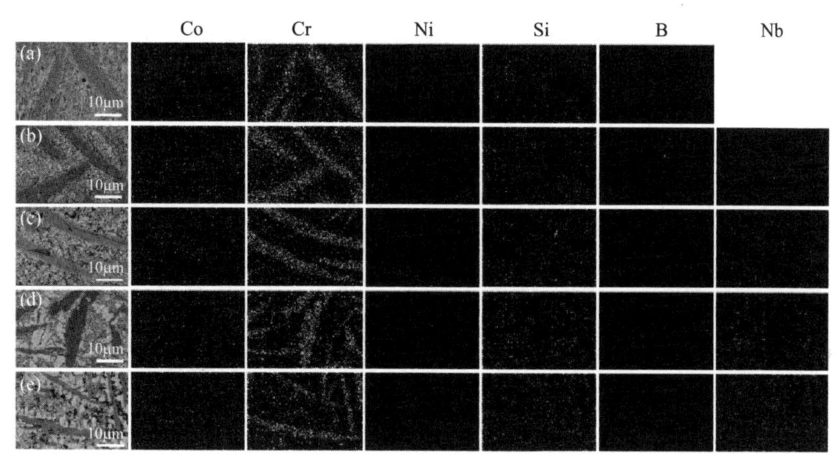

图 5-4　$(CoCrNi)_{72-x}Nb_xB_{18}Si_{10}$ 涂层的 SEM-EDS 面扫描图

(a) Nb0；(b) Nb2；(c) Nb4；(d) Nb6；(e) Nb8

图 5-4 展示了 $(CoCrNi)_{72-x}Nb_xB_{18}Si_{10}$ 涂层的 SEM-EDS 面扫描图。与点扫描结果相似，B 元素由于相对原子质量太小从而无法检测到。Nb0 涂层中，基质组织 FCC1 富含 Co、Ni、Si 元素，柳叶状陶瓷相 FCC2 富含 Cr 元素。在 Nb2 和 Nb4 涂层中，Nb 元素的分布与 Co、Ni、Si 相似，均匀地分布在 FCC1 中，说明几乎没有大块的 G 相形成。在 Nb6 和 Nb8 涂层中，Nb 元素出现了明显的富集现象，说明在基质组织中 Nb 元素的固溶达到了饱和，从而析出形成了富 Nb 区域，也就是形成了 G 相陶瓷相。

通过 TEM 进一步分析了 Nb8 涂层的物相和微观结构，如图 5-5 所示。通过 EDS 面扫描元素分析 [图 5-5(b)]，结合 XRD 和 SEM 分析结果，Nb8 涂层中的 FCC1、FCC2、G 相清晰可见。唯一与 XRD 和 SEM 结果有所不同的是，发现涂层中的 G 相分为两种，一种是前面观察到的富 Si 相，另一种是富 B 相。此外，富含 Si 元素的 G 相比富含 B 元素的 G 相更加富含 Ni 元素、更加贫乏 Co 元素。除少量 G 相中的 B 元素外，B 元素主要分布在 FCC2 中，与之前的推测一致，其他元素的分布特征也与 SEM 点扫

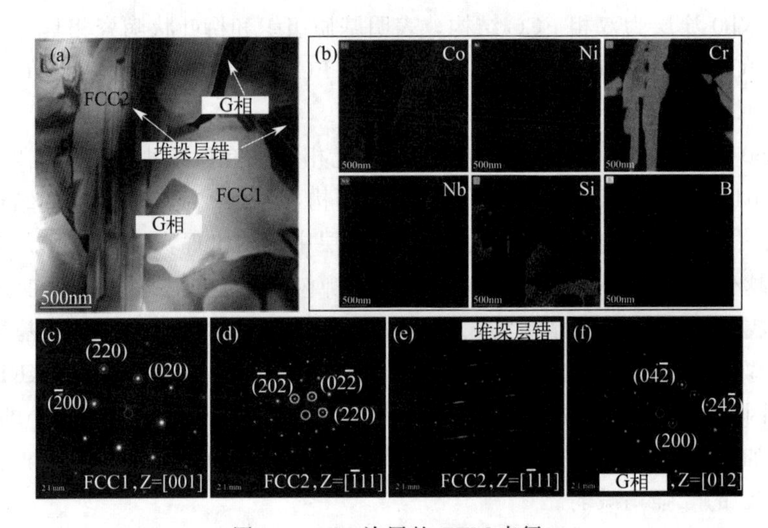

图 5-5 Nb8 涂层的 TEM 表征

(a) 明场 TEM 图像；(b)(a) 的 EDS 面扫描图；(c) FCC1 的 SAED 图案；
(d) FCC2 的 SAED 图；(e) FCC2 堆垛层错区的 SAED 图；(f) G 相的 SAED 图

描分析一致。值得注意的是，FCC2 部分区域的 SAED 的图案为芒线 [图 5-5(e)]，表明 FCC2 结构内部产生了大量的堆垛层错。通过前面的元素分析，FCC2 可以看成是一种 Cr-B 系化合物，前人也在该结构中观察到了堆垛层错。Zhang 等人在激光熔覆 $FeCrNiCoB_x$ 涂层中的富 Cr、B 相中发现了高密度堆垛层错，认为是过量的 Cr 元素引起了从 $(Fe,Cr)_2B$ 到 $(Cr,Fe)_2B$ 的相变，是层错诱导的相变。Zhang 等人在激光熔覆 CoCrCuFeNi 涂层中富 Cr、贫 Cu 的枝晶区域观察到堆垛层错，认为是由为释放激光熔覆快速冷却速率带来的残余应力而发生原子重排引起的。在 Nb8 涂层中，激光熔覆极高的冷却速率使涂层中残余应力来不及释放，在 FCC2 中发生了原子重排，形成了堆垛层错。同时通过表 5-1 可以发现，FCC2 中 Cr 元素的含量随着涂层中 Nb 元素含量的增加而增加，Co、Ni 等元素不断减少，说明在形成堆垛层错的过程中，还包括 $(Co,Cr)_xB_y$ 和 $(Ni,Cr)_xB_y$ 向 Cr_xB_y 的相变。

5.1.2 力学性能

图 5-6(a) 显示了 $(CoCrNi)_{72-x}Nb_xB_{18}Si_{10}$ 涂层沿横截面深度方向的显微硬度。涂层的硬度分布主要存在两个区域：涂层和基体，部分硬度点显示了结合处的硬度，硬度值介于涂层和基体之间，起到了良好的硬度过渡作用。由于涂层中各物相之间存在较大的硬度差异，因此各个涂层的硬度曲线都有不同程度的波动，但仍然可以清楚观察到随着 Nb 含量的增加，涂层硬度提高的趋势。涂层表面的平均显微硬度如图 5-6(b) 所示，涂层硬度与 Nb 含量呈正相关，随 Nb 含量的增加不断提高。Nb0、Nb2、Nb4、Nb6、Nb8 涂层的显微硬度分别计算为 630.73HV0.2、733.39HV0.2、767.77HV0.2、906.58HV0.2、1004.81HV0.2。添加较少量的 Nb 便大幅提高了 Nb0 涂层的硬度，这是因为 Nb 具有较大的原子半径，添加较少含量的 Nb 元素主要固溶到了 FCC1 和 FCC2 中，增加了涂层的晶格畸变，带来了固溶强化效果，提高了涂层的硬度。XRD 和 SEM

结果也证实，在 Nb2 和 Nb4 涂层中只含有极少量的 G 相，主要仍为双相 FCC 结构，但由于固溶强化的效果有限，Nb2 和 Nb4 涂层的硬度差异不大。而在 Nb6 和 Nb8 涂层中，由于大量硬质相 G 相的形成，涂层的硬度再次大幅提高。

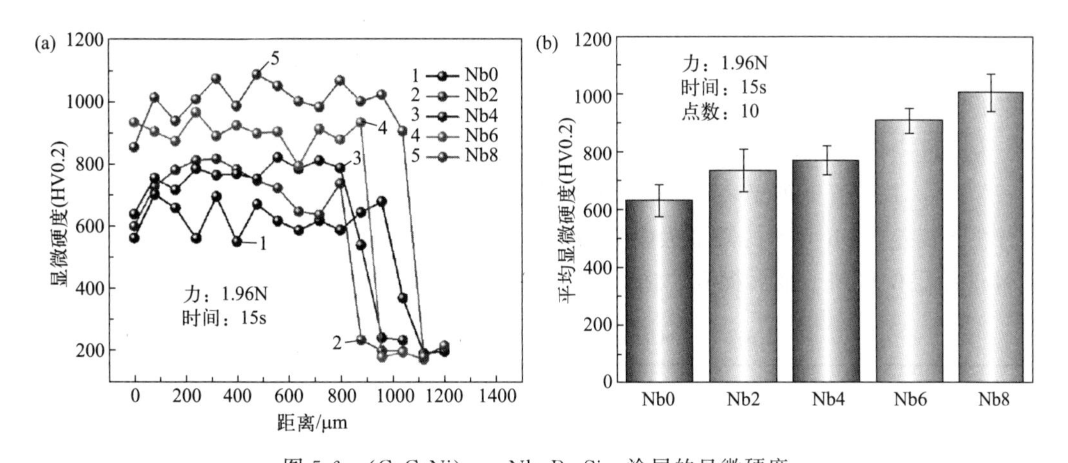

图 5-6 $(CoCrNi)_{72-x}Nb_xB_{18}Si_{10}$ 涂层的显微硬度

(a) 沿横截面深度方向的显微硬度；(b) 涂层表面的平均显微硬度

图 5-7 为 $(CoCrNi)_{72-x}Nb_xB_{18}Si_{10}$ 涂层的纳米压痕结果。图 5-7(a) 是每个涂层随机取点获得的最大纳米硬度的载荷-深度曲线，当加载过程载荷达到最大时，所对应的深度越小，说明纳米硬度（H）越大；在卸载过程载荷为 0 时，所对应的深度与加载时最大深度的差异越小，说明弹性模量（E）越好，弹性恢复率（η）越高。通过纳米压痕获得的 H 和 E 如图 5-7(b) 所示，所获得的所有力学性能的数值列于表 5-2 中。Nb0 涂层的 H 远小于含 Nb 涂层，这是由于含 Nb 涂层含有 G 相陶瓷相导致的，说明 G 相陶瓷相的 H 要高于柳叶状陶瓷相 FCC2。随着 Nb 含量的增加，涂层的 H 不断提高，这与显微硬度表现出了相同的趋势，其强化机制仍可用固溶强化和陶瓷相强化解释。值得注意的是，Nb8 涂层的 H 相较于 Nb2、Nb4、Nb6 涂层又有较大提高，而 E

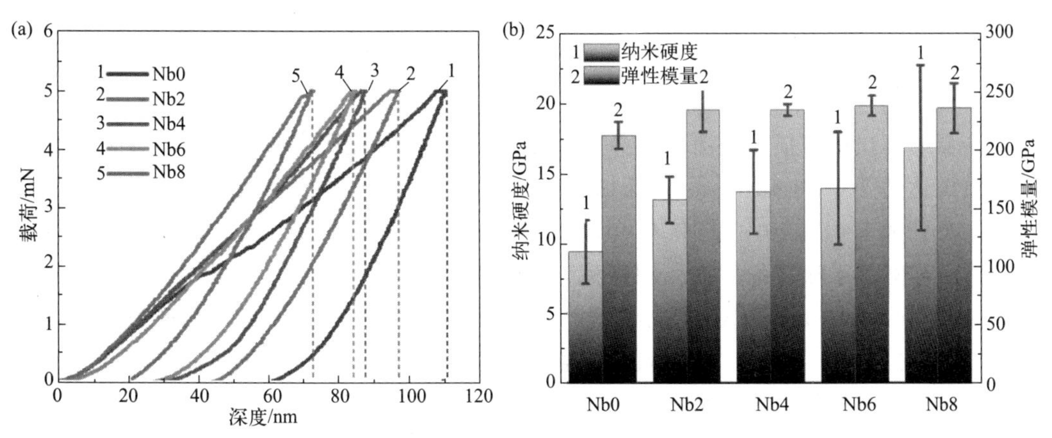

图 5-7 $(CoCrNi)_{72-x}Nb_xB_{18}Si_{10}$ 涂层的纳米压痕结果

(a) 载荷-深度曲线；(b) 纳米硬度和弹性模量

却没有降低，这是由于涂层G相与FCC2的共晶结构导致的，正是由于Nb8涂层组织的多样性，其 H 和 E 的误差也是所有涂层中最大的。此外，Nb元素的加入不但提高了Nb0涂层的 H，也使 E 和 η 得到了不同程度的提高。Nb0涂层中仅含有FCC1和FCC2相，说明两相间的弹塑性差异较大，而Nb元素的加入，从FCC1中析出了依附于FCC2生长的G相，缓解了两相间的弹塑性差异，从而提高了 E 和 η，也就是提高了涂层的弹塑性。

为了进一步分析涂层的弹性极限和抵抗塑性变形的能力，分别计算了涂层的 H/E 和 H^3/E^2，其数值也列于表5-2中。Nb0涂层的 H/E 和 H^3/E^2 值均最小，预示着其耐磨性能较差。Nb元素的添加大幅提高了涂层的弹性极限和抵抗塑性变形的能力，并在Nb8涂层中得到了极大提升，预示着涂层的耐磨性能最优。

表5-2 $(CoCrNi)_{72-x}Nb_xB_{18}Si_{10}$ 涂层的力学性能

涂层	H/GPa	E/GPa	H/E	H^3/E^2	η/%
Nb0	9.42±2.27	213.11±11.62	0.0442	0.0184	45.85
Nb2	13.13±1.66	234.55±18.46	0.0560	0.0411	54.86
Nb4	13.71±3.01	234.85±5.13	0.0584	0.0467	63.35
Nb6	13.96±4.03	238.38±8.61	0.0586	0.0479	68.34
Nb8	16.86±5.91	236.38±21.45	0.0713	0.0858	73.20

5.1.3 摩擦磨损行为

图5-8展示了 $(CoCrNi)_{72-x}Nb_xB_{18}Si_{10}$ 涂层的摩擦磨损结果。所有涂层摩擦系数（COF）随时间变化的曲线［图5-8(a)］均出现不同程度的波动，这是由于在摩擦磨损过程中涂层的剥落导致的。Nb0和Nb2涂层的波动起伏较小，而Nb4、Nb6、Nb8涂层中的波动起伏较大，这是由于涂层中G相含量增加，摩擦磨损过程中大量G相发生了剥落。如图5-8(b)所示，所有涂层的平均COF相似，Nb元素的添加对涂层的减摩性能影响不大，并且从误差中可以发现，Nb元素在一定程度上破坏了涂层摩擦过程的稳定性。

涂层的磨损体积损失［图5-8(c)］随着Nb含量的提高不断降低，Nb0涂层的磨损体积损失达到了 $1.93\times10^7\mu m^3$，而加入极少量Nb元素的Nb2和Nb4涂层的磨损体积损失（分别为 $1.07\times10^7\mu m^3$ 和 $1.02\times10^7\mu m^3$）便减少了将近1/2。Nb元素含量继续提高进一步降低了涂层的磨损体积损失，Nb6涂层和Nb8涂层的磨损体积损失（分别为 $8.29\times10^6\mu m^3$ 和 $6.31\times10^6\mu m^3$）相比Nb0涂层降低了一个数量级。磨痕的横截面轮廓如图5-8(d)所示，Nb0和Nb2涂层磨痕的深度远大于Nb元素含量高的涂层，这是由于涂层硬度较低，无法抵抗磨球的压入，导致磨痕的深度较大。Nb4和Nb6涂层的磨痕轮廓非常相似，其深度和宽度均有所下降。Nb8涂层的磨痕轮廓最浅最窄，说明其抵抗磨球压入的性能最优。$(CoCrNi)_{72-x}Nb_xB_{18}Si_{10}$ 涂层的耐磨性能随着Nb含量的增加不断提高，其磨损率和耐磨性能如图5-9所示。

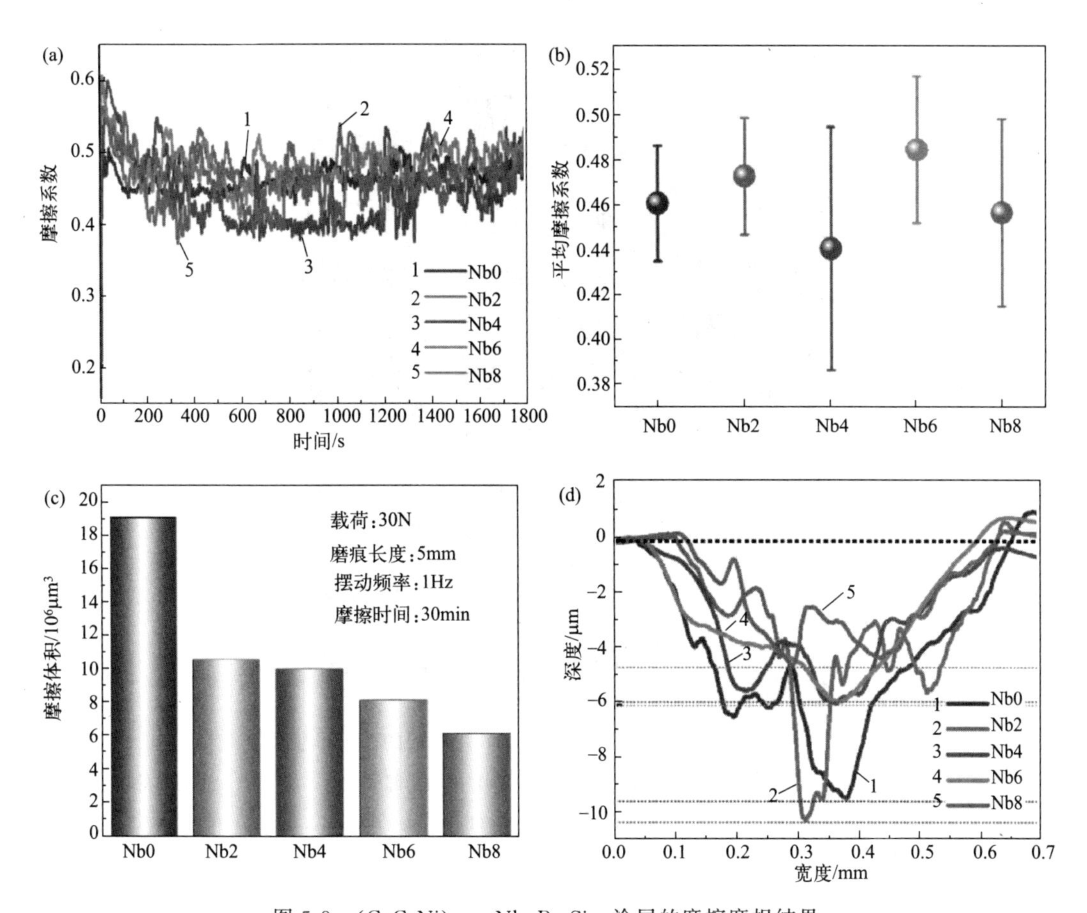

图 5-8 $(CoCrNi)_{72-x}Nb_xB_{18}Si_{10}$ 涂层的摩擦磨损结果

(a) COF 曲线；(b) 平均 COF；(c) 磨损量损失；(d) 磨痕的横截面轮廓

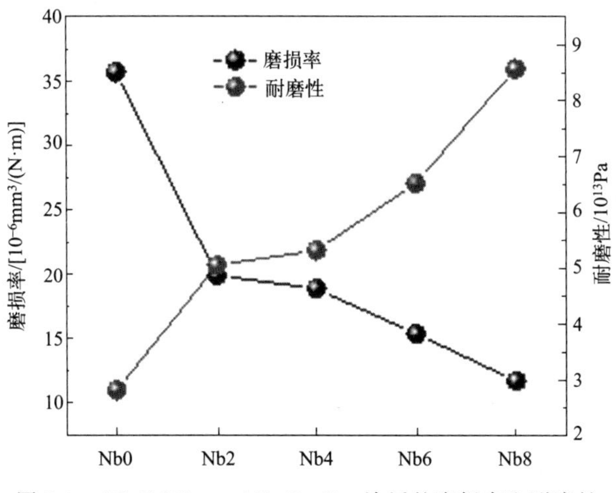

图 5-9 $(CoCrNi)_{72-x}Nb_xB_{18}Si_{10}$ 涂层的磨损率和耐磨性

为了进一步分析 $(CoCrNi)_{72-x}Nb_xB_{18}Si_{10}$ 涂层的磨损机制，通过扫描电镜和三维形貌仪观察了摩擦磨损实验后的磨损形貌，如图 5-10 所示。在所有涂层磨痕的宏观

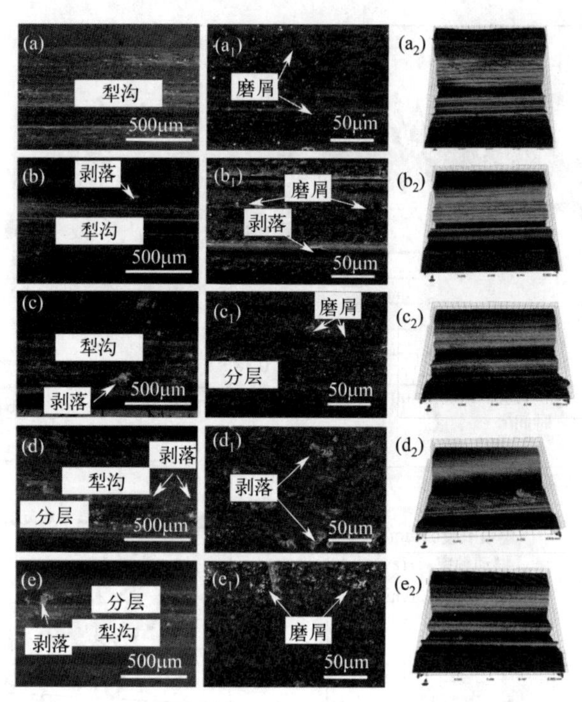

图 5-10 $(CoCrNi)_{72-x}Nb_xB_{18}Si_{10}$ 涂层的磨损形貌

(a)～(e) 磨痕的宏观 SEM 图像；(a_1)～(e_1)(a)～(e) 中的局部放大图；(a_2)～(e_2) 磨痕的三维形貌；(a)、(a_1)、(a_2) Nb0；(b)、(b_1)、(b_2) Nb2；(c)、(c_1)、(c_2) Nb4；(d)、(d_1)、(d_2) Nb6；(e)、(e_1)、(e_2) Nb8

SEM 图像［图 5-10(a)～(e)］和三维形貌［图 5-10(a_2)～(e_2)］中，均观察到了明显的犁沟和少量残余的磨屑，说明所有涂层中均发生了磨粒磨损。在 Nb0 涂层中，由于只含有基质组织 FCC1 和柳叶状强化相 FCC2，两相的纳米压痕结果（图 5-11）中 H 与 E 差距均较大，当部分较硬的 FCC2 相脱落后，会形成硬质磨屑，发生磨粒磨损，生成

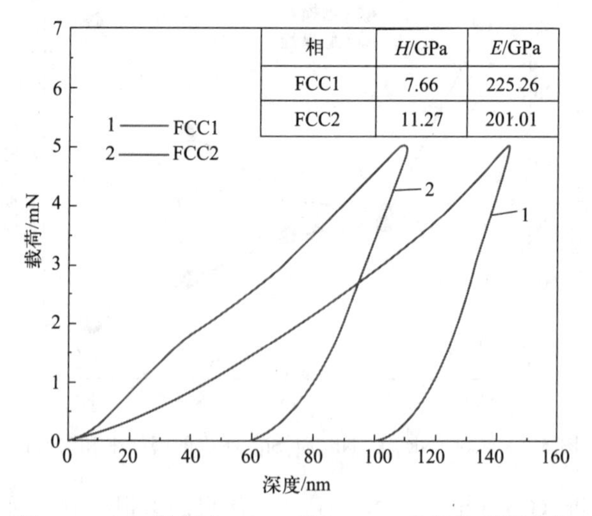

图 5-11 Nb0 涂层的 FCC1 相和 FCC2 相载荷-深度曲线

大量犁沟。在 Nb2 和 Nb4 涂层中，由于起主导作用的物相仍为 FCC1 和 FCC2，其磨痕形貌与 Nb0 相似，以犁沟和磨屑为主，伴随着少量黏着物和剥离层，说明磨损机制仍以磨粒磨损为主，伴随着轻微的黏着磨损。而 Nb4 涂层的 COF 曲线表现出了较大的波动，这是由于生成的少量 G 相无法稳定地嵌入基质组织中，而发生剥离导致的。在 Nb6 涂层中，可以观察到较多的剥离层和黏着物，证明涂层在摩擦磨损过程中发生了塑性变形，这说明涂层中 G 相增多，不仅可以提高涂层的硬度和抵抗压头压入的能力，还可以提高涂层的塑韧性。Nb8 涂层的磨痕形貌主要包括犁沟和剥离层，说明 Nb 元素的增加并没有改变涂层的磨损机理，仍然以磨粒磨损为主，伴随着部分黏着磨损。

5.1.4 电化学腐蚀行为

图 5-12 展示了 $(CoCrNi)_{72-x}Nb_xB_{18}Si_{10}$ 涂层在 3.5% NaCl 溶液中室温下的电化学结果，动电位极化参数如表 5-3 所示，EIS 实验拟合数据如表 5-4 所示。$(CoCrNi)_{72-x}Nb_xB_{18}Si_{10}$ 涂层的动电位极化曲线［图 5-12(a)］表现出了不同的趋势，在 Nb0、Nb2 涂层的动电位极化曲线中均未发现明显的拐点，表明未发生明显的钝化，说明涂层表面几乎总是处于活性溶解状态；并且在较低电位下，涂层便被击穿。在 Nb4

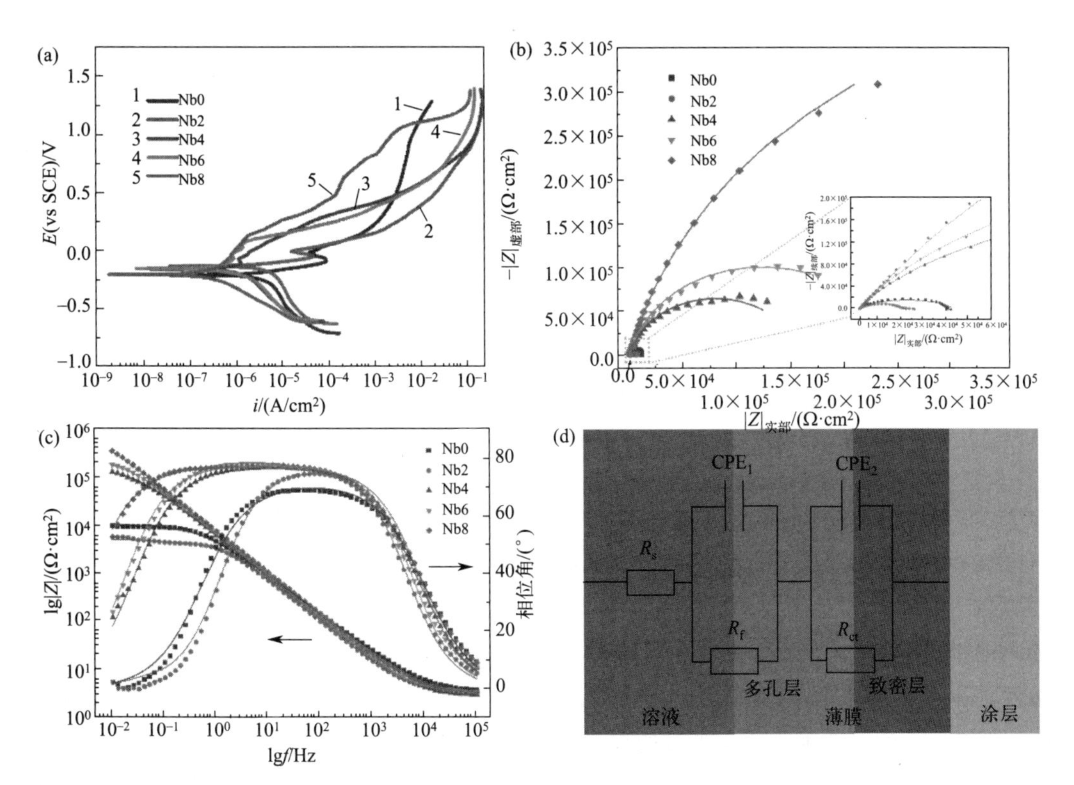

图 5-12 $(CoCrNi)_{72-x}Nb_xB_{18}Si_{10}$ 涂层的电化学结果

(a) 动电位极化曲线；(b) Nyquist 图（实线是对应的拟合曲线）；

(c) Bode 图（实线是对应的拟合曲线）；(d) 等效电路

涂层中仍没有发生明显的钝化，并且也在较低电位下被击穿，但击穿后的腐蚀速率明显下降，出现了钝化的趋势。通常认为，钝化区间（ΔE）是击穿电位（E_b）与腐蚀电位（E_{corr}）的差值，是反映钝化膜稳定性的有关指标，ΔE 越大，表明在腐蚀环境中有越稳定的钝化膜。尽管 Nb6 涂层在 ΔE 内也存在着电蚀现象，但其仍然保持着较好的钝化行为，其最终 E_b 为 58.6mV（vs SCE）。Nb8 涂层拥有最大的 ΔE，并且其极化曲线从 E vs. lg(i) 的线性区域直接进入稳定的钝化区，没有活性-钝化的过渡，这表明在相应的 E_{corr} 下，钝化膜是自发形成的。

Nb 元素的添加使涂层的 E_{corr} 有所提高，但 Nb 含量的增加使涂层的 E_{corr} 出现了下降的趋势，直至 Nb8 涂层（−219.8mV）与 Nb0 涂层（−221.8mV）相差无几。腐蚀电流密度（i_{corr}）与腐蚀速率成正比。Nb0 和 Nb2 涂层的 i_{corr} 较为接近，分别为 3.400μA/cm^2 和 2.990μA/cm^2，说明微量 Nb 元素的加入对涂层 i_{corr} 影响不大。而 Nb4、Nb6、Nb8 涂层的 i_{corr} 分别约为 Nb0 涂层的 1/9、1/20、1/26，其腐蚀速率得到了大幅降低，这是由于 Nb 含量的提高使涂层表面产生了活性较低的钝化膜导致的。

$(CoCrNi)_{72-x}Nb_xB_{18}Si_{10}$ 涂层的 Nyquist 图［图 5-12(b)］均呈现半圆弧形状，即单一的容抗弧，表明涂层的腐蚀特征主要为以电荷转移为控制步骤的电容性行为。换言之，电极反应过程中液相传质步骤容易进行，电极反应阻力主要来自非均匀界面处的电荷转移步骤，容抗弧的半径越大，表明电荷转移电阻（R_{ct}）更大。Nb0 和 Nb2 涂层的 Nyquist 半径远小于 Nb4、Nb6、Nb8 涂层，Nb 含量越高，涂层容抗弧的半径越大，对应的 R_{ct} 也越大。

表 5-3 $(CoCrNi)_{72-x}Nb_xB_{18}Si_{10}$ 涂层的动电位极化参数

涂层	E_{corr}/mV	i_{corr}/(μA/cm^2)	E_b/mV	ΔE/mV
Nb0	−221.8	3.400	—	—
Nb2	−145.2	2.990	—	—
Nb4	−171.2	0.382	—	—
Nb6	−167.0	0.165	58.6	225.6
Nb8	−219.8	0.128	127.9	347.7

$(CoCrNi)_{72-x}Nb_xB_{18}Si_{10}$ 涂层的 Bode 图［图 5-12(c)］说明腐蚀过程中有两个时间常数，表示有两个与电荷转移相关的因素：内层膜和外层膜。lg｜Z｜在高频区反映的是溶液电阻(R_s)，在低频区反映的是涂层的钝化膜电阻（R_f+R_{ct}）。由于涂层的电极反应阻力主要来自非均匀界面处的电荷转移步骤，R_{ct} 起主导作用，钝化膜电阻与 R_{ct} 的趋势一致，即随着 Nb 含量的提高，涂层的钝化膜电阻不断增大。当相位角在中频区域达到最大值时，对应的相位角大小和频率范围表示腐蚀过程中钝化膜的稳定性；相位角越大、频率范围越宽，代表腐蚀过程中钝化膜的稳定性越好。Nb0 和 Nb2 涂层的相位角大小和频率范围均远小于 Nb4、Nb6、Nb8 涂层，说明 Nb 元素的增多有利于提高涂层钝化膜的稳定性。

表 5-4 $(CoCrNi)_{72-x}Nb_xB_{18}Si_{10}$ 涂层的 EIS 实验拟合数据

涂层	R_s /(Ω·cm²)	R_f /(Ω·cm²)	R_{ct} /(Ω·cm²)	CPE_1		CPE_2	
				Y_1/(Ω⁻¹·sⁿ·cm⁻²)	n_1	Y_2/(Ω⁻¹·sⁿ·cm⁻²)	n_2
Nb0	3.645	7051	2.966×10^3	4.411×10^{-5}	1	6.876×10^{-5}	0.75
Nb2	3.761	380.9	5.057×10^3	1.168×10^{-2}	1	3.469×10^{-5}	0.87
Nb4	2.733	1.826	1.572×10^5	6.888×10^{-2}	0.27	3.110×10^{-5}	0.86
Nb6	3.361	20.51	2.339×10^5	1.022×10^{-2}	0.44	2.799×10^{-5}	0.88
Nb8	2.962	642.4	8.861×10^5	1.526×10^{-2}	0.37	2.443×10^{-5}	0.87

用于拟合 EIS 数据的等效电路如图 5-12(d) 所示，这表明钝化膜由多孔外层膜和致密内层膜组成，这与点缺陷模型（PDM）一致。拟合电路模型很好地反映了 EIS 数据，薄膜的外层和内层反映了两个时间常数。CPE 通常用于模拟由于电极与电解液界面不均匀而导致的非理想电容，即由于涂层表面粗糙度和吸附引起的非理想电容响应。CPE_1 代表钝化膜外层电容，CPE_2 代表钝化膜内层电容，R_f 代表钝化膜外层电阻，R_{ct} 代表钝化膜内层电阻，即电荷转移电阻，R_s 代表溶液电阻。

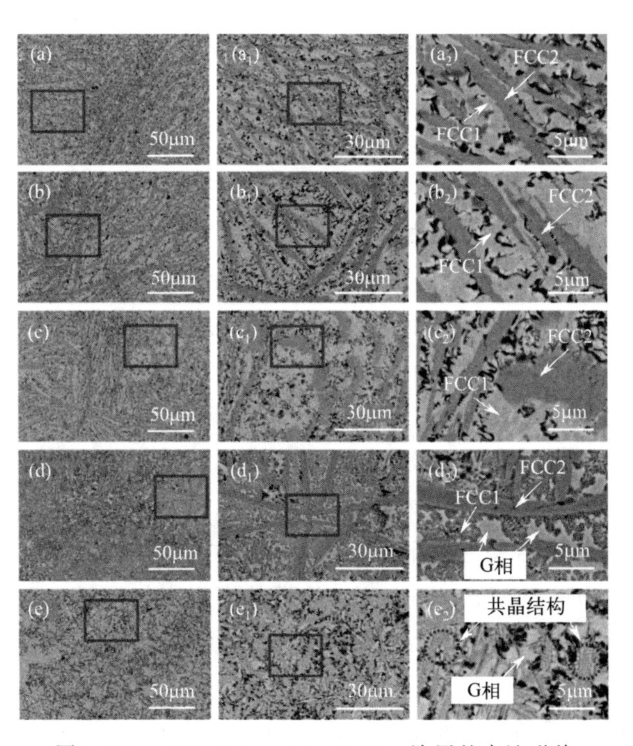

图 5-13 $(CoCrNi)_{72-x}Nb_xB_{18}Si_{10}$ 涂层的腐蚀形貌

(a)～(e) 腐蚀形貌的宏观 BSE 图像；(a_1)～(e_1)(a)～(e) 中的局部放大图；(a_2)～$(e_2)$$(a_1)$～$(e_1)$ 中的局部放大图；(a)、(a_1)、(a_2) Nb0；(b)、(b_1)、(b_2) Nb2；(c)、(c_1)、(c_2) Nb4；(d)、(d_1)、(d_2) Nb6；(e)、(e_1)、(e_2) Nb8

图 5-13 为 $(CoCrNi)_{72-x}Nb_xB_{18}Si_{10}$ 涂层在 3.5%NaCl 溶液中进行动电位极化测试后的腐蚀形貌。Nb0、Nb2 和 Nb4 涂层的腐蚀形貌相似，均在基质组织 FCC1 中发生了晶间腐蚀，说明以双相 FCC 结构为主导的 Nb 含量较低的涂层中，柳叶状陶瓷相 FCC2 的电化学活性低于 FCC1，这是由于 FCC2 为富 Cr 相，在 Cl^- 环境中会形成 Cr 氧化物钝化膜，抵抗腐蚀的能力更强。在 Nb6 涂层中，被腐蚀掉的仍然是 FCC1 相，而 FCC2 和 G 相均保持着较好的形态，说明 G 相的电化学活性低于 FCC1，这是因为 G 相中所富含的 Nb 元素在 Cl^- 环境也是易钝化元素，这也解释了涂层耐蚀性能与 Nb 元素含量成正比的原因。在 Nb8 涂层中，形成了大量的 FCC2 与 G 相共晶组织，二者均具有很强抵抗 Cl^- 腐蚀的能力，共晶组织的排列均匀致密，被腐蚀掉的是共晶组织间隙中的 FCC1，而 Nb8 涂层中具有相对含量最少的 FCC1 相，因此 Nb8 涂层表现出了最优异的耐蚀性。$(CoCrNi)_{72-x}Nb_xB_{18}Si_{10}$ 涂层在 3.5%NaCl 溶液中的腐蚀机理为电偶腐蚀，即在腐蚀过程中涂层表面形成了大量的微观腐蚀电池，富 Cr 的 FCC2 和富 Nb 的 G 相为阴极，贫 Cr、Nb 的 FCC1 作为阳极受到侵蚀。

5.1.5 小结

本节采用单道激光熔覆的工艺制备了 $(CoCrNi)_{72-x}Nb_xB_{18}Si_{10}$ 陶瓷相增强高熵合金复合涂层。对涂层的物相、组织结构、力学性能、摩擦磨损行为和电化学腐蚀行为进行了研究和比较，得出以下结论：

① Nb0 涂层由基质组织 FCC1 和 $(Cr,Co)_xB_y$ 柳叶状陶瓷相 FCC2 组成，含 Nb 涂层又生成了 Nb_3Ni_2Si 型陶瓷相 G 相，Nb 含量的提高使 FCC2 变短变细，Nb6 涂层中出现了明显的块状 G 相，Nb8 涂层中出现了 FCC2 和 G 相的共晶结构。

② Nb0、Nb2、Nb4、Nb6、Nb8 涂层的平均显微硬度分别为 630.73HV0.2、733.39HV0.2、767.77HV0.2、906.58HV0.2、1004.81HV0.2；随着 Nb 含量的提高，涂层的 E 并没有降低，而 H、H/E、H^3/E^2 和 η 等均得到提高，弹性极限和抵抗塑性变形的能力提升；Nb 含量较少的涂层的强化机制主要为固溶强化，Nb6 和 Nb8 涂层中出现了明显的 G 相陶瓷相强化。

③ Nb 含量对于平均摩擦系数的影响不大，均在 0.43～0.49 之间，Nb 元素对减摩作用影响不明显；Nb2、Nb4、Nb6、Nb8 涂层的磨损率相较无 Nb 涂层降低了一半以上，耐磨性得到大幅提升；无 Nb 涂层的磨损机制为磨粒磨损，添加 Nb 元素后在不同程度上发生了黏着磨损。

④ Nb0 和 Nb2 涂层的耐蚀性整体较差，Nb4 涂层出现了钝化趋势，但没有明显的钝化区间，Nb6 和 Nb8 涂层出现了明显的钝化；随着 Nb 含量的提升，涂层的 i_{corr} 降低，Nb4、Nb6、Nb8 涂层的 i_{corr} 分别约为 Nb0 涂层的 1/9、1/20、1/26，腐蚀速率下降；涂层的腐蚀机理为电偶腐蚀，双电层电路模拟下 R_{ct} 随 Nb 含量提高而增加，耐蚀性能提高。

5.2 Mo元素调控CoCrNiSiB涂层的耐磨耐蚀性能

5.2.1 物相与组织结构

图5-14展示了 $(CoCrNi)_{72-x}Mo_xB_{18}Si_{10}$ 涂层的XRD图谱。如前所述，Mo0涂层具有双相FCC结构，其中FCC1是以CoCrNiSi为基的基质组织，FCC2是 $(Cr,Co)_xB_y$ 的柳叶状陶瓷相。Mo元素的加入并没有使涂层中出现新的物相，这是由于Mo和Co、Cr、Ni的混合焓都接近于0，可以实现完全固溶。此外，值得注意的是，与添加Nb元素不同，Mo元素的添加使涂层中的FCC2相减弱，并且随着Mo含量的增加，涂层有向单一FCC相发展的趋势，说明Mo元素可以促进 $(CoCrNi)_{72-x}Mo_xB_{18}Si_{10}$ 体系中各元素之间的互溶，有利于生成单一物相。

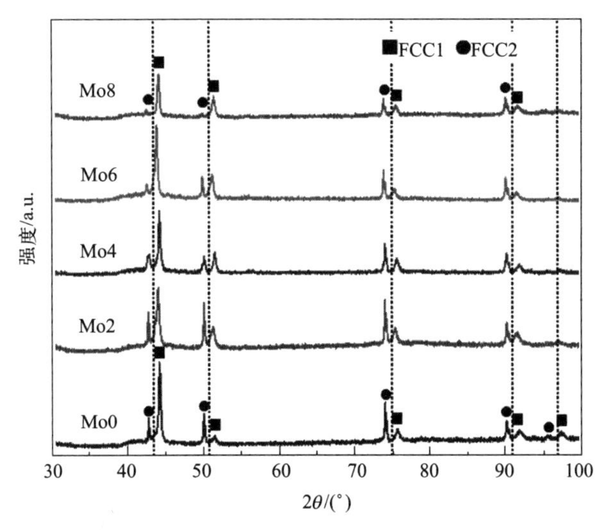

图5-14 $(CoCrNi)_{72-x}Mo_xB_{18}Si_{10}$ 涂层的XRD图谱

图5-15展示了 $(CoCrNi)_{72-x}Mo_xB_{18}Si_{10}$ 涂层横截面宏观形貌的SEM图像及示意图。涂层整体呈半圆拱形，与基体具有良好的冶金结合。稀释率（θ）由式(5-1)计算得Mo0、Mo2、Mo4、Mo6、Mo8涂层的稀释率分别为21.13%、15.68%、19.48%、22.79%、25.61%。添加少量Mo元素降低了无Mo涂层的稀释率；但随着Mo含量的不断增加，涂层的稀释率也不断变大。这与 $(CoCrNi)_{72-x}Nb_xB_{18}Si_{10}$ 涂层呈现了完全相反的变化趋势。

图5-16展示了 $(CoCrNi)_{72-x}Mo_xB_{18}Si_{10}$ 涂层横截面的SEM图像，表5-5为涂层对应区域的点扫描成分分析结果。如图5-16(a)～(e) 所示，与含Nb涂层相似，含Mo涂层也与基体实现了良好的冶金结合，涂层底部也存在着少量气孔、夹杂等缺陷；而在涂层的中上部［图5-16(a_1)～(e_1)］，气孔、夹杂等缺陷有所改善。

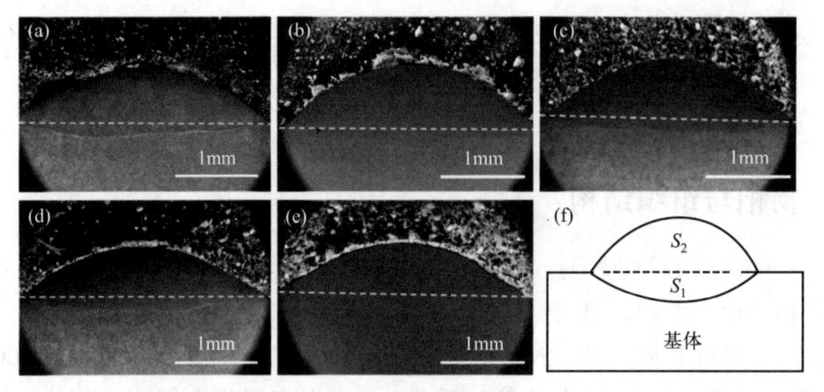

图 5-15 $(CoCrNi)_{72-x}Mo_xB_{18}Si_{10}$ 涂层横截面宏观形貌的 SEM 图像及示意图

(a) Mo0；(b) Mo2；(c) Mo4；(d) Mo6；(e) Mo8；(f) 计算稀释率的示意图

表 5-5 $(CoCrNi)_{72-x}Mo_xB_{18}Si_{10}$ 涂层成分分析结果（原子分数） %

涂层	区域	元素					
		Co	Cr	Ni	Mo	B	Si
Mo0	FCC1	30.29	24.86	36.13	—	0	11.72
	FCC2	25.09	56.43	14.91	—	0	3.57
Mo2	FCC1	28.47	17.37	40.78	2.73	0	10.66
	FCC2	18.81	71.45	6.65	2.40	0	0.68
Mo4	FCC1	31.70	17.83	35.55	3.71	0	11.21
	FCC2	19.78	59.87	11.12	4.97	0	4.25
Mo6	FCC1	27.85	29.52	29.42	5.74	0	7.46
	FCC2	22.24	44.45	22.44	5.59	0	5.29
Mo8	FCC1	26.64	31.71	24.42	9.88	0	7.34
	FCC2	25.70	36.47	23.59	8.71	0	5.53

如 5.1 节所述，Mo0 涂层（即 Nb0 涂层）的基质组织为富 Co、Ni、Si 的 FCC1，柳叶状陶瓷相 $(Cr,Co)_xB_y$ 为 FCC2。Mo 元素的添加，并没有改变涂层的物相结构，组织形貌仍然只包含基质组织和柳叶状陶瓷相。随着 Mo 元素含量的增加，两种结构 SEM 图像的对比度差异减小，说明成分更接近，这与 XRD 结果从双相 FCC 向单相 FCC 发展的趋势一致。值得注意的是，FCC1 和 FCC2 中 Mo 元素的含量几乎没有差异，并没有富集的趋势，说明 Mo 在两种结构中都是无限固溶的。在这种情况下，涂层中其他元素的分布也变得更加均匀，因此在 Mo8 涂层中只能看到微弱的元素富集。

图 5-17 展示了 $(CoCrNi)_{72-x}Mo_xB_{18}Si_{10}$ 涂层的 SEM-EDS 面扫描图。与点扫描结果相似，B 元素由于相对原子质量太小从而无法检测到。在 Mo0 涂层中，基质组织 FCC1 富含 Co、Ni、Si 元素，柳叶状陶瓷相 FCC2 富含 Cr 元素。Mo 元素的添加并没有使涂层出现新的微观结构，Mo 元素本身也没有表现出富集趋势，均匀地分布在 FCC1 和 FCC2 中。Mo 元素的添加虽然没有改变 Mo0 涂层的富集规律，但使富集的程度有所削弱，进一步证明了 Mo 元素有使 $(CoCrNi)_{72-x}Mo_xB_{18}Si_{10}$ 涂层从双相 FCC

向单相 FCC 演变的作用。

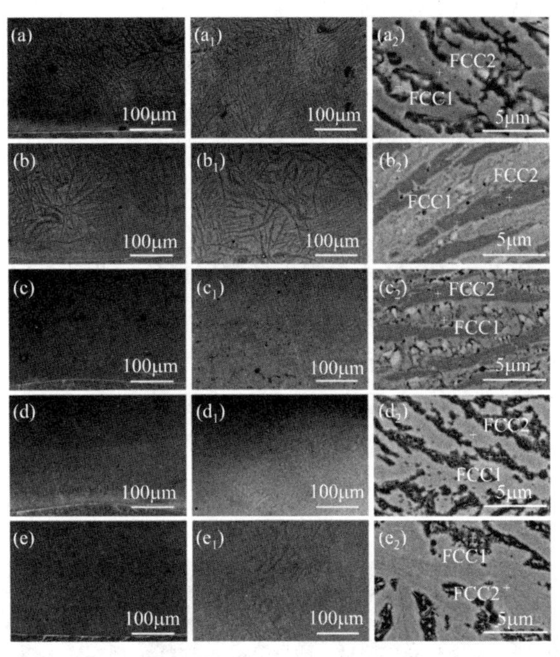

图 5-16 $(CoCrNi)_{72-x}Mo_xB_{18}Si_{10}$ 涂层横截面的 SEM 图像

(a)～(e) 涂层底部与基体的连接处；(a_1)～(e_1) 涂层的中上部；

(a_2)～(e_2)(a_1)～(e_1) 中的部分放大图；(a)、(a_1)、(a_2) Mo0；(b)、(b_1)、(b_2) Mo2；

(c)、(c_1)、(c_2) Mo4；(d)、(d_1)、(d_2) Mo6；(e)、(e_1)、(e_2) Mo8

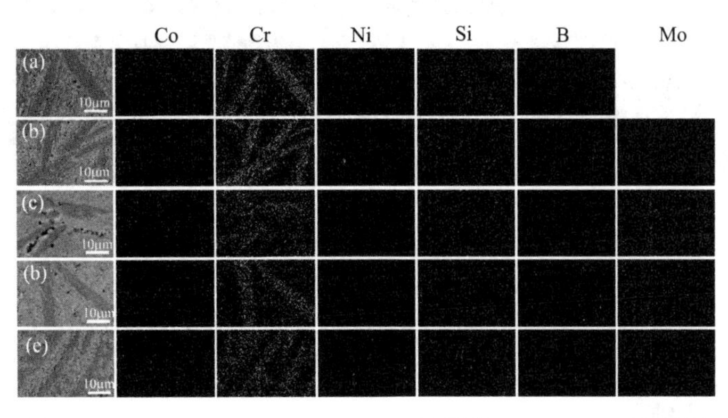

图 5-17 $(CoCrNi)_{72-x}Mo_xB_{18}Si_{10}$ 涂层的 SEM-EDS 面扫描图

(a) Mo0；(b) Mo2；(c) Mo4；(d) Mo6；(e) Mo8

通过 TEM 进一步分析了 Mo8 涂层的物相和微观结构，如图 5-18 所示。通过 EDS 面扫描元素分析［图 5-18(d)］，结合 XRD 和 SEM 分析结果，Mb8 涂层中只包含 FCC1 和 FCC2 的双相结构。与 SEM 结果有所不同的是，尽管 FCC1 中也具有相当含量的 Mo 元素，但 Mo 元素在 FCC2 中表现出了轻微富集，并且存在明显富集区域，说明 FCC2 中出现了少量的纳米沉淀。其他元素的分布与前面的分析一致，FCC1 富 Co、Ni、Si，FCC2 富 Cr、B。FCC1 区域的 SAED 图案如图 5-18(b) 所示，沿［011］轴的衍射斑点成对出现，说明 FCC1 相中发生的孪晶反应产生了孪晶结构。值得注意的是，图 5-18(a) 中虚线圈区域的 SAED 图案清楚观察到了沿［001］轴 FCC1 相的衍射斑点和沿［$\bar{1}$11］轴 FCC2 相的衍射斑点［图 5-18(c)］，与 Nb8 涂层相似，FCC2 的 SAED 图案为芒线，说明 FCC2 相中产生了高密度的堆垛层错。此外，可以观察到 FCC1 和 FCC2 的晶体学取向关系：$(200)_{FCC1}//(202)_{FCC2}$。

在 Mo0 涂层中，Cr 元素与 B 元素的超强结合能力形成了以 Cr、B 为主要元素的柳叶状陶瓷相 FCC2。由于 Mo 元素与 Cr 元素的混合焓为 0，可以无限固溶，并且与 B、Si 元素的混合焓极为接近，因此在 FCC2 中表现出了富集现象。此外，Mo 元素与 Co、Ni 元素的混合焓也接近于 0，同样拥有极高的固溶能力，所以在更加宏观的 SEM-EDS 面扫描结果中，很难观察到 Mo 元素的富集。正是因为 Mo 元素与 Nb 元素在混合焓方面的巨大差异，在 $(CoCrNi)_{72-x}Mo_xB_{18}Si_{10}$ 涂层中不但没有出现双相 FCC 以外的第三相，而且大量 Mo 元素的引入，对涂层中的 FCC1 和 FCC2 起到了均质剂的作用，促进了两相间元素的流动，使涂层成分更加均匀，物相趋于单相。

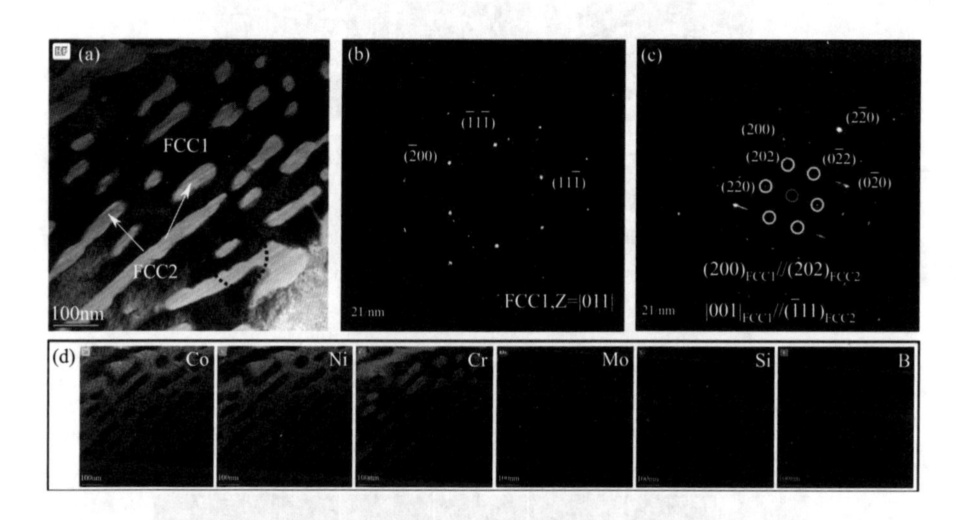

图 5-18　Mo8 涂层的 TEM 表征

(a) 明场 TEM 图像；(b) FCC1 的 SAED 图案；
(c)(a) 中虚线圈区域的 SAED 图案；(d)(a) 的 EDS 面扫描图

5.2.2 力学性能

图 5-19(a) 展示了 $(CoCrNi)_{72-x}Mo_xB_{18}Si_{10}$ 涂层沿横截面深度方向的显微硬度。除 Mo6 涂层外，所有涂层从顶部到与基体结合处的硬度分布都比较均匀，表明涂层中的组织非常均匀。在 Mo6 涂层中，有一些区域的硬度远小于平均值，与 Mo2 和 Mo4 涂层的硬度相似；还有部分区域的硬度远高于平均硬度，接近 Mo8 涂层的硬度。根据图 5-19(b) 可以发现，涂层表面的平均显微硬度与 Mo 含量呈正比例关系。Mo0、Mo2、Mo4、Mo6 和 Mo8 涂层表面的平均显微硬度分别计算为 630.73HV0.2、640.82HV0.2、715.14HV0.2、815.28HV0.2 和 1047.26HV0.2。

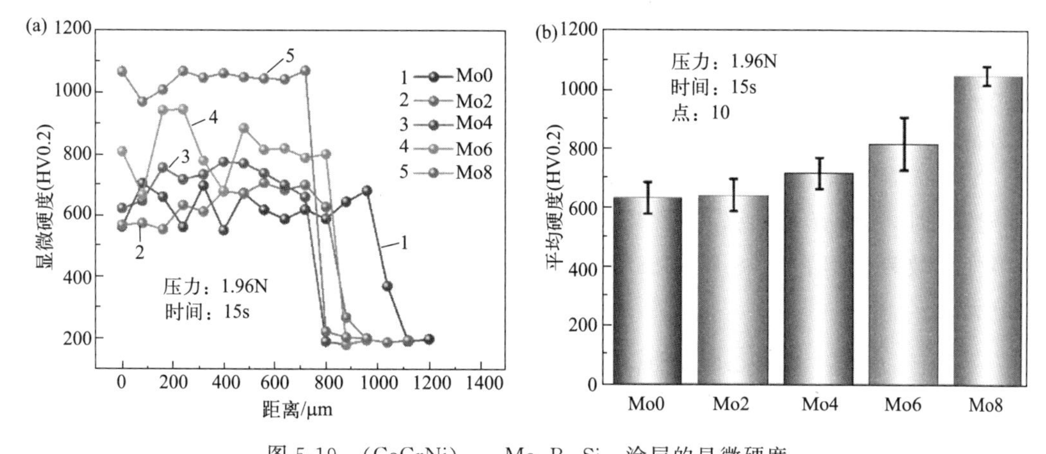

图 5-19 $(CoCrNi)_{72-x}Mo_xB_{18}Si_{10}$ 涂层的显微硬度

(a) 沿横截面深度方向的显微硬度；(b) 涂层表面的平均显微硬度

为探究 Mo6 涂层硬度分布不均匀的原因，比较了显微硬度压痕，如图 5-20 所示。Mo4 涂层中只存在长条状组织（A），Mo8 涂层中只存在块状组织（C），而 Mo6 涂层中存在着 A、C 以外的第三种短棒状组织（B）。尽管含 Mo 涂层中只包含 FCC1 和 FCC2 两相，但不同 Mo 含量诱导产生了不同的组织形貌，不同组织形貌的硬度差异导致显微硬度分布不均匀。

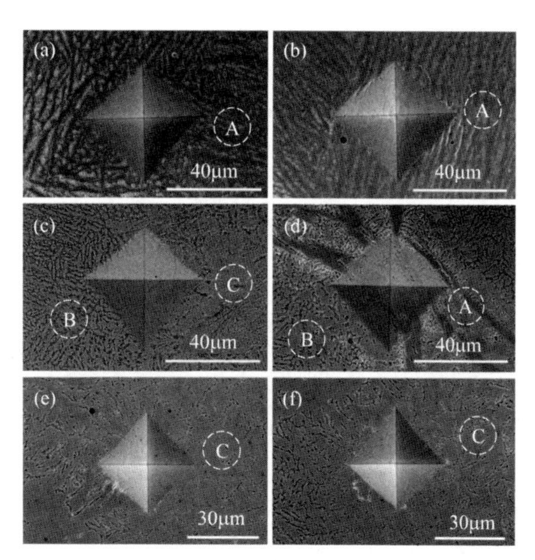

图 5-20 $(CoCrNi)_{72-x}Mo_xB_{18}Si_{10}$ 涂层的显微硬度压痕

(a)、(b) Mo4；(c)、(d) Mo6；(e)、(f) Mo8

涂层的显微硬度取决于微观物相结构，在 $(FeCoCrNi)_{75}Nb_{10}B_8Si_7$ 涂层中形成了 BCC 枝晶和纳米 FCC+非晶枝晶间的结构，$(CoCrNi)_{72-x}Nb_xB_{18}Si_{10}$ 涂层中形成了基质组织 FCC1 + 柳叶状陶瓷相 FCC2 + 陶瓷相 G 相的结构，在 $(CoCrNi)_{72-x}Mo_xB_{18}Si_{10}$ 涂层中形成了基质组织 FCC1+柳叶状陶瓷相 FCC2 的结构。为比较不同物相对显微硬度的影响，$(FeCoCrNi)_{75}Nb_{10}B_8Si_7$ 涂层、

$(CoCrNi)_{72-x}Nb_xB_{18}Si_{10}$ 涂层和 $(CoCrNi)_{72-x}Mo_xB_{18}Si_{10}$ 涂层的平均显微硬度的比较列于表 5-6。B、Si 含量较高的 $(CoCrNi)_{72-x}Nb_xB_{18}Si_{10}$ 涂层和 $(CoCrNi)_{72-x}Mo_xB_{18}Si_{10}$ 涂层的显微硬度值远高于 $(FeCoCrNi)_{75}Nb_{10}B_8Si_7$ 涂层，说明富含 B、Si 元素的陶瓷相对涂层显微硬度的贡献要高于以细晶强化为主的涂层。Nb、Mo 元素的添加使得显微硬度进一步提升，并且在添加量不超过 6%（原子分数）时，Nb 元素的强化效果优于 Mo 元素，说明 G 相的陶瓷相强化效果优于固溶强化效果；但在 Nb8 和 Mo8 涂层中，由于陶瓷相趋于饱和，二者的显微硬度相差无几。

表 5-6 $(FeCoCrNi)_{75}Nb_{10}B_8Si_7$ 涂层、$(CoCrNi)_{72-x}Nb_xB_{18}Si_{10}$ 涂层和 $(CoCrNi)_{72-x}Mo_xB_{18}Si_{10}$ 涂层的平均显微硬度比较

涂层	物相结构	平均显微硬度(HV)
PC	BCC	415.7
LRM7	BCC+纳米 FCC+非晶	483.9
LRM8	BCC+纳米 FCC+非晶	478.3
Nb0/Mo0	FCC1+FCC2 陶瓷相	630.73
Nb2	FCC1+FCC2 陶瓷相+G 相陶瓷相	733.39
Mo2	FCC1+FCC2 陶瓷相	640.82
Nb4	FCC1+FCC2 陶瓷相+G 相陶瓷相	767.77
Mo4	FCC1+FCC2 陶瓷相	715.14
Nb6	FCC1+FCC2 陶瓷相+G 相陶瓷相	906.58
Mo6	FCC1+FCC2 陶瓷相	815.28
Nb8	FCC1+FCC2 陶瓷相+G 相陶瓷相	1004.81
Mo8	FCC1+FCC2 陶瓷相	1047.26

图 5-21 为 $(CoCrNi)_{72-x}Mo_xB_{18}Si_{10}$ 涂层的纳米压痕结果。图 5-21(a) 是每个涂层最大纳米硬度的载荷-深度曲线，通过纳米压痕获得的纳米硬度（H）和弹性模量（E）如图 5-21(b) 所示，所获得的所有力学性能的数值列于表 5-7 中。随着 Mo 含量的提高，涂层的最大压入深度有所下降，所对应的 H 有所提高，与显微硬度的趋势相同。

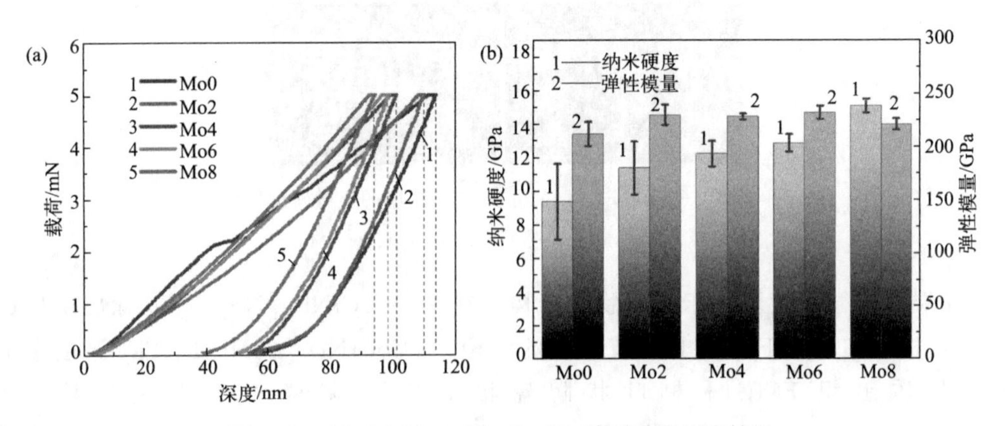

图 5-21 $(CoCrNi)_{72-x}Mo_xB_{18}Si_{10}$ 涂层纳米压痕结果

(a) 载荷-深度曲线；(b) 纳米硬度和弹性模量

含 Mo 涂层均为双相 FCC 结构，其强化机制主要为大原子半径元素 Mo 带来的固溶强化，还包括少量的富 Mo 纳米沉淀强化。此外，Mo 元素的添加不仅提高了涂层的 H，也不同程度上提高了 E 和 η，并且，随着 Mo 元素的增多，H 和 E 的误差明显变小。这归功于 Mo 元素对双相 FCC 结构的均一化作用，Mo 元素含量的提高，使涂层中 FCC1 和 FCC2 的成分更加接近，缓解了两相强硬度、塑韧性的差异。

进一步计算了反映涂层的弹性极限和抵抗塑性变形能力的 H/E 和 H^3/E^2，其数值也列于表 5-7 中。涂层的 H/E 和 H^3/E^2 值均随着 Mo 元素的增多而变大，预示着其耐磨性能得到改善。Mo8 涂层的 H/E 和 H^3/E^2 值得到了大幅提升，说明其弹性极限和抵抗塑性变形的能力提高，预示着最优的耐磨性能。

表 5-7　$(CoCrNi)_{72-x}Mo_xB_{18}Si_{10}$ 涂层的力学性能

涂层	H/GPa	E/GPa	H/E	H^3/E^2	η/%
Mo0	9.42±2.27	213.11±11.62	0.0442	0.0184	45.85
Mo2	11.44±1.60	231.31±9.63	0.0495	0.0280	49.54
Mo4	12.30±0.77	229.82±2.72	0.0535	0.0352	48.95
Mo6	12.95±0.54	233.76±6.28	0.0554	0.0397	51.68
Mo8	15.20±0.41	222.47±5.37	0.0683	0.0709	59.01

图 5-22 比较 $(FeCoCrNi)_{75}Nb_{10}B_8Si_7$ 涂层、$(CoCrNi)_{72-x}Nb_xB_{18}Si_{10}$ 涂层和 $(CoCrNi)_{72-x}Mo_xB_{18}Si_{10}$ 涂层纳米压痕力学性能的差异。B、Si 含量较高的 $(CoCrNi)_{72-x}Nb_xB_{18}Si_{10}$ 和 $(CoCrNi)_{72-x}Mo_xB_{18}Si_{10}$ 涂层的纳米压痕力学性能数值均优于 $(FeCoCrNi)_{75}Nb_{10}B_8Si_7$ 涂层，说明 B、Si 元素的含量对力学性能的提升起到积极作用。此外，添加相同含量 Nb 元素涂层的 H、H/E、H^3/E^2、η 值均大于含 Mo 涂层，在未损失涂层 E 的情况下，Nb 元素的强化效果优于 Mo 元素，从而说明 Nb 元素的固溶强化与 G 相陶瓷相强化的效果优于 Mo 元素的固溶强化与纳米沉淀强化的效果。

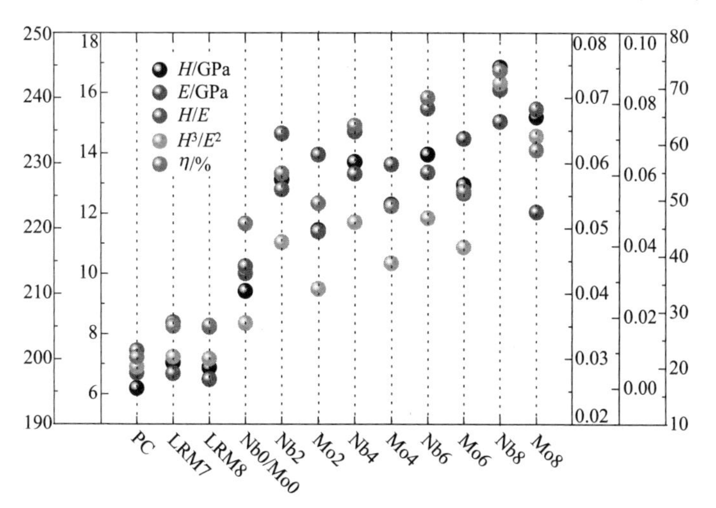

图 5-22　$(FeCoCrNi)_{75}Nb_{10}B_8Si_7$ 涂层、$(CoCrNi)_{72-x}Nb_xB_{18}Si_{10}$ 涂层和 $(CoCrNi)_{72-x}Mo_xB_{18}Si_{10}$ 涂层的纳米压痕力学性能统计

5.2.3 摩擦磨损行为

图 5-23 展示了（$(CoCrNi)_{72-x}Mo_xB_{18}Si_{10}$ 涂层的摩擦磨损结果。在 Mo0 涂层中，摩擦系数（COF）随时间变化的曲线[图 5-23(a)]表现出了较大波动，说明涂层在摩擦过程中发生了剥落，这是由于涂层中基质组织 FCC1 和柳叶状陶瓷相 FCC2 之间较大的强硬度、塑韧性差异导致的。Mo2 和 Mo4 涂层的平均摩擦系数[图 5-23(b)]相较 Mo0 涂层有所降低，较少含量的 Mo 元素添加提高了涂层的减摩性能，但曲线的波动仍未得到改善，说明 FCC1 与 FCC2 两相间的力学性能差异仍较大。Mo6 涂层的 COF 曲线发生了巨大的波动，说明摩擦磨损过程中存在着大量的黏着磨损，Mo6 涂层中有三种显微硬度差异较大的组织，在摩擦过程中硬度较低的区域发生了大面积剥落。Mo8 涂层的 COF 曲线的稳定性得到了巨大提高，其平均 COF 的误差在$(CoCrNi)_{72-x}Mo_xB_{18}Si_{10}$ 涂层中最小，这是由于 Mo 元素对双相 FCC 结构有均一化的作用，Mo 元素的大量固溶，使两相间的成分更加接近，组织更加均匀，在摩擦过程中几乎未遇到硬度差异较大的区域，从而全程保持稳定均匀的磨粒磨损。如图 5-23（b）所示，所有涂层的平均 COF 相似，Mo 元素的添加对涂层的减摩性能的宏观影响不大，但从误差中可以发现，适当 Mo 元素添加可以大大提高涂层摩擦过程的稳定性。

涂层的磨损体积损失[图 5-23(c)]与 Mo 元素的含量几乎表现出了完美的反比关系，Mo0、Mo2、Mo4、Mo6、Mo8 涂层的磨损体积损失分别约为 $1.93\times10^7\mu m^3$、$1.55\times10^7\mu m^3$、$1.24\times10^7\mu m^3$、$9.21\times10^6\mu m^3$、$5.59\times10^6\mu m^3$，每增加 2%（原子分数）的 Mo 元素，磨损体积损失降低约 $3\times10^6\sim4\times10^6\mu m^3$，这是由于（$(CoCrNi)_{72-x}Mo_xB_{18}Si_{10}$ 涂层的强化机制主要为固溶强化，其对耐磨性的强化效果与 Mo 元素含量成正比。磨痕的横截面轮廓如图 5-23(d)所示，硬度最低的 Mo0 涂层拥有最深、最宽的磨痕，添加少量 Mo 元素的 Mo2、Mo4 涂层的磨痕深度相差不大，但 Mo4 涂层的宽度更窄。Mo6、Mo8 涂层中，磨痕的深度、宽度进一步变浅、变窄，说明随着硬度的提高，涂层抵抗磨球压入的能力提高。$(CoCrNi)_{72-x}Mo_xB_{18}Si_{10}$ 涂层的耐磨性能随着 Mo 元素含量的增加不断提高，其磨损率和耐磨性能如图 5-24 所示，涂层的磨损率与 Mo 元素含量几乎成反比例关系。

为了进一步分析（$(CoCrNi)_{72-x}Mo_xB_{18}Si_{10}$ 涂层的磨损机制，通过扫描电镜和三维形貌仪观察了摩擦磨损实验后的磨损形貌，如图 5-25 所示。在所有涂层磨痕的宏观 SEM 图像[图 5-25(a)～(e)]和三维形貌[图 5-25(a2)～(e2)]中，均观察到了明显的犁沟和少量残余的磨屑，说明所有涂层中均发生了磨粒磨损。如前所述，在 Mo0 涂层中，由于只含有 H 与 E 差距较大的基质组织 FCC1 和柳叶状强化相 FCC2，当部分较硬的 FCC2 相脱落后，会形成硬质磨屑，发生磨粒磨损，生成大量犁沟，其磨损机理主要为磨粒磨损。Mo2 与 Mo4 涂层的磨损机理与 Mo0 涂层相似，主要观察到了大量犁沟和磨屑，由于 Mo 元素含量的增加导致涂层硬度的提高，磨痕中的犁沟变浅，在 Mo4 涂层中存在着少量的剥落层，发生了部分黏着磨损，这是由于 Mo 元素的增加导致涂层的组织均匀性有所降低。在 Mo6 涂层中，除犁沟外还观察到了大量的剥离层和黏着物，涂层在摩擦磨损过程中发生了大量塑性变形，主要磨损机制变为黏着磨损，说明 Mo6 涂层中所包含的过渡性组织塑韧性较好。对于 Mo8 涂层，磨痕形貌仅包括犁沟和少量磨

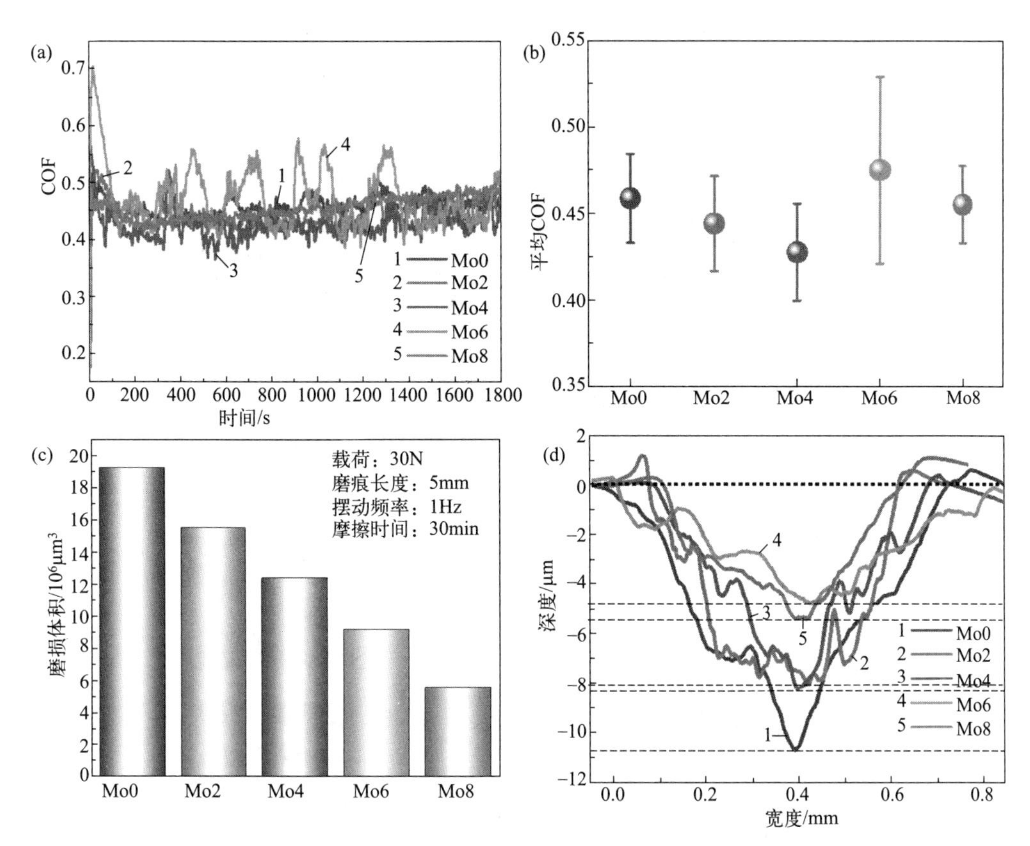

图 5-23 $(CoCrNi)_{72-x}Mo_xB_{18}Si_{10}$ 涂层的摩擦磨损结果

(a) COF 曲线；(b) 平均 COF；(c) 磨损量损失；(d) 磨痕的横截面轮廓

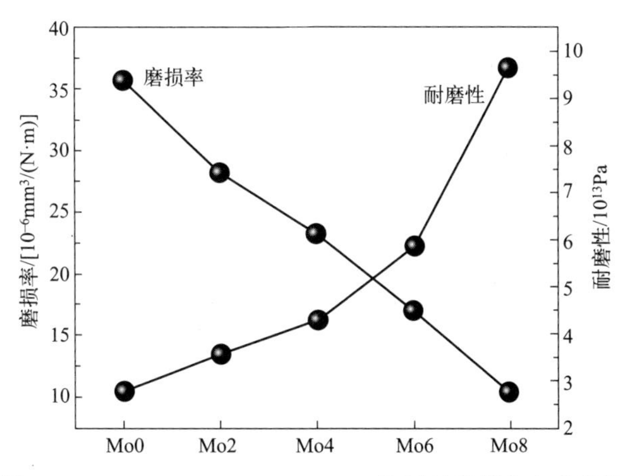

图 5-24 $(CoCrNi)_{72-x}Mo_xB_{18}Si_{10}$ 涂层的磨损率和耐磨性

屑，并且在局部放大图[图 5-25(e1)]和三维形貌图[图 5-25(e2)]中观察到的犁沟非常均匀细小，说明涂层均匀化后硬度的巨大提升有利于改善涂层的耐磨性能。

表 5-8 对比了 $(FeCoCrNi)_{75}Nb_{10}B_8Si_7$ 涂层、$(CoCrNi)_{72-x}Nb_xB_{18}Si_{10}$ 涂层和 $(CoCrNi)_{72-x}Mo_xB_{18}Si_{10}$ 涂层的摩擦磨损结果。从减磨性能来看，B、Si 含量较高的

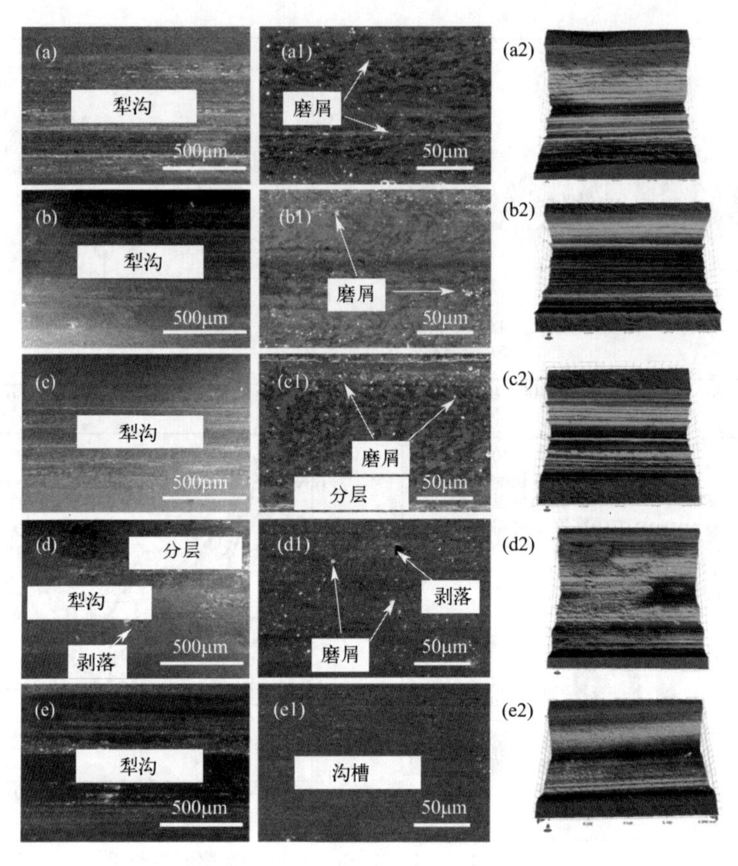

图 5-25 $(CoCrNi)_{72-x}Mo_xB_{18}Si_{10}$ 涂层的磨损形貌

(a)～(e)磨痕的宏观 SEM 图像；(a1)～(e1)(a)～(e)中的局部放大图；(a2)～(e2)磨痕的三维形貌；(a)、(a1)、(a2)Mo0；(b)、(b1)、(b2)Mo2；(c)、(c1)、(c2)Mo4；(d)、(d1)、(d2)Mo6；(e)、(e1)、(e2)Mo8

$(CoCrNi)_{72-x}Nb_xB_{18}Si_{10}$ 涂层和 $(CoCrNi)_{72-x}Mo_xB_{18}Si_{10}$ 涂层的 COF 分别比 PC 涂层和 LRM 涂层低 0.25 和 0.15 左右，减磨性能更优。$(CoCrNi)_{72-x}Nb_xB_{18}Si_{10}$ 涂层和 $(CoCrNi)_{72-x}Mo_xB_{18}Si_{10}$ 涂层的磨损率和耐磨性能远优于等离子熔覆 $(FeCoCrNi)_{75}Nb_{10}B_8Si_7$ 涂层，激光重熔 $(FeCoCrNi)_{75}Nb_{10}B_8Si_7$ 涂层的磨损率和耐磨性能与 Nb、Mo 元素含量较高的涂层中相似。相同 Nb、Mo 含量的涂层中 $(CoCrNi)_{72-x}Mo_xB_{18}Si_{10}$ 涂层的耐磨性能略优于 $(CoCrNi)_{72-x}Nb_xB_{18}Si_{10}$ 涂层，说明以固溶强化为主的涂层比大块陶瓷相强化为主的涂层耐磨性能更优。大部分涂层中均存在着软硬相的复合，磨损机制均以磨粒磨损和黏着磨损为主。

表 5-8 $(FeCoCrNi)_{75}Nb_{10}B_8Si_7$ 涂层、$(CoCrNi)_{72-x}Nb_xB_{18}Si_{10}$ 涂层和 $(CoCrNi)_{72-x}Mo_xB_{18}Si_{10}$ 涂层的摩擦磨损结果对比

涂层	平均 COF	磨损率 /[10^{-6} mm^3/(N・m)]	耐磨性能 /10^{13} Pa	磨损机理
PC	0.7060	89.12	1.12	黏着磨损
LRM7	0.6009	16.87	5.93	磨粒磨损＋黏着磨损

续表

涂层	平均 COF	磨损率 /[$10^{-6}mm^3/(N \cdot m)$]	耐磨性能 /$10^{13}Pa$	磨损机理
LRM8	0.6384	17.75	5.63	磨粒磨损+黏着磨损
Nb0/Mo0	0.4588	35.70	2.80	磨粒磨损
Nb2	0.4709	19.86	5.04	磨粒磨损+黏着磨损
Mo2	0.4443	28.18	3.55	磨粒磨损
Nb4	0.4387	18.84	5.31	磨粒磨损+黏着磨损
Mo4	0.4277	23.27	4.30	磨粒磨损+黏着磨损
Nb6	0.4827	15.35	6.52	黏着磨损+磨粒磨损
Mo6	0.4752	17.05	5.87	黏着磨损+磨粒磨损
Nb8	0.4546	11.68	8.56	磨粒磨损+黏着磨损
Mo8	0.4553	10.35	9.66	磨粒磨损

5.2.4 电化学腐蚀行为

图 5-26 展示了 $(CoCrNi)_{72-x}Mo_xB_{18}Si_{10}$ 涂层在 3.5%NaCl 溶液中室温下的电化学结果，动电位极化参数如表 5-9 所示，EIS 实验拟合数据如表 5-10 所示。$(CoCrNi)_{72-x}Mo_xB_{18}Si_{10}$ 涂层的动电位极化曲线[图 5-26(a)]表现出了不同的趋势，在 Mo0、Mo2 涂层的动电位极化曲线中均未发现明显的拐点，表明未发生明显的钝化，说明涂层表面几乎总是处于活性溶解状态；并且在较低电位下，涂层便被击穿。Mo4 和 Mo6 涂层的 Tafel 曲线出现了明显的拐点，说明在腐蚀过程中发生了钝化，但在钝化区间（ΔE）内也存在着部分点蚀现象。Mo8 涂层拥有最大的 ΔE，并且其极化曲线从 E vs. lg（i）的线性区域直接进入稳定的钝化区，没有活性-钝化的过渡，这表明在相应的腐蚀电位（E_{corr}）下自发形成了钝化膜。此外，在 Mo4、Mo6、Mo8 涂层中，ΔE 随 Mo 含量的提高增大，每添加 2%（原子分数）的 Mo 元素，ΔE 增加 100mV（vs SCE）左右。

少量 Mo 元素的添加使涂层的 E_{corr} 呈下降趋势，从 Nb0 涂层的−222.8mV 下降到 Nb6 涂层的−237.9mV，然而 Nb8 涂层的腐蚀电位却骤增至−183.0mV，抵抗腐蚀开动的能力最强，腐蚀倾向最小。Mo 元素的添加使涂层的腐蚀电流密度（i_{corr}）大大降低，Mo2、Mo4、Mo6、Mo8 涂层的 i_{corr} 分别约为 Mo0 涂层的 1/2、1/6、1/16、1/25，含 Mo 涂层的腐蚀速率得到了大幅降低，这是由于 Mo 含量的提高使涂层中双相 FCC 结构的成分更加均匀，两相的电位差变小，电偶腐蚀效应减小，同时 Mo 元素作为易钝化元素增强了涂层的钝化效果。

$(CoCrNi)_{72-x}Mo_xB_{18}Si_{10}$ 涂层的 Nyquist 图[图 5-26(b)]均呈现半圆弧形状，即单一的容抗弧，表明涂层的腐蚀特征主要为以电荷转移为控制步骤的电容性行为，电极反应阻力主要来自非均匀界面处的电荷转移步骤。随着 Mo 元素含量的增加，涂层 Nyquist 图容抗弧的半径增大，对应的电荷转移电阻（R_{ct}）也增大，钝化膜性能提升。

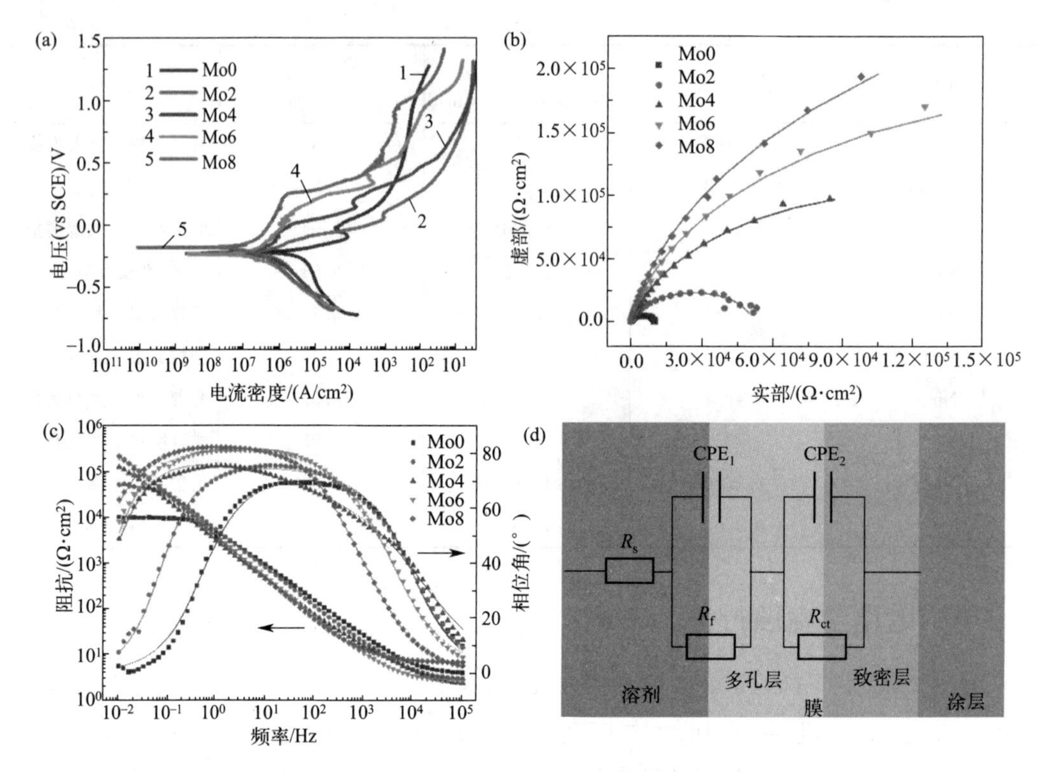

图 5-26 $(CoCrNi)_{72-x}Mo_xB_{18}Si_{10}$ 涂层的电化学结果

(a) 动电位极化曲线；(b) Nyquist 图（实线是对应的拟合曲线）；

(c) Bode 图（实线是对应的拟合曲线）；(d) 等效电路

表 5-9 $(CoCrNi)_{72-x}Mo_xB_{18}Si_{10}$ 涂层的动电位极化参数

涂层	E_{corr}(vs SCE)/mV	i_{corr}/(μA/cm²)	E_b(vs SCE)/mV	ΔE/(vs SCE)/mV
Mo0	−221.8	3.400	—	—
Mo2	−227.3	1.750	—	—
Mo4	−231.0	0.553	−6.6	224.4
Mo6	−237.9	0.211	87.8	325.7
Mo8	−183.0	0.134	246.6	429.6

$(CoCrNi)_{72-x}Mo_xB_{18}Si_{10}$ 涂层的 Bode 图[图 5-26(c)]说明腐蚀过程中有两个时间常数，表示钝化膜分为内层膜和外层膜。由于涂层的电极反应阻力主要来自非均匀界面处的电荷转移步骤，R_{ct} 起主导作用，因此钝化膜电阻（R_f+R_{ct}）与 R_{ct} 的趋势一致，即随着 Mo 含量的提高，涂层的钝化膜电阻不断增大。相位角中频区稳定的最大值以及频率范围均与涂层中的 Mo 含量成正比，Mo 含量的提高有效增强了涂层钝化膜的稳定性。

用于拟合 EIS 数据的等效电路如图 5-26(d)所示，钝化膜由多孔外层膜和致密内层膜组成，这与点缺陷模型（PDM）一致。拟合电路模型很好地反映了 EIS 数据，薄膜的外层和内层反映了两个时间常数。CPE 通常用于模拟由于电极与电解液界面不均匀而导致的非理想电容，即由于涂层表面粗糙度和吸附引起的非理想电容响应。CPE_1 代表钝化膜外层电容，CPE_2 代表钝化膜内层电容，R_f 代表钝化膜外层电阻，R_{ct} 代表钝化膜内层电阻，即电荷转移电阻，R_s 代表溶液电阻。EIS 实验拟合数据如表 5-10 所示。

表 5-10　$(CoCrNi)_{72-x}Mo_xB_{18}Si_{10}$ 涂层的 EIS 实验拟合数据

涂层	$R_s/(\Omega \cdot cm^2)$	$R_f/(\Omega \cdot cm^2)$	$R_{ct}/(\Omega \cdot cm^2)$	CPE_1		CPE_2	
				$Y_1/(\Omega^{-1} \cdot s^n \cdot cm^{-2})$	n_1	$Y_2/(\Omega^{-1} \cdot s^n \cdot cm^{-2})$	n_2
Mo0	3.645	7051	2.966×10^3	4.411×10^{-5}	1	6.876×10^{-5}	0.75
Mo2	3.025	11.01	5.290×10^4	1.213×10^{-5}	1	3.412×10^{-5}	0.88
Mo4	1.997	18.41	2.922×10^5	4.369×10^{-4}	0.64	6.594×10^{-5}	0.85
Mo6	2.327	14.35	4.106×10^5	7.950×10^{-3}	0.44	4.590×10^{-5}	0.91
Mo8	6.593	8.106	6.263×10^5	1.128×10^{-3}	0.61	5.048×10^{-5}	0.92

表 5-11 对比了 $(FeCoCrNi)_{75}Nb_{10}B_8Si_7$ 涂层、$(CoCrNi)_{72-x}Nb_xB_{18}Si_{10}$ 涂层和 $(CoCrNi)_{72-x}Mo_xB_{18}Si_{10}$ 涂层的电化学结果。B、Si 含量较高的 $(CoCrNi)_{72-x}Nb_xB_{18}Si_{10}$ 涂层和 $(CoCrNi)_{72-x}Mo_xB_{18}Si_{10}$ 涂层的 E_{corr} 高于 $(FeCoCrNi)_{75}Nb_{10}B_8Si_7$ 涂层，说明在 3.5%NaCl 溶液中，$(FeCoCrNi)_{75}Nb_{10}B_8Si_7$ 涂层的腐蚀倾向最大，最易被腐蚀。PC 涂层的 i_{corr} 最大，LRM7 和 LRM8 涂层与高 Nb、Mo 含量的涂层相似，说明 PC 涂层在腐蚀发生时，腐蚀速率最大。只有高 Nb、Mo 含量的涂层发生了钝化，这是因为 Nb、Mo 易钝化元素促进了涂层的钝化行为，更好地保护涂层不被 Cl^- 腐蚀，并且 Mo 元素的钝化倾向更大。PC 涂层的 R_{ct} 较小，LRM7 和 LRM8 涂层与低 Nb、Mo 含量的涂层相似，说明在未形成致密钝化膜的涂层中，钝化膜的保护效果很差。整体来说，$(CoCrNi)_{72-x}Mo_xB_{18}Si_{10}$ 涂层的耐蚀性最优，$(CoCrNi)_{72-x}Nb_xB_{18}Si_{10}$ 涂层次之，$(FeCoCrNi)_{75}Nb_{10}B_8Si_7$ 涂层的最差。由于涂层的腐蚀机理均为电偶腐蚀，因此腐蚀形貌中残留的物相即为耐蚀物相，$(FeCoCrNi)_{75}Nb_{10}B_8Si_7$ 涂层中的耐蚀物相均为富 Nb 元素的枝晶间结构，$(CoCrNi)_{72-x}Nb_xB_{18}Si_{10}$ 涂层的耐蚀相为 FCC2+G 相的陶瓷相结构，$(CoCrNi)_{72-x}Mo_xB_{18}Si_{10}$ 涂层的耐蚀相为 FCC2 陶瓷相结构，说明富 Nb、Mo 元素的物相为耐蚀物相。

表 5-11　$(FeCoCrNi)_{75}Nb_{10}B_8Si_7$ 涂层、$(CoCrNi)_{72-x}Nb_xB_{18}Si_{10}$ 涂层和 $(CoCrNi)_{72-x}Mo_xB_{18}Si_{10}$ 涂层的电化学结果对比

涂层	E_{corr}(vs SCE)/mV	$i_{corr}/(\mu A/cm^2)$	ΔE(vs SCE)/mV	$R_{ct}/(\Omega \cdot cm^2)$	耐蚀物相
PC	−532.7	8.320	—	3.24×10^3	枝晶间 BCC
LRM7	−436.9	0.134	—	1.19×10^4	纳米 FCC+非晶
LRM8	−571.3	0.200	—	2.17×10^4	纳米 FCC+非晶
Nb0/Mo0	−221.8	3.400	—	2.966×10^3	FCC2
Nb2	−145.2	2.990	—	5.057×10^3	FCC2+G 相
Mo2	−227.3	1.750	—	5.290×10^4	FCC2

续表

涂层	E_{corr}(vs SCE)/mV	i_{corr}/($\mu A/cm^2$)	ΔE(vs SCE)/mV	R_{ct}/($\Omega \cdot cm^2$)	耐蚀物相
Nb4	−171.2	0.382	—	1.572×10^5	FCC2+G 相
Mo4	−231.0	0.553	224.4	2.922×10^5	FCC2
Nb6	−167.0	0.165	225.6	2.339×10^5	FCC2+G 相
Mo6	−237.9	0.211	325.7	4.106×10^5	FCC2
Nb8	−219.8	0.128	347.7	8.861×10^5	FCC2+G 相
Mo8	−183.0	0.134	429.6	6.263×10^5	FCC2

5.2.5 小结

本节采用单道激光熔覆的工艺制备了 $(CoCrNi)_{72-x}Mo_xB_{18}Si_{10}$ 陶瓷相增强高熵合金复合涂层。对涂层的物相、组织结构、力学性能、摩擦磨损行为和电化学腐蚀行为进行了研究和比较，得出以下结论：

① Mo0 涂层由基质组织 FCC1 和 $(Cr, Co)_xB_y$ 柳叶状陶瓷相 FCC2 组成，Mo 元素的加入使 FCC1 和 FCC2 相的成分更加接近，使涂层具有从双相 FCC 向单相 FCC 演变的趋势。

② Mo0、Mo2、Mo4、Mo6 和 Mo8 涂层表面的平均显微硬度分别计算为 630.73HV0.2、640.82HV0.2、715.14HV0.2、815.28HV0.2 和 1047.26HV0.2；随着 Mo 含量的提高，涂层的 E 并没有降低，而 H、H/E、H^3/E^2 和 η 等均得到提高，弹性极限和抵抗塑性变形的能力提升，综合力学性能得到提高；含 Mo 涂层的强化机制主要为固溶强化。

③ Mo 含量对于平均摩擦系数的影响不大，均在 0.42～0.48 之间，Mo 元素对减摩作用影响不明显；涂层的磨损体积损失与 Mo 元素的含量几乎表现出了完美的反比关系，每增加 2%（原子分数）的 Mo 元素，磨损体积损失降低约 $3\times10^6 \sim 4\times10^6 \mu m^3$；Mo0 和 Mo2 涂层的磨损机制为磨粒磨损，Mo4 和 Mo6 在不同程度上发生了黏着磨损，Mo8 涂层主要为磨粒磨损。

④ 随 Mo 含量的提高，涂层的 E_{corr} 上升，i_{corr} 减小，Mo2、Mo4、Mo6、Mo8 涂层的 i_{corr} 分别约为 Mo0 涂层的 1/2、1/6、1/16、1/25；Mo4、Mo6、Mo8 涂层中均出现了钝化现象，ΔE 随 Mo 含量的提高增大；涂层的腐蚀机理为电偶腐蚀，双电层电路模拟下 R_{ct} 随 Mo 含量提高而增加，耐蚀性能提高。

5.3 Mo 元素调控 CoCrNiMoCB 涂层耐磨耐蚀性能

在 3.4 节中通过调控 B_4C 的含量，在 CoCrNiMo 合金体系中制备出了以 $M_{23}(B, C)_6$ 陶瓷和非晶相为强化相的高熵合金复合涂层。实验结果表明，当 B_4C 的含量在 1%～2%（原子分数）之间时，涂层具有较大的硬度调控窗口，同时能够保持优异的耐腐蚀性能。

当 B_4C 含量为 1%（原子分数）时，物相为 $M_{23}(B, C)_6$ 与 FCC 相，两相之间具有良好的共格界面关系，SKPFM 结果表明两相之间的电位差小，电偶腐蚀驱动力小。当 B_4C 含量为 2%（原子分数）时，由于陶瓷相含量的增加以及树枝晶内部大量非晶相的析出，涂层的硬度与耐磨性得到进一步提升，并保持良好的耐腐蚀性能。

对钝化膜成分的分析表明，Mo 作为其中的关键元素，在涂层的钝化膜中明显富集，对涂层的耐腐蚀性能具有不可忽略的作用，并且研究表明 Mo 元素能够有效提高合金的耐点蚀性能。同时，由于其原子尺寸大，固溶强化效果明显，可有效提高涂层的硬度。

Mo 元素能够固溶于 $M_{23}(B, C)_6$ 中，提高该陶瓷相的稳定性，进一步提高其硬度，且在其中的固溶量较大，能够有效抑制其他富 Mo 陶瓷相的形成。鉴于 Mo 元素对钝化膜、基体相以及陶瓷相的重要作用，为了量化其对涂层磨损与腐蚀的贡献，探索 Mo 元素对性能影响的临界含量，及它对磨损、腐蚀的影响机制，本节通过摩擦磨损实验、电化学测试以及腐蚀浸泡的方法，通过调控 Mo 元素的含量，分析其对涂层组织结构、成分分布的调控作用，研究其对磨损、腐蚀性能的影响，以优化涂层性能，获取最佳 Mo 元素含量。

5.3.1 涂层制备与性能测试

（1）样品制备

合金粉末的名义设计成分见表 5-12。粉末的粒度、纯度信息见表 5-13。本次所用的粉末总量为 1.0mol，根据表 5-12 中的名义成分分别称取相应粉末质量，结果如表 5-13 所示。根据涂层中 Mo 元素的名义成分将各组涂层分别命名为 Mo0、Mo4、Mo8 以及 Mo18。

表 5-12 熔覆涂层粉末名义成分

样品序号	成分(原子分数)/%				
	Co	Cr	Ni	Mo	B_4C
Mo0	30	30	30	0	2
Mo4	28.66	28.66	28.66	4	2
Mo8	27.33	27.33	27.33	8	2
Mo18	24.00	24.00	24.00	18	2

表 5-13 激光熔覆涂层初始粉末质量

样品序号	粉末质量/g				
	Co	Cr	Ni	Mo	B_4C
Mo0	19.69	15.60	17.60	0	1.11
Mo4	16.90	14.90	16.82	3.84	1.11
Mo8	16.11	14.21	16.04	7.68	1.11
Mo18	14.15	12.48	14.09	17.27	1.11

（2）表征与测试

本节首先通过 XRD 表征了熔覆涂层的物相组成，然后采用 SEM 与 EDS 表征了涂层在微米尺度的物相结构与成分分布，同时采用 TEM 与 HRTEM 结合能谱分析了涂层在亚微米与纳米尺度的组织结构、界面特征与成分分布，通过 SAED 确定不同物相的晶体结构。通过显微硬度测试、摩擦磨损试验（载荷 30N）、电化学测试以及腐蚀液浸泡的方法分别测试了涂层的硬度、摩擦磨损与腐蚀行为。

5.3.2 组织结构与磨损腐蚀机理

（1）涂层物相与微观组织分析

涂层的 XRD 测试结果如图 5-27 所示。四组涂层主要由 FCC 固溶体和 $M_{23}(B, C)_6$ 组成，Mo 元素含量的变化并没有导致新物相的产生，但是随着 Mo 元素的增加，主要晶面的衍射峰普遍向左偏移，如虚线所示，这表明钼元素在两物相中处于固溶状态，较大的原子尺寸导致两种物相的晶格膨胀，根据布拉格方程 $2d\sin\theta = n\lambda$ ，衍射角减小，衍射峰向左偏移。同时发现，当 Mo 元素的含量从 8%（原子分数）增加到 18%（原子分数）时，衍射峰的位置几乎没有变化，表明 Mo 在 8%（原子分数）时固溶度已基本达到最大值，故在 18%（原子分数）时会有新的物相产生，但由于物相衍射强度较弱，XRD 并未检测出，具体将在后文中分析。

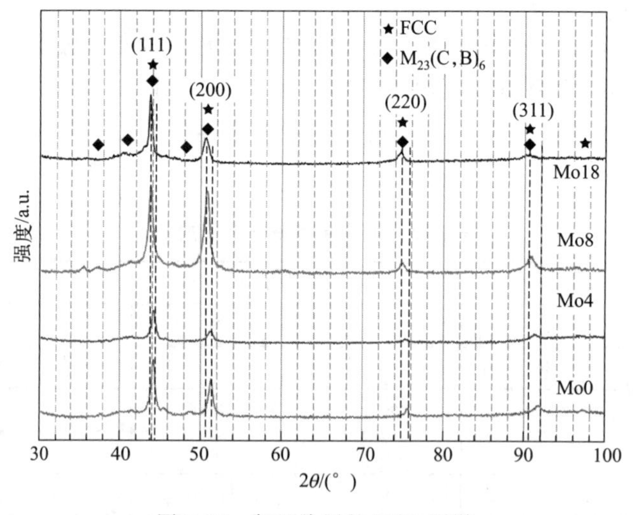

图 5-27　每组涂层的 XRD 图谱

图 5-28 为不同 Mo 元素含量时涂层的微观组织结构和相应的成分分布。可以看出，Mo 元素含量从 0 增加到 8%（原子分数）时，组织均为树枝晶结构，但晶粒尺寸逐渐减小，特别是当 Mo 元素含量从 4%（原子分数）增加到 8%（原子分数）时，晶粒尺寸明显降低，原因是 Mo 元素具有较高的自扩散激活能，会降低原子扩散速率，从而抑制晶粒生长。进一步增加 Mo 元素到 18%（原子分数）时，有大量富 Mo 陶瓷颗粒形成，如图 5-28(d)所示。

结合 EDS 能谱分析，不添加 Mo 元素时，Co 元素在两相中均匀分布，没有明显成

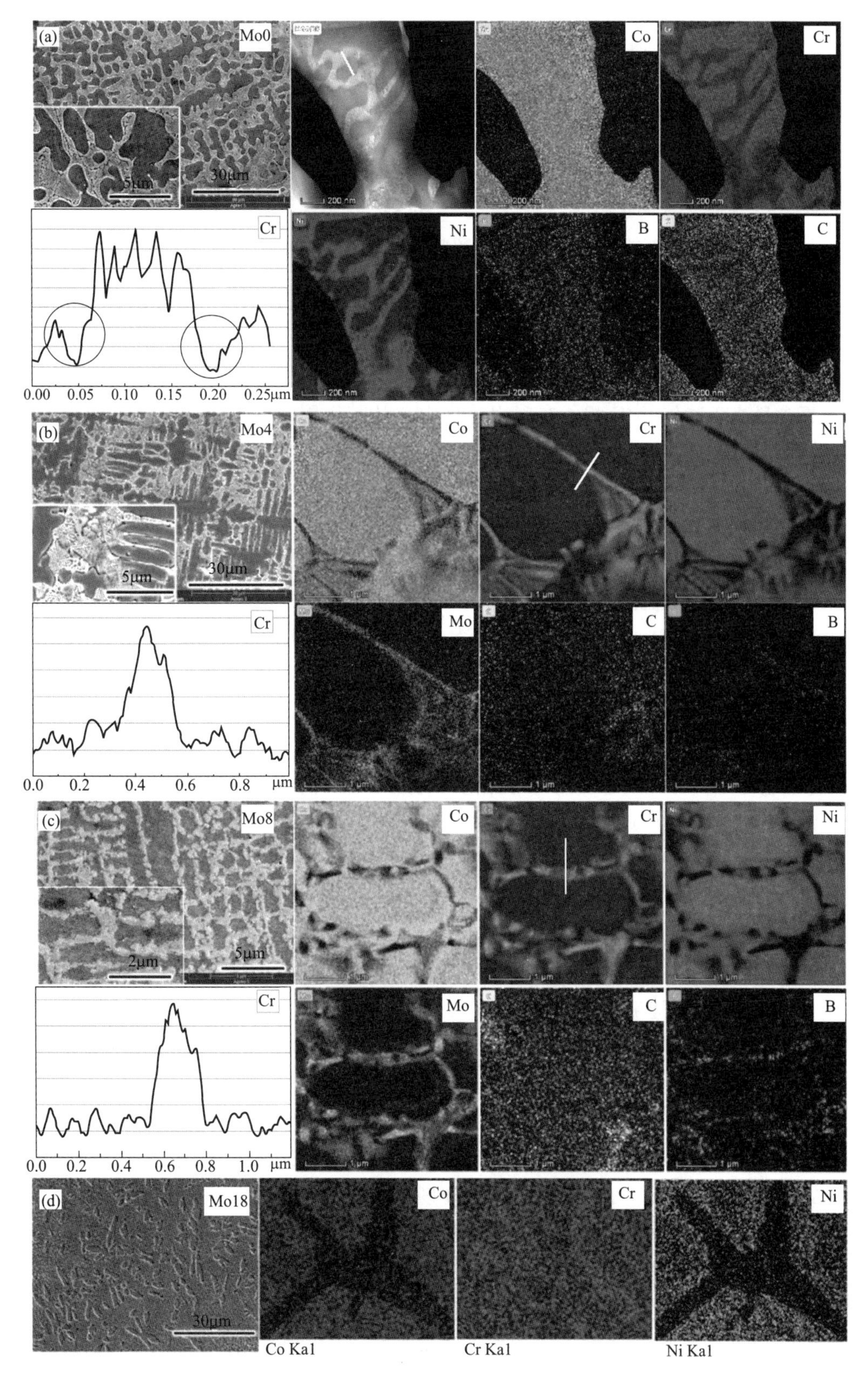
(a)
Mo0
5μm
30μm
Co
Cr
Ni
B
C
0.00
0.05
0.10
0.15
0.20
0.25μm
(b)
Mo4
5μm
30μm
Co
Cr
Ni
Mo
C
B
0.0
0.2
0.4
0.6
0.8
μm
(c)
Mo8
2μm
5μm
Co
Cr
Ni
Mo
C
B
0.0
0.2
0.4
0.6
0.8
1.0
μm
(d)
Mo18
30μm
Co
Cr
Ni
Co Ka1
Cr Ka1
Ni Ka1

图 5-28

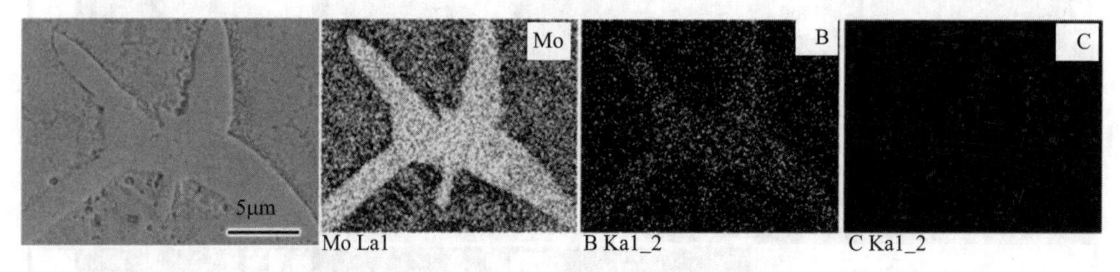

图 5-28　每组熔覆涂层的 SEM 微观组织形貌以及相应的 EDS 成分分布

分差异，Ni 元素主要富集在树枝晶区域，而 Cr 与 B、C 元素则在混合焓的作用下聚集，形成枝晶间$(Co,Cr)_{23}(B,C)_6$ 陶瓷相。根据图 5-28(a)中的线扫描发现（图中圆圈所示），在枝晶间区域两侧一定范围内的基体中 Cr 元素含量较低，原因是 $M_{23}(B,C)_6$ 中 Cr 元素含量高于基体 FCC 相，在凝固过程中会从其周围吸收大量的 Cr 元素，导致附近区域出现贫 Cr 区，同时激光熔覆快速的冷却速率导致基体中其他位置的 Cr 元素无法及时补充。贫 Cr 区域的出现通常会导致钝化膜变得不均匀，连续性下降，造成钝化膜局部抗腐蚀能力减弱，同时在两相界面处又是发生电偶腐蚀的主要位置，因此会导致涂层在腐蚀环境中的稳定性大幅下降。从图 5-28(b)、(c)可知，Mo 元素添加后，主要在枝晶间区域富集，即固溶进入陶瓷相，形成$(Co,Cr,Mo)_{23}(B,C)_6$，根据第 3 章中的分析可知，凝固时，基体 FCC 首先形核长大，富含 Co 与 Ni 元素，原子半径较大的 Mo 元素则被逐渐排出，造成在枝晶间区域的富集。Mo 元素固溶于 $M_{23}(B,C)_6$ 后使得该陶瓷相在凝固时从周围 FCC 相中吸收的 Cr 元素明显减少，从而减弱了贫 Cr 区的形成，如图 5-28(b)、(c)中的线扫描结果，因此有效降低了两相之间 Cr 元素的浓度差异，降低电偶腐蚀驱动力，促进稳定、均匀的钝化膜的形成，从而提高涂层的耐蚀性能。当 Mo 元素含量进一步增加到 18%（原子分数）时，过量的 Mo 元素无法完全固溶于基体与陶瓷相中，就会形成如图 5-28（d）所示的大颗粒陶瓷相，经能谱分析，其主要富集 Mo 与 B 元素。大尺寸的陶瓷相虽然有效提高了涂层的硬度，有利于耐磨性的提高，但同时会导致电偶腐蚀加剧，涂层脆性增加，对涂层的整体性能不利。因此，应当避免这种陶瓷相的形成。

（2）涂层摩擦性能测试及磨损机理

硬度是评价材料耐磨损性能的关键指标，因此首先对不同涂层的显微硬度进行测试，其结果如图 5-29(a)所示，可以看出随着 Mo 元素含量的增加，其涂层硬度有着明显的提高，同一涂层近表面硬度略高于涂层内部，这是因为熔覆过程中，涂层的表面温度降低更快，形成的组织更加细小，但是涂层的硬度整体分布均匀。在 Mo 元素含量低于 8%（原子分数）时，可以观察到涂层硬度随着其含量的增加缓慢增加，从 Mo0 的 500HV 逐渐增加到 Mo8 650HV，这一阶段主要是 Mo 元素的固溶强化与细晶强化所起的作用，将在后文中予以详细计算。而当 Mo 元素的含量达到 18%（原子分数）时，由于大量含 Mo 陶瓷相的形成，导致涂层硬度明显提高。

图 5-29(b)为磨损试验过程中的摩擦系数曲线（COF），当 Mo 元素含量低于 8%（原子分数）时，涂层的 COF 随着其含量增加逐渐降低，且三组曲线表现出相似的较为

稳定的波动形式。而当Mo元素含量增加到18%（原子分数）时，曲线出现了较大幅度的波动。在初始的500s以内COF较低，该阶段为初始磨合，此时大量的陶瓷相对摩擦副起到了有效的抵抗作用，陶瓷相完整，未出现断裂、破碎等现象，表面未出现明显破坏。但随着摩擦的进行，大尺寸的陶瓷相会逐渐出现断裂、脱落，并夹杂在摩擦副与涂层中间，形成三体磨损，造成COF升高，且在磨屑的不断堆积与去除过程中导致COF明显波动。同时，如图5-30(d_1)中的插图所示，过多的陶瓷相导致涂层脆性明显增加，磨损过程中出现大量垂直于摩擦方向的脆性裂纹。

四组涂层的磨损轨迹截面轮廓如图5-29(c)所示。很明显，Mo元素的加入有效地减小了磨损轨迹的宽度和深度，提高了涂层的耐磨性，特别是当Mo元素含量高于8%（原子分数）时，这可以从图5-29(d)所示的由三维形貌仪获得的具体磨损体积得到进一步证实。Mo8涂层的磨损体积降低为不加Mo元素的1/3，Mo18涂层具有最小的磨损体积。

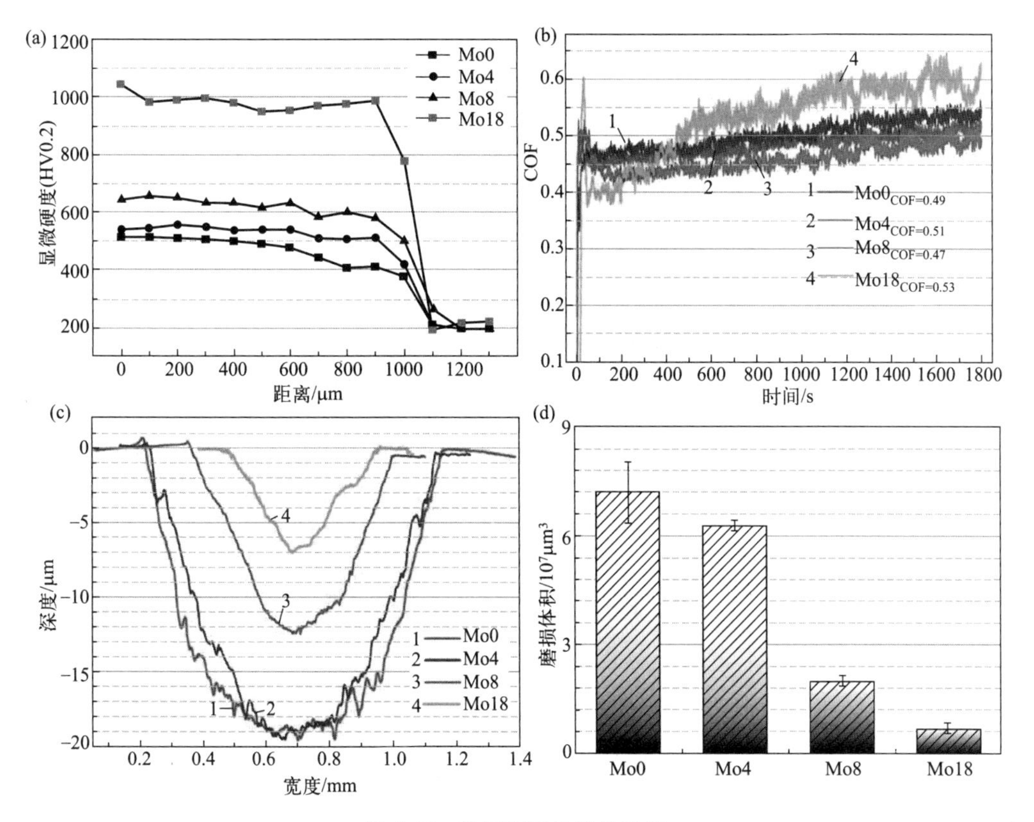

图5-29　涂层摩擦性能及磨损

(a) 涂层沿厚度方向显微硬度分布曲线；(b) 涂层摩擦系数曲线；(c) 涂层磨痕截面轮廓；(d) 涂层的磨损体积

磨痕形貌是理解磨损机理的关键。因此，通过扫描电镜进一步观察磨损表面的形貌特征，如图5-30所示。在图5-30(a_1)中，Mo0涂层上形成了大量的剥落和塑性黏着片层，其原因是此时涂层的硬度相对较低，在摩擦副正压力作用下，表面容易发生严重的塑性变形，经过摩擦副的往复挤压作用，逐渐形成大量的剥落和分层。图5-30(a_2)中显示3D形貌沟槽深、磨痕宽，且表面粗糙度大。

加入4%（原子分数）的Mo元素以后，涂层的磨痕变得光滑，表面没有因严重的塑性变形造成的黏着片层，取而代之的是较宽的犁沟，耐磨性有所提高。同时磨损机制也在发生变化，此时不再是塑性黏着磨损，而是逐渐过渡为磨粒磨损。进一步增加Mo元素含量时，磨痕的犁沟变得更加不明显，表面变得光滑，粗糙度降低，只有零星的剥落，三维形貌显示磨痕变得更浅、更光滑。当Mo元素含量增加到18%（原子分数）时，硬度显著提高，磨痕光滑，但是观察到垂直于磨痕方向出现了大量的微裂纹，虽然此时的磨损体积最小，但如果继续延长磨损试验的时间，涂层可能会出现脆性剥落，并且微裂纹的出现会为腐蚀介质提供额外的扩散通道，降低涂层的耐蚀性。

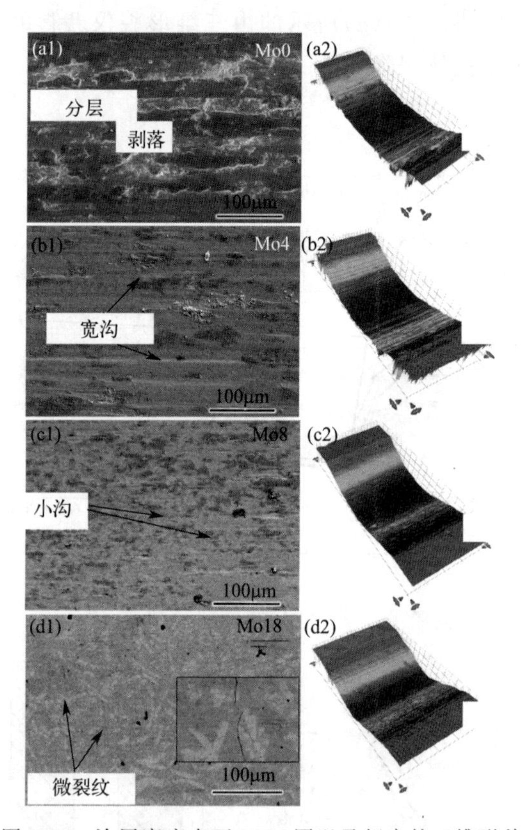

图5-30　涂层磨痕表面SEM图以及相应的三维形貌

(3) 涂层电化学性能测试及腐蚀机理

耐腐蚀性能是服役于海洋环境中金属构件的一项重要性能指标，而钝化膜的性能直接决定了材料耐蚀性的优劣。为了研究Mo元素含量对涂层的钝化膜性能的影响，在3.5%（质量分数）NaCl溶液中分别对不同涂层进行了动电位极化、静电势极化、Mott-Schottky测试以及电化学阻抗谱（EIS）测试，以表征涂层的不同特征，同时采用腐蚀浸泡的方法评价Mo元素对于涂层在浓盐酸环境下的腐蚀行为影响机制。

① 动电位极化测试　图5-31为四组涂层的Tafel测试曲线。可以看出Mo元素含量的增加显著扩大了涂层的钝化范围，表明钝化膜的稳定性逐渐提高。同时，由表5-

14 所示的拟合结果可知，涂层的自腐蚀电流密度也逐渐减小，因此，随着 Mo 元素含量的增加，涂层的腐蚀速率逐渐降低。Mo8 和 Mo18 涂层表现出最大的钝化范围，过钝化电位高于 0.6V（vs SCE），即 Cr_2O_3 的溶解电位，没有出现点蚀现象，较宽的钝化电位范围意味着钝化膜在腐蚀环境中更加稳定。Mo18 涂层的钝化电流密度高于 Mo4 与 Mo8 涂层，这是因为形成的大尺寸陶瓷相[图 5-28(d)]，加剧了不同相之间的电偶腐蚀，同时该涂层的自腐蚀电位最低。涂层在 Mo 元素含量为 4%（原子分数）时存在点蚀现象，而增加到 8%（原子分数）后，点蚀消失，说明涂层中 Mo 元素存在某一临界含量，高于该数值时可以消除涂层在 3.5% NaCl 溶液中的点蚀现象。

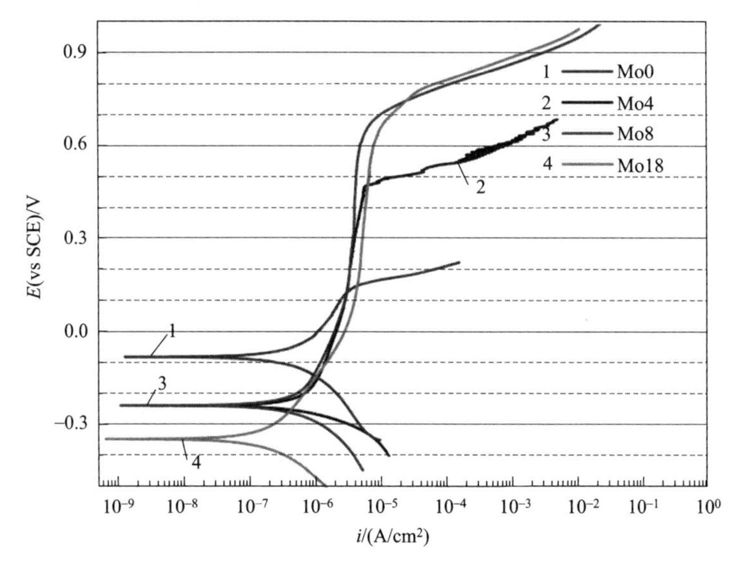

图 5-31 每组涂层的动电位极化曲线

表 5-14 在 3.5% NaCl 溶液中的动电位极化曲线拟合结果

样品	E_{corr}(vs SCE)/mV	i_{corr}/(nA/cm^2)	E_b(vs SCE)/mV
Mo0	−83.8	293	135.2
Mo4	−242.0	211	471
Mo8	−241.3	112	667.7
Mo18	−349.7	77.6	687.3

② 钝化膜分析 通过在不同电位下对涂层进行 1h 静电位极化，获取钝化膜，对其进行分析［由于 Mo0 涂层的点蚀电位低于 0.2V（vs SCE），这里不做分析］。同样根据第 3 章中 Macdonald 的 PDM 理论，将钝化膜看作一个双层膜，靠近金属基体侧是一个高度无序的缺陷层，主要由金属氧化物组成，外层膜由金属氢氧化物组成。因此选择图 5-32 所示的电路拟合 EIS 数据（同第 3 章）。

对钝化膜进行 EIS 分析，结果如图 5-33 所示，所有的 Nuquist 曲线均表现出半圆弧，表明钝化膜具有相似的钝化机理，Bode 曲线显示涂层在中频与低频段均具有较高的相位角，表明其具有良好的电容特性，钝化膜性能稳定，具体拟合结果列于表 5-15。

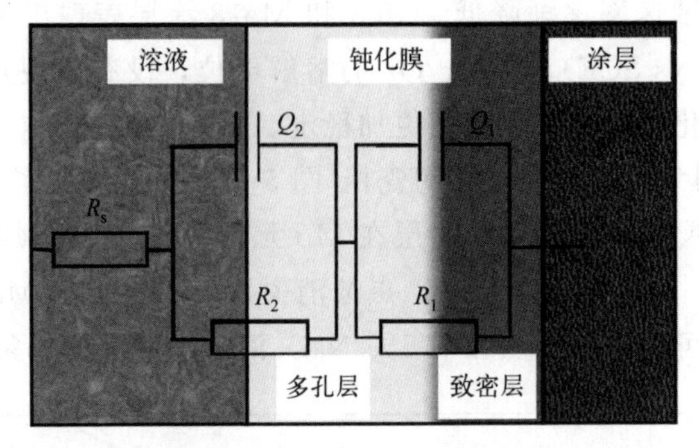

图 5-32　EIS 拟合等效电路图

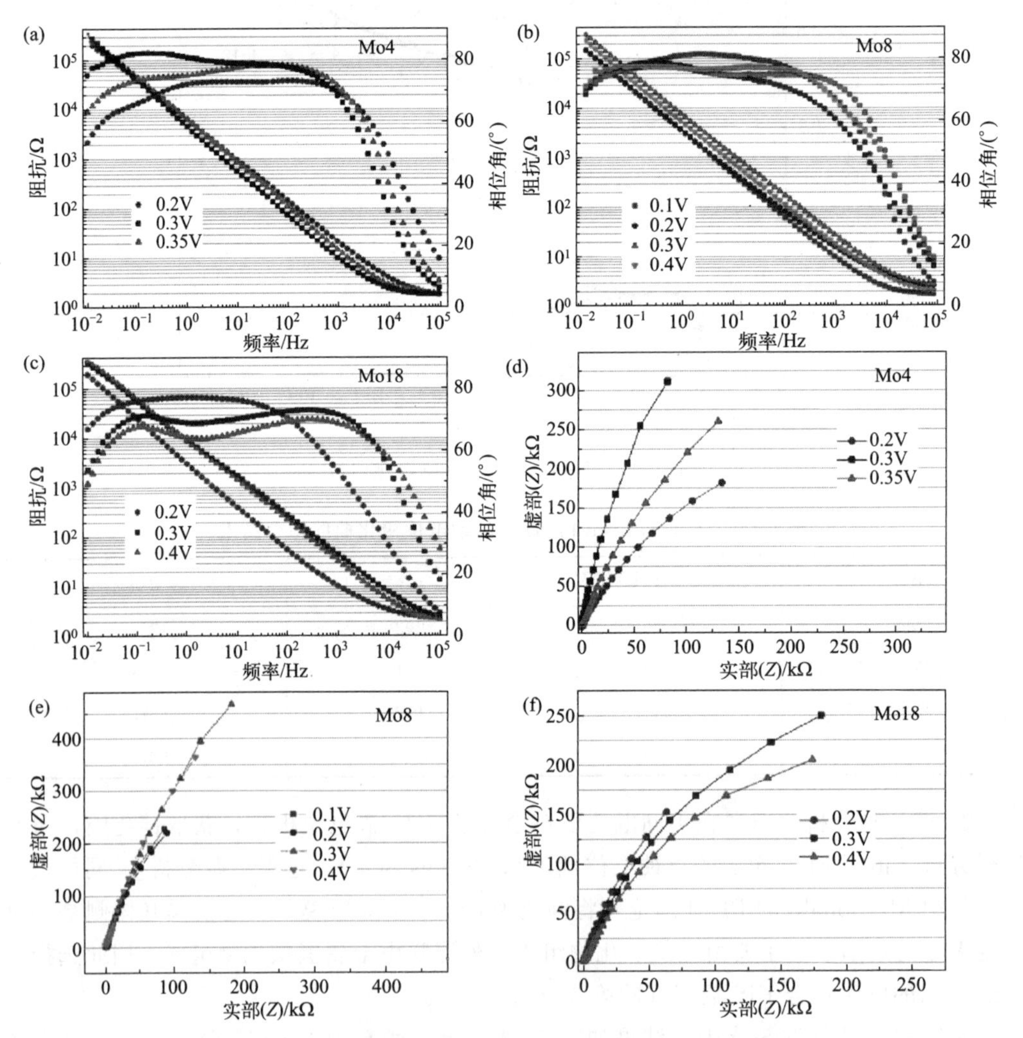

图 5-33　涂层 Mo4、Mo8 与 Mo18 在不同极化电位下的 Bode 图(a)、(b)、(c)与 Nyquist 图(d)、(e)、(f)

表 5-15 不同成膜电位下钝化膜的 EIS 拟合参数

样品		R_s /(Ω·cm²)	R_2 /(Ω·cm²)	R_1 /(Ω·cm²)	Q_2		Q_1		C_{eff_1}/(F/cm²)	d_1/nm
					n_2	Y_2/(F/cm²)	n_1	Y_1/(F/cm²)		
Mo4	0.2V	1.98	1240	5.63×10^{5}	0.768	1.358×10^{-4}	0.944	4.28×10^{-5}	1.71×10^{-5}	0.808
	0.3V	2.25	325	1.85×10^{6}	0.747	395×10^{-4}	0.942	4.11×10^{-5}	1.59×10^{-5}	0.87
	0.35V	2.14	2160	6.26×10^{5}	0.846	8.33×10^{-5}	0.941	2.99×10^{-5}	1.14×10^{-5}	1.21
Mo8	0.1V	2.53	639	1.02×10^{6}	0.627	1.71×10^{-3}	0.906	4.83×10^{-5}	1.03×10^{-5}	1.34
	0.2V	2.084	764	1.08×10^{6}	0.612	5.20×10^{-4}	0.906	4.04×10^{-5}	8.64×10^{-6}	1.60
	0.3V	2.376	488	2.47×10^{6}	0.748	1.56×10^{-4}	0.882	3.23×10^{-5}	4.47×10^{-6}	2.96
	0.4V	1.479	2850	3.01×10^{6}	0.499	2.90×10^{-3}	0.873	3.11×10^{-5}	3.90×10^{-6}	3.54
Mo18	0.2V	1.97	399	6.81×10^{5}	0.521	2.667×10^{-3}	0.881	5.15×10^{-5}	7.32×10^{-6}	1.89
	0.3V	1.89	584	1.05×10^{6}	0.806	2.59×10^{-4}	0.886	3.04×10^{-5}	4.69×10^{-6}	2.95
	0.4V	1.78	2642	5.84×10^{5}	0.740	6.06×10^{-5}	0.846	3.14×10^{-5}	2.58×10^{-6}	5.35

注：C_{eff_1} 为内层的有效电容，d_1 为内层的钝化膜厚度。

钝化膜的厚度及其变化是影响其耐蚀性的重要参数，可以表示为：

$$d=\frac{(\varepsilon\varepsilon_0)^n A}{gQ\rho_d{}^{(1-n)}} \tag{5-2}$$

式中，ε 为介电常数（15.6）；ε_0 为真空介电常数（8.8542×10^{-12}F/m）；A 为样品的有效表面积；d 为薄膜厚度，nm；Q 表示电路中的非理想电容（CPE，恒相位角元件），即 Q_1 和 Q_2；ρ_d 表示电阻率；另外，g 是 n 的函数，可表示为：

$$g=1+2.88(1-n)^{2.375} \tag{5-3}$$

由表 5-15 中的 R 值可以看出，与内层电阻相比，外层电阻可以忽略不计。因此，只计算了内层钝化膜的厚度。

图 5-34 为 Mo4、Mo8 和 Mo18 涂层的成膜电位与相应膜厚表现出的线性相关示意图，与 PDM 的假设一致，斜率分别为 2.43nm/V、9.73nm/V 和 16.41nm/V。成膜率或线性斜率 K 可表示为：

$$K=\frac{(1-\alpha)}{E_0} \tag{5-4}$$

式中，E_0 是整个薄膜内部的平均电场强度。由上式可知，当 $\alpha=0.5$ 时，Mo4、Mo8 和 Mo18 涂层的电场强度分别为 2.06mV/cm、0.514mV/cm 和 0.305mV/cm。在相同电势下，随着 Mo 含量的增加，膜的成膜速率增大，厚度增大，内部电场强度降低。

钝化膜的成分分析通过 XPS 技术实现，选取的成膜电位为 0.2V（vs SCE），考虑到此时对于 Mo0 涂层已经处于过钝化区，因此未对该涂层进行分析。测试结果如图 5-35 所示。各元素分峰拟合所选取的结合能已在第 3 章中详细表述。

从图 5-35(e)可以看出，三组涂层中金属态的 Mo 元素含量明显高于名义成分，即 Mo 元素在钝化膜以及涂层表面区域富集，金属态 Cr 与 Co 元素的含量随着 Mo 元素的

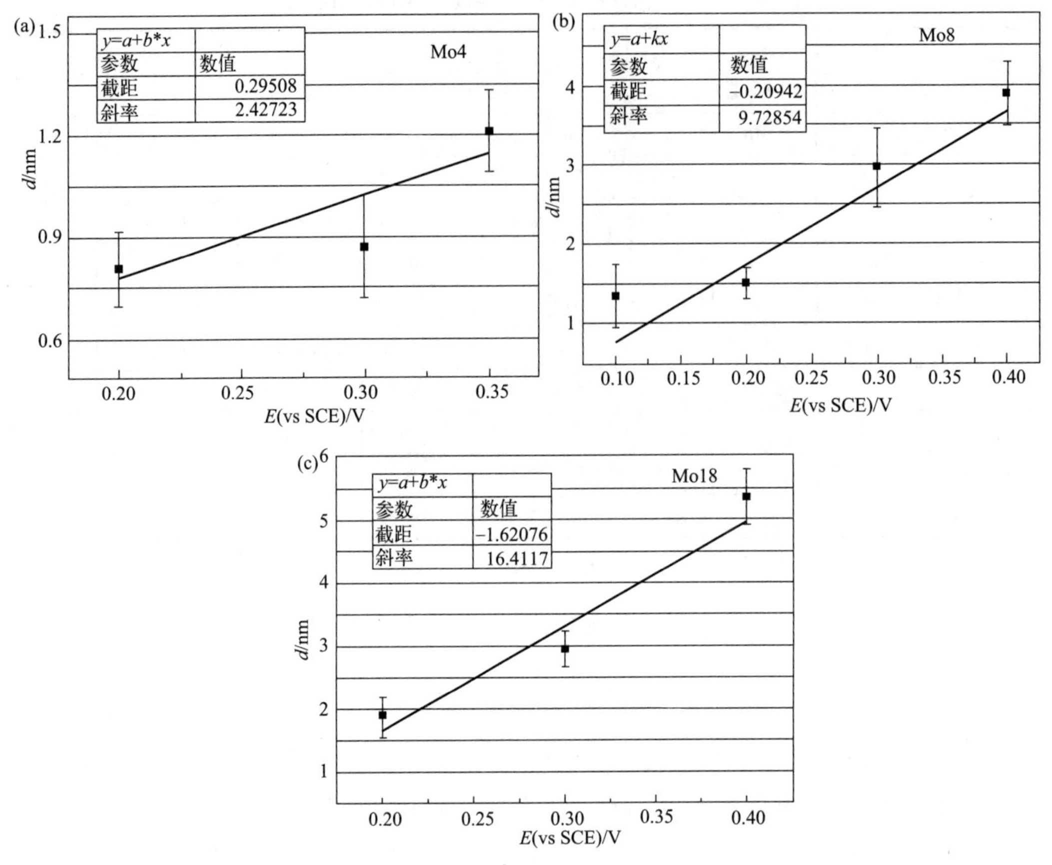

图 5-34 涂层的静电位极化钝化膜厚度与成膜电位之间的线性关系

添加逐渐减小，说明 Cr 与 Co 元素的选择性溶解导致了钝化膜与涂层表面 Mo 元素的富集。而金属态的 Ni 元素含量变化不明显，但是少于名义成分，说明 Mo 元素的添加未导致 Ni 元素溶解速率的增加。

在图 5-35(f)所示的金属离子态含量分布中可以看出，离子态的 Mo 元素逐渐增加，且明显高于其名义成分含量，Cr 元素的离子态含量虽然逐渐降低，但是其含量也明显高于名义成分，而 Co 与 Ni 元素的离子态含量少，低于名义成分含量，这说明金属原子溶解后，Mo 与 Cr 元素的氧化物与氢氧化物附着在涂层表面成为钝化膜的主要组成部分，而 Co 与 Ni 元素的氧化物与氢氧化物则溶解到溶液中。

根据图 5-36 中对氧元素的分析可以发现，随着 Mo 元素含量的增加，钝化膜中氧化物的含量先增加后减少，而氢氧化物的趋势相反，结合涂层的微观组织以及对涂层的电化学测试分析，涂层在未形成大尺寸陶瓷颗粒之前，耐蚀性随着 Mo 元素含量的增加而增加，即涂层中氧化物的含量增加，氢氧化物含量降低。当 Mo 元素过量导致其他陶瓷相形成后，耐蚀性开始下降，氧化物含量减少，而氢氧化物含量升高。

前述对 Tafel 曲线的分析已经表明涂层消除点蚀现象时的 Mo 元素含量在 4%～8%(原子分数)。结合图 5-35(f)与图 5-36(b)分析，Mo18 涂层氧化物含量虽然低于 Mo4 涂层，但是没有点蚀现象发生，说明 21.6%的氧化物含量足够抵抗点蚀，因此，Mo4 涂

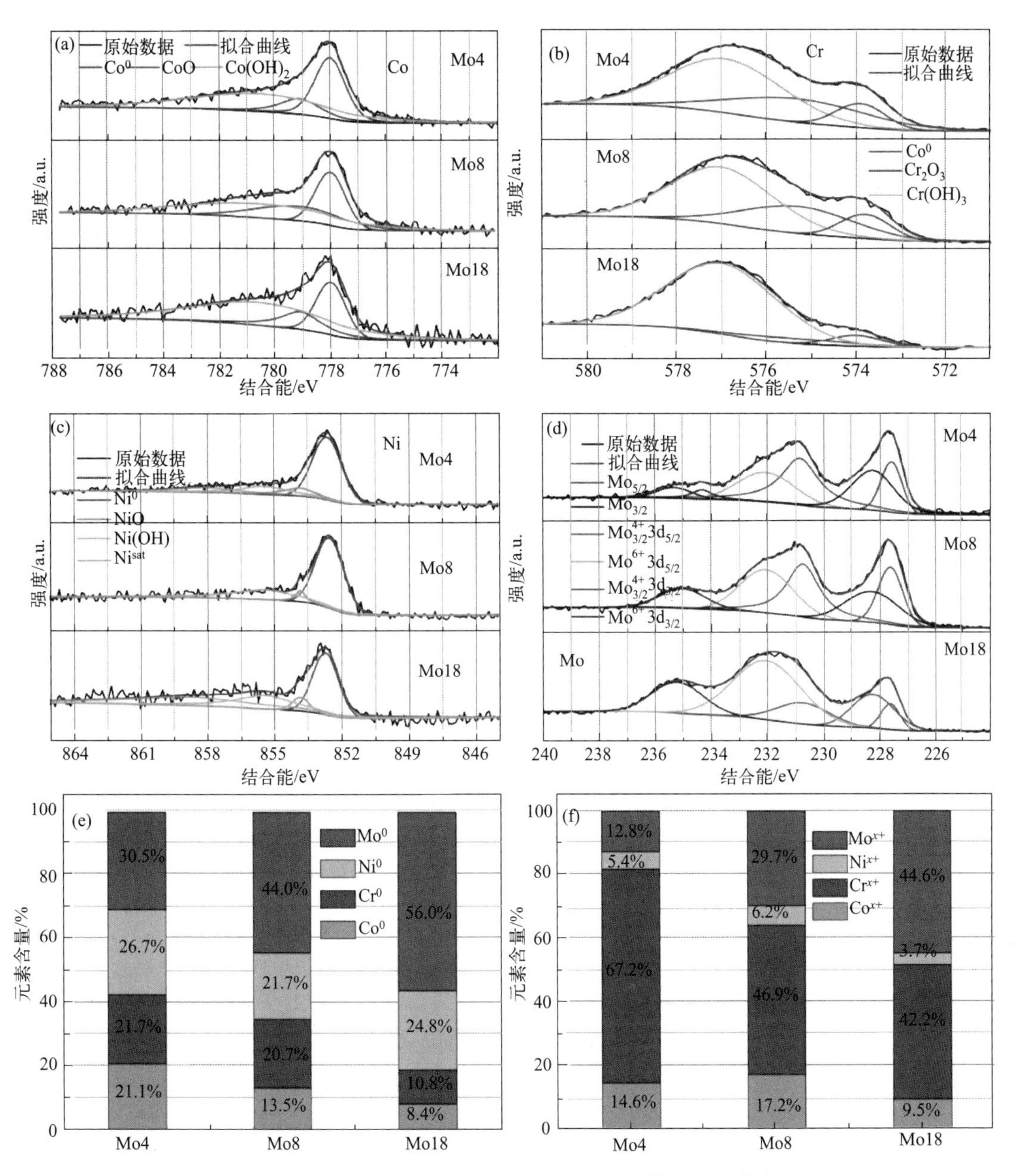

图 5-35　涂层钝化膜中不同金属元素 XPS 测试结果及对应含量

层无法消除点蚀的原因是此时钝化膜中 Mo 的离子态含量（12.8%）不足，当该数值增加到 Mo8 涂层的 29.7%时可以消除点蚀。

因此要消除点蚀现象，要同时保证涂层的钝化膜中氧化物含量（主要是 Cr_2O_3）与 Mo 元素的离子态浓度高于某一临界数值。本文的测试条件下，氧化物含量在低于 21.6%的某一数值，Mo 元素离子态浓度临界值介于 12.8%～29.7%（原子分数）之间。

③ Mott-Schottky 测试与 PDM 理论分析　确定电子与点缺陷在钝化膜中的静电场

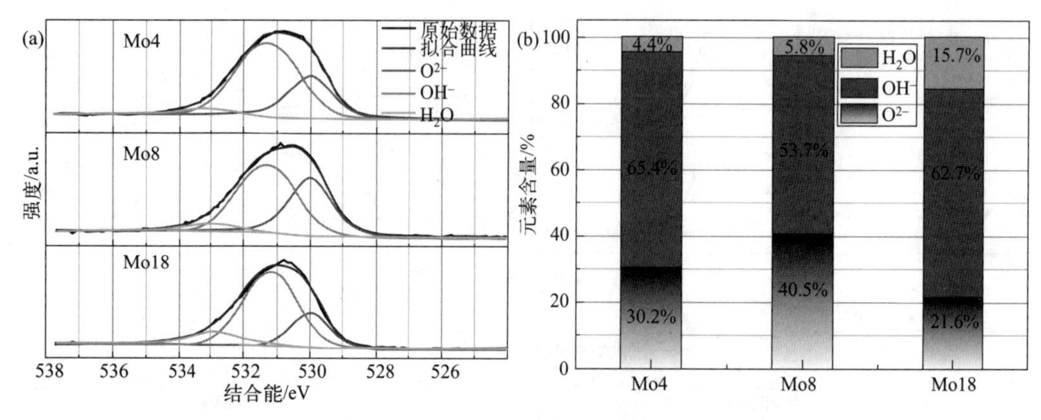

图 5-36 涂层钝化膜中氧元素 XPS 测试结果及对应含量

作用下的输运行为对于描述钝化膜的形成与溶解十分关键。因此，有必要分析钝化膜的半导体行为以及载流子情况。Mott-Schottky 分析是评价这些性能的有效手段，其原理可表示为：

$$\frac{1}{C^2}=\pm\frac{2}{\varepsilon\varepsilon_0 eN}\left(E-E_{FB}-\frac{kT}{e}\right) \tag{5-5}$$

式中，正负号分别表示 n 型和 p 型半导体；e 为电子电荷；E 为外加电位；E_{FB} 为平带电势；k 为玻尔兹曼常数；T 为热力学温度；N 为载流子密度。因此，C^{-2} 与 E 成线性反比关系。

图 5-37(a1)、(b1)、(c1)为 Mo4、Mo8 和 Mo18 涂层在不同电位下形成的钝化膜的 Mott-Schottky 响应。所有曲线的斜率为正，说明钝化膜都具有 n 型半导体性质，其点缺陷主要为氧空位或者金属阳离子间隙。但是每条曲线只有部分电位区间表现为线性关系，这是由于钝化膜的不均匀性与表面吸附作用导致的。

根据 PDM 理论，钝化膜的形成与溶解动力学与钝化膜内的载流子浓度差以及在电场作用下的迁移有关。因此，载流子的扩散系数与密度对于钝化膜的形成与溶解至关重要。式(5-6) 描述了载流子密度 N_D 与成膜电位 E_f 之间的指数关系：

$$N_D=\omega_1\exp(-bE_f)+\omega_2 \tag{5-6}$$

式中，ω_1、ω_2、b 为与缺陷在钝化膜内扩散有关的常数。

钝化膜的载流子密度通过图 5-37 中表示的直线部分斜率计算获得。得到的载流子密度与相应的成膜电位关系如图 5-37(a2)、(b2)、(c2)所示。

结合 Nernst-Plank 输运方程，ω_2 和 D_0 的关系可以描述为：

$$\omega_2=-\frac{J_0}{2KD_0} \tag{5-7}$$

式中，$K=\gamma E_0$，$\gamma=F/(RT)$，F 为法拉第常数，E_0、D_0 和 J_0 分别为平均电场强度、扩散系数以及电荷通量。D_0 可表示为：

$$D_0=-\frac{J_0RT}{2F\omega_2E_0} \tag{5-8}$$

对于双电荷氧空位而言，$J_0=-i_{ss}/(2e)$，i_{ss} 是稳态电流密度。如图 5-37(a3)、(b3)、 (c3)所示，Mo4、Mo8 和 Mo18 涂层的稳态电流密度分别为 $252nA/cm^2$、$272nA/cm^2$ 和 $481nA/cm^2$。因此，Mo4、Mo8 和 Mo18 涂层的氧空位扩散率分别为 $6.29\times10^{-18}cm^2/s$、$1.86\times10^{-16}cm^2/s$ 和 $8.26\times10^{-16}cm^2/s$。因此，钼元素显著地提高了钝化膜的形成速度，可以快速修复钝化膜的受损区域。

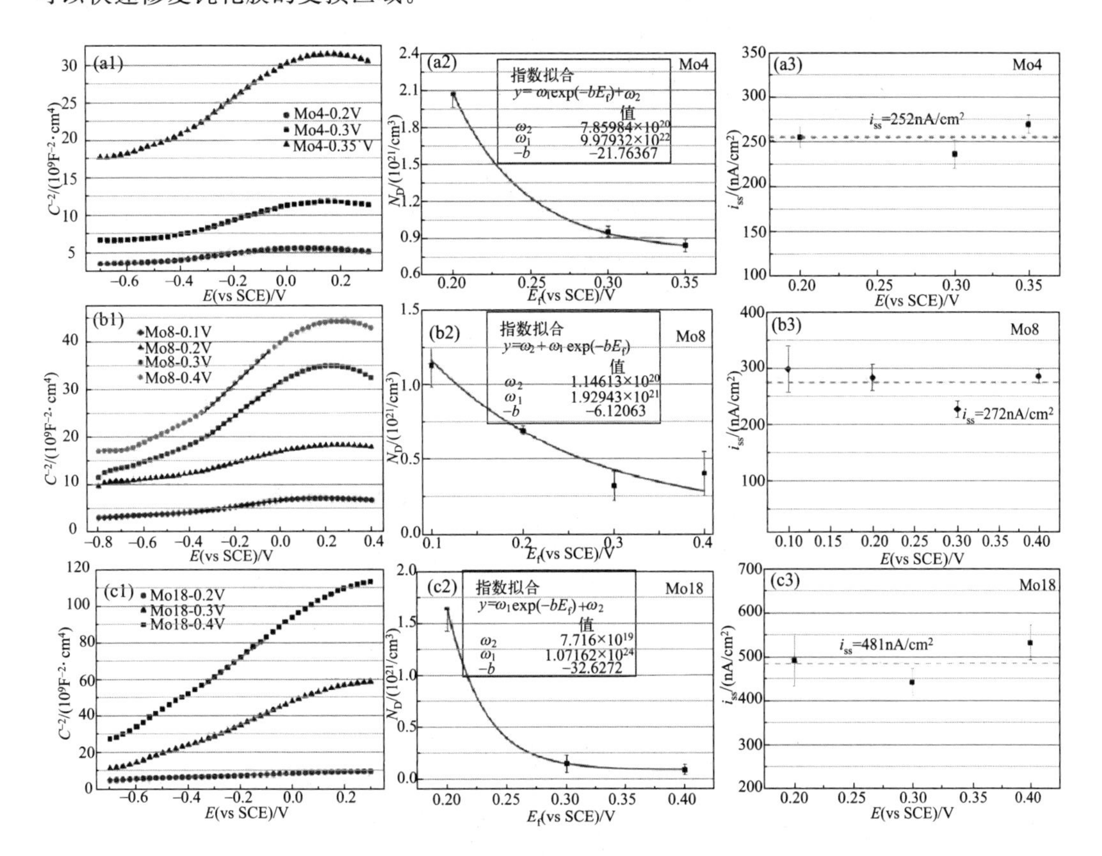

图 5-37 涂层 Mott-Schottky 测试

(a1)、(b1)、(c1)不同电位下各涂层的 Mott-Schottky 图；(a2)、(b2)、(c2)供体密度变化及拟合参数；(a3)、(b3)、(c3)不同电位下的准稳态电流密度

④ 浸泡腐蚀试验 为了进一步验证涂层的耐蚀性，采用浸泡的方法对涂层的耐蚀性进行了测试。浸泡溶液选用 12mol/L 的浓盐酸，Mo0 涂层浸泡 1h，其他涂层浸泡 6h。浸泡后的 SEM 和 3D 形貌图像如图 5-38 所示。从图 5-38(a1)中可以明显看出，浸泡 1h 后，Mo0 涂层腐蚀严重，特别是在树枝状区域遭受了严重的选择性腐蚀，三维形貌图 5-38(a2)中可以观察到大量的深度约为 $9\mu m$ 的点蚀坑。

Mo4 涂层也表现出类似于 Mo0 的选择性腐蚀，但腐蚀程度要低得多[图 5-38(b1)、(b2)]。此外，未观察到点蚀。当 Mo 含量达到 8%（原子分数）时，枝晶区域的腐蚀程度明显减弱，如图 5-38(c1)和（c2）所示，只观察到几个浅坑，而这些坑是由激光熔覆过程中的气孔缺陷引起的。对于 Mo18 涂层，SEM 图并未观察到显著的腐蚀倾向，但在三维形貌中观察到了许多点蚀坑，可能是由于大块陶瓷相的形成导致的电偶腐蚀所致的。

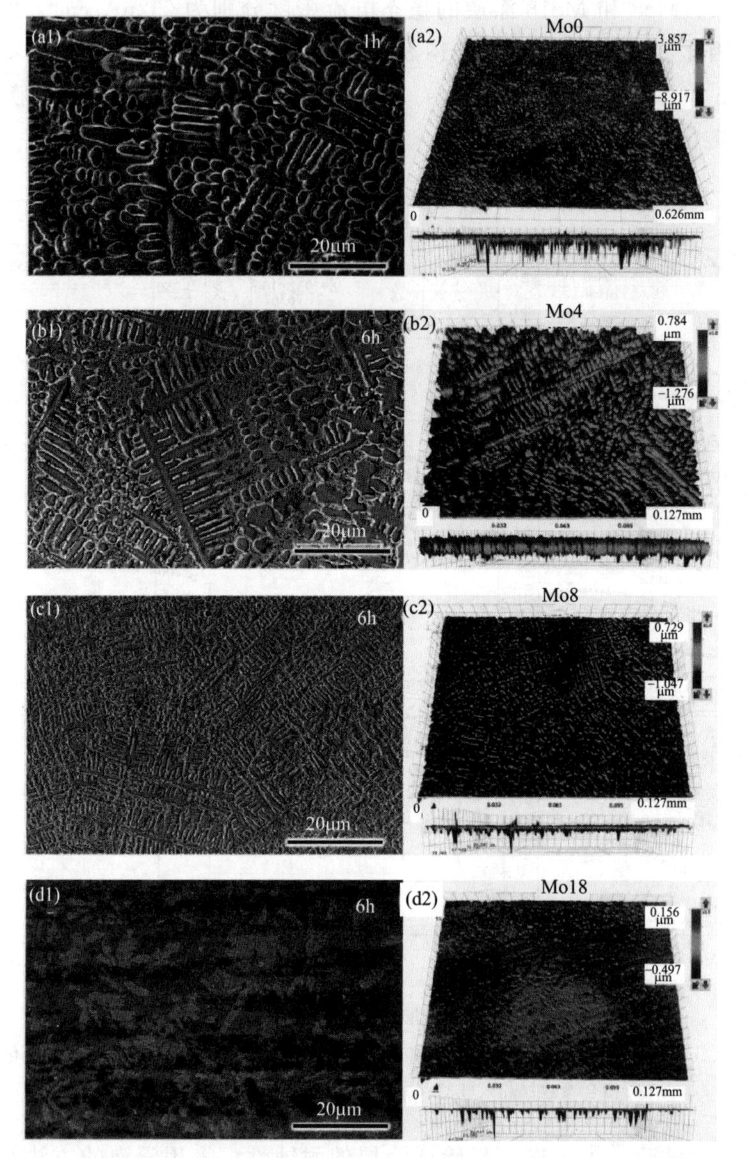

图 5-38 不同涂层在 12mol/L HCl 溶液中浸泡后的 SEM 图以及相应的三维形貌

（4）分析与讨论

① 晶体学位向关系 由于不同物相之间的电位差异，金属基复合材料通常电偶腐蚀较重，耐蚀性较差，但是，本次研究的体系虽然具有较高含量的陶瓷相，但涂层依然具有优异的耐蚀性能。研究表明晶体学位向关系对材料的力学性能、电化学行为具有重要影响。因此，首先采用 TEM 方法对涂层 Mo8 的相界面进行表征，以明确 $M_{23}(B, C)_6$ 与基体 FCC 相之间的界面匹配关系。

图 5-39、图 5-40 与图 5-41 是两相在不同位置处的界面 HRTEM 图像，分别对应了三组不同的平行晶带轴，分别为［111］、［$\bar{1}$12］以及［001］晶带轴。从图中的 HRTEM 与 IFFT 图中可以明显看出两相在界面处具有良好的共格关系，且没有形成位错。

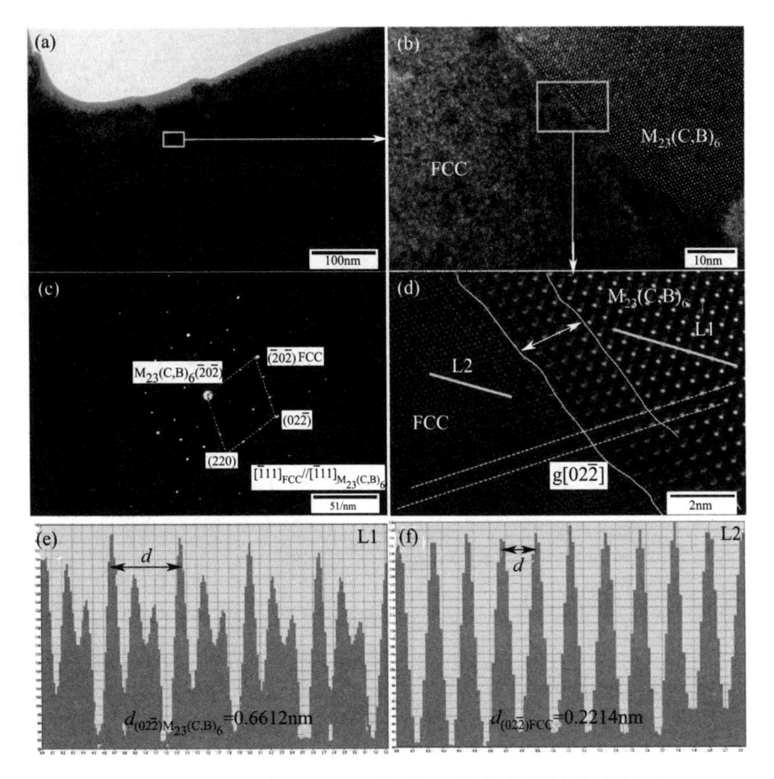

图 5-39 Mo8 涂层相界面沿［111］晶带轴的位向关系

(a) 明场像；(b) FCC 与 M_{23} (B, C)$_6$ 界面 HRTEM 图；

(c)、(d) 相界面 SAED 与 IFFT 图像；(e)、(f) 两相 (022) 晶面的晶面间距

从计算的晶格常数来看，M_{23} (B，C)$_6$ 的晶格常数近似为 FCC 相的三倍，使得相界面原子在过渡时几乎没有畸变产生。与非共格界面相比，共格界面具有更低的能量，可以提供更强的结合力，减少原子扩散通道，提高原子扩散能垒，因此对力学性能与电化学性能都十分有利，这对于该涂层优异的耐磨与耐蚀性十分重要。

② 涂层硬度的提高　从上文的分析可以得出，添加的 Mo 元素首先以固溶的形式进入基体 FCC 相与 M_{23} (B，C)$_6$ 陶瓷相。因此，可以通过固溶强化效应计算其对基体屈服强度的影响，具体可表示为：

$$\Delta\sigma_s = M\frac{G\varepsilon_s^{3/2}c^{1/2}}{700} \tag{5-9}$$

式中，G 为基体 FCC 相的剪切模量（此处取 78.5GPa）；c 为 Mo 元素在基体 FCC 相中的摩尔比，该数值通过 EDS 结果确定；$M=3.06$，是多晶 FCC 相剪切应力转变为正应力的转换泰勒因子；ε_s 为相互作用参数，可表示为：

$$\varepsilon_s = \left|\frac{\varepsilon_G}{1+0.5\varepsilon_G} - 3\varepsilon_a\right| \tag{5-10}$$

该表达式包含了原子之间的弹性效应 ε_G 与原子尺寸差异 ε_a，即：

$$\varepsilon_G = \frac{1}{G}\times\frac{\partial G}{\partial c} \tag{5-11}$$

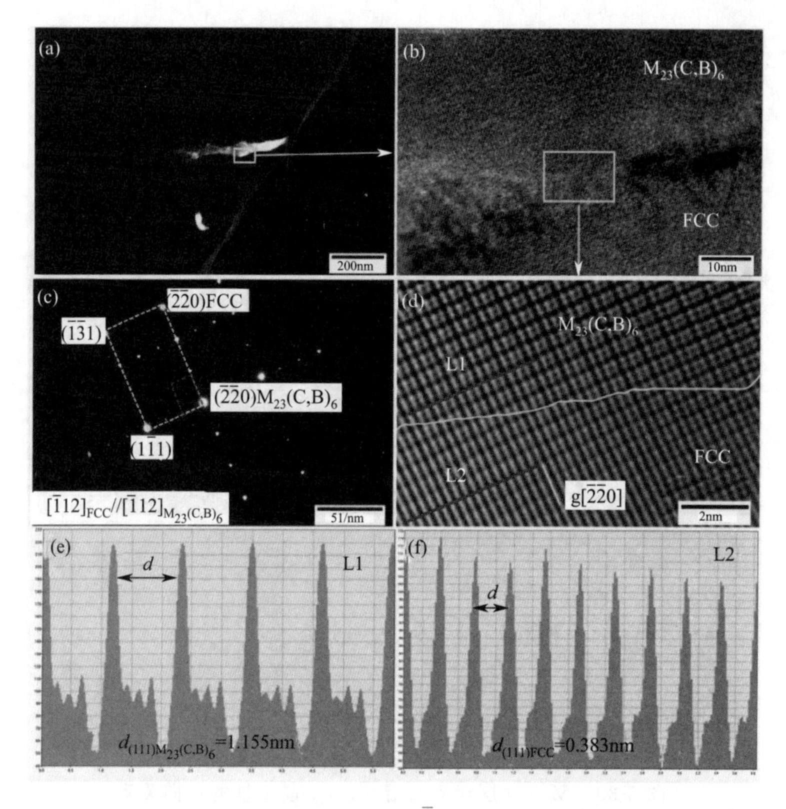

图 5-40 Mo8 涂层相界面沿［$\bar{1}12$］晶带轴的位向关系

(a)明场像；(b)FCC 与 $M_{23}(B,C)_6$ 界面 HRTEM 图；

(c)、(d)相界面 SAED 与 IFFT 图像；(e)、(f)两相(111)晶面的晶面间距

$$\varepsilon_a = \frac{1}{a} \times \frac{\partial a}{\partial c} \tag{5-12}$$

式中，a 为基体 FCC 相的晶格常数。

ε_a 可由 XRD 计算的晶格常数确定（Mo0 为 0.3519nm，Mo4 为 0.3547nm，Mo8 为 0.3599nm），ε_G 的数值变化很小，通常对其影响予以忽略，因此，Mo 元素的固溶导致的晶格畸变是提高强度的主要因素。当 Mo 元素的添加量为 4%（原子分数）时，EDS 测得的基体 FCC 相中 Mo 元素含量为 2.13%（原子分数），因此，由上述公式计算得到的固溶强化对基体屈服强度的提高为 59.42MPa，根据维氏硬度与屈服强度之间的 Tabor 关系可以得出硬度提高约为 19.8HV。当 Mo 元素含量增加到 8%（原子分数）时，FCC 相中 Mo 元素的含量增加到 5.88%（原子分数），此时相比于 Mo0 涂层，其固溶强化导致的屈服强度提高为 103.95MPa，硬度约为屈服强度的 1/3，即硬度提高约为 34.6HV。

从 SEM 图中可以看出，当 Mo 元素含量增加到 4%（原子分数）时，与 Mo0 涂层相比，其树枝晶尺寸未发生明显变化，经统计计算约为 4.14μm，此时细晶强化作用可以忽略，但当进一步增加 Mo 元素含量到 8%（原子分数）时，晶粒尺寸减小为 1.12μm。其屈服强度与晶粒尺寸的关系可通过经典的 Hall-Petch 公式计算，即：

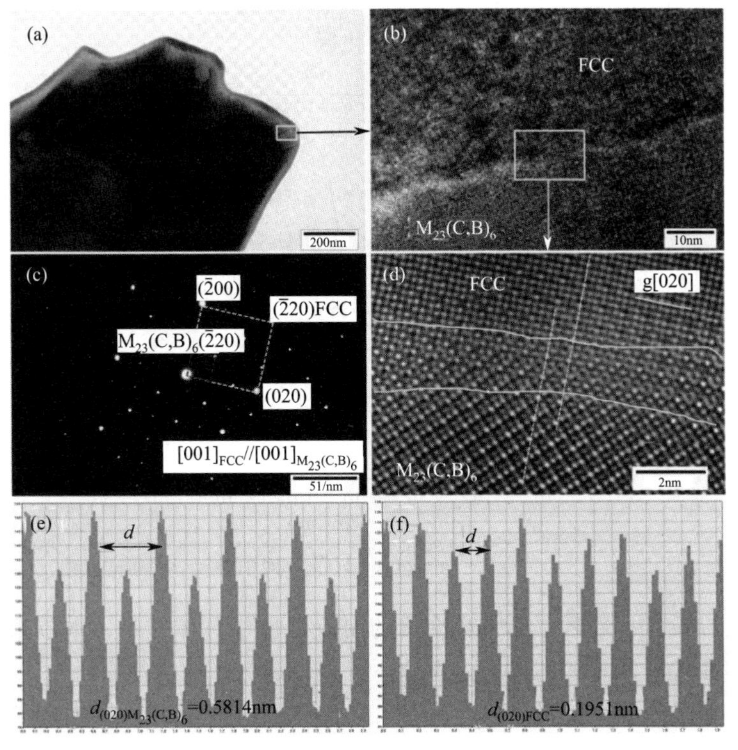

图 5-41 Mo8 涂层相界面沿［001］晶带轴的位向关系

(a)明场像；(b)FCC 与 $M_{23}(B,C)_6$ 界面 HRTEM 图；(c)、(d)相界面 SAED 与 IFFT 图像；(e)、(f)两相(020)晶面的晶面间距

$$\sigma_y=\sigma_o+k_y/d^{1/2} \tag{5-13}$$

式中，σ_y 为屈服应力；σ_o 为点阵摩擦应力；k_y 为强化系数；d 为平均晶粒直径。

屈服强度的变化可表示为：

$$\Delta\sigma_y=k_y(d_B^{-1/2}-d_A^{-1/2}) \tag{5-14}$$

式中，d_B 与 d_A 为调整前后的晶粒尺寸，此处对应 Mo0 与 Mo8 涂层的晶粒尺寸。

本例根据 Liu 对 CoCrFeNiMn 体系的研究结果，取强化系数 $k_y=677\text{MPa}\cdot\mu\text{m}^{1/2}$，计算得到 $\Delta\sigma_y$ 为 285.27MPa，硬度提高约为 95.09HV。

因此，Mo4 涂层的 FCC 相硬度比 Mo0 提高 19.8HV，Mo8 涂层的基体 FCC 相硬度比 Mo4 提高 129.69HV，其硬度提高趋势与图 5-29（a）中的趋势一致，但是其数值略小于实际测量数据。分析其原因主要有三方面：一是固溶强化与细晶强化的计算方法本身的假设所导致的误差；二是 Mo 元素的添加可能会导致 M_{23}（B，C)$_6$ 的体积分数有细微差异，从而导致硬度变化；三是 Mo 元素固溶进入 M_{23}（B，C)$_6$ 后同样能够提高其硬度与稳定性。

③ 涂层优异的抗点蚀能力　从图 5-42 中的 Tafel 曲线可以看出，当 Mo 元素含量达到 8%（原子分数）时，钝化膜不发生点蚀现象，即 Mo 元素的添加可有效降低点蚀坑的溶解动力学，使涂层具有更高的耐点蚀性能。其中一方面是由于 Mo 元素能有效地

提高与其他合金元素的结合强度，并且与氧有较大的亲和力，因此能有效地减缓金属的溶解速率，同时形成具有很强阻隔作用的钝化膜。

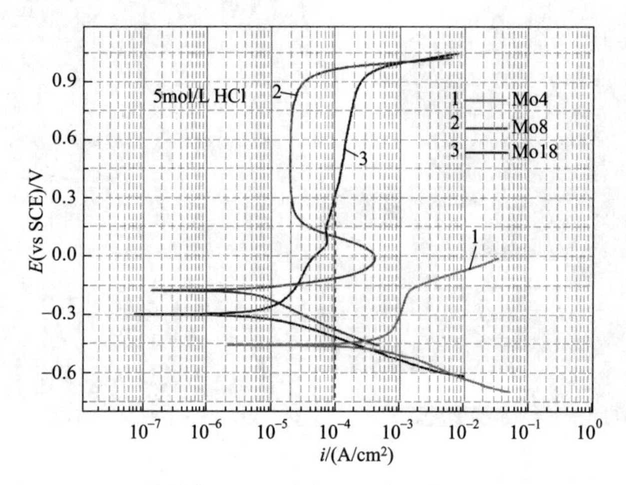

图 5-42　三组涂层在 5mol/L 的 HCl 溶液中的 Tafel 测试曲线

为了定量解释 Mo 元素的添加对涂层的耐点蚀性的具体作用，本节采用了 Li 等人提出的局部腐蚀理论，对其进行量化评价。该理论认为，在腐蚀介质中，只有亚稳点蚀坑内的攻击性离子浓度大于某一临界值时，才能将亚稳坑转变为稳定的点蚀。因此，为了避免亚稳态点蚀坑的生长或防止孔隙缺陷的扩大，要求最大坑内溶解电流密度 $i_{\text{diss、max}}$ 必须低于临界扩散电流密度 $i_{\text{diff、crit}}$，以保证坑内具有温和的腐蚀环境。这就要求在模拟的点蚀坑溶液中，$i_{\text{diss、max}}$ 必须尽量小，而 $i_{\text{diff、crit}}$ 必须尽量大。其中 H^+ 和 Cl^- 被认为是最普遍的腐蚀攻击性离子，特别是在海洋环境中，而 5mol/L 的 HCl 溶液则被认为是模拟真实点蚀坑内腐蚀环境的合适浓度。

从图 5-42 所示的极化曲线可以看出，Mo8 涂层的耐蚀性最好，自腐蚀电位最高，约为 -155mV，钝化电流密度最低，约为 10^{-5}A/cm^2。由于 Mo 元素的高含量，Mo18 涂层也表现出较强的钝化性能，其钝化电流密度约为 10^{-4}A/cm^2，其钝化电流密度的增加主要是由于涂层中形成大量的陶瓷相，导致电偶腐蚀的增加所造成的。而在 Mo4 涂层中，由于 Mo 元素含量低，表面形成的钝化膜保护性差，不足以承受过高的极化电位，因此导致其在低于 0V（vs SCE）的电位下钝化膜就发生了破裂，这与图 5-38(a_1)、(a_2)中所示的浸泡测试结果以及在 3.5%的 NaCl 溶液中的 Tafel 测试结果一致。

$i_{\text{diff、crit}}$ 可以通过扩散速率、点蚀坑中金属阳离子的浓度和坑的几何形状来确定。通过 SEM 的观察发现大多数点蚀坑为半球形，这是在激光熔覆过程中元素之间剧烈反应与较高的冷却速率抑制了气体的逸出而导致的气孔。因此 $i_{\text{diff、crit}}$ 可表示为：

$$i_{\text{diff、crit}}=\frac{3nFDC_{\text{crit}}}{2\pi r} \tag{5-15}$$

式中，n 为金属阳离子的平均氧化价态；F 为法拉第常数；D 为金属离子的扩散系数；C_{crit} 为金属阳离子的临界浓度；r 为点蚀坑的半径。

假设金属元素的氧化态分别为 Ni^{2+}、Cr^{3+}、Co^{2+} 和 Mo^{4+}，因此计算出 Mo8 和

Mo18 涂层对应的 n 值分别为 2.48 和 2.67。金属离子在溶液中的扩散系数 D 一般在 $10^{-5}\mathrm{cm}^2/\mathrm{s}$。$C_{\mathrm{crit}}$ 代表了金属元素活性溶解所必需的离子的临界浓度。考虑到材料优异的耐蚀性，C_{crit} 假定为 C_{sat}，即代表最具侵略性的坑内环境的金属阳离子的饱和浓度，本研究中采用纯镍的饱和离子浓度 $4.7\times10^{-3}\mathrm{mol/cm}^3$。因此，计算得出的 Mo8 和 Mo18 涂层由亚稳点蚀坑扩展成为稳定点蚀坑的临界尺寸在 $10^3\mathrm{cm}$ 和 $10^2\mathrm{cm}$ 数量级，该尺寸远远大于实际观察到的点蚀坑的尺寸。因此，实际亚稳坑内的溶解电流密度（$i_{\mathrm{diss,max}}$）始终小于（$i_{\mathrm{diff,crit}}$），即实际亚稳点蚀坑不会失稳扩展，因此，不会发生点蚀。

5.3.3 小结

经过试验验证，Mo 元素作为涂层中必不可少的元素，对提升材料的磨损、腐蚀抗力具有显著的作用。本节在第 3 章所优化的成分体系的基础上探索了 Mo 元素的含量对于涂层磨损与腐蚀性能的影响，同时分析了相应的磨损、腐蚀机理。通过多种测试方法研究不同 Mo 元素含量下涂层的磨损性能、腐蚀行为，得出的主要结论如下：

① 在 CoCrNiMoCB 体系中，少量 Mo 元素的添加通过固溶强化和细晶强化的方式有效提高了涂层的硬度，从而改善了涂层的耐磨性。Mo 元素添加到 18%（原子分数）时，有大量含 Mo、B 元素的陶瓷相形成，能够显著提高涂层硬度与耐磨性，但由于电偶腐蚀的加剧，其耐蚀性下降。

② Mo 元素含量的增加能够有效提高涂层的耐点蚀性能，当 Mo 元素含量达到 8%（原子分数）时，涂层的点蚀现象消失。EIS 测试结果表明，随着 Mo 元素含量增加，钝化膜厚度逐渐增大，钝化膜内的电场强度降低。Mott-Schottky 测试结果结合 PDM 理论分析表明 Mo 元素的加入提高了载流子的扩散系数，促进了破损钝化膜的快速修复。

③ Mo8 涂层的强化相与基体之间具有良好的共格界面关系，这对于涂层的力学性能与电化学性能都具有促进作用。

④ 模拟点蚀坑内腐蚀环境试验表明，Mo8 与 Mo18 涂层的最大坑内溶解电流密度远小于离子的临界扩散电流密度，临界点蚀坑尺寸远大于实际观察的亚稳坑尺寸，亚稳点蚀坑不会继续稳定扩展为稳定点蚀坑，涂层具有优异的耐点蚀性能。

5.4 Co 元素调控 CoCrNiMoCB 涂层耐磨耐蚀性能

上一节中详细研究了 Mo 元素的添加对于体系磨损与腐蚀性能的影响。当 Mo 元素保持在 8%～14%（原子分数）的范围内时，能够保证涂层中只形成 FCC 基体相与一种碳化物 $M_{23}(B,C)_6$ 相，此时可以调整其含量，通过固溶强化与细晶强化的方式改变涂层的硬度，从而调控其磨损性能，同时又可以扩大其钝化电位区间，消除在 3.5% NaCl 溶液中的点蚀现象，从而在一定成分范围内实现耐磨耐蚀性能的同步提升，对于开发磨损、腐蚀环境下的材料具有重要意义。

Co 元素及其合金具有优异的力学性能、高温强度、耐腐蚀性能以及高磁化率等特点，但其在结构件中应用相对较少，主要原因是 Co 是一种非常重要的战略资源，成本相对较高，因此，主要用于一些重要设备的关键部件中，如飞机的高温发动机、海洋工程设备中的球阀等。研究表明，Co 元素有利于提高合金的加工硬化能力，从而提高金属性能。在镍基合金中添加 Co 元素能够降低合金的层错能，增加变形过程中的层错，从而提高加工硬化能力，降低磨损率。在 CoCrNi 体系中增加 Co 元素的含量同样能够降低合金的层错能，促使合金的变形模式向孪晶与马氏体相变转变，从而实现体系强韧性的同步提升。

迄今为止，介绍 Co 元素在高熵合金中的作用的报道并不多。通过上述分析可知，Co 元素对合金的强度与耐蚀性都具有一定的促进作用。因此，对于本次制备的高熵合金复合涂层，有必要研究 Co 元素对于其力学性能与腐蚀行为的作用，分析相应的机理，并结合第一性原理的方法计算 Co 元素的添加对界面结合强度、电子分布特性的影响，从而从原子、电子尺度分析 Co 元素对涂层的磨损、腐蚀性能的影响机理。

5.4.1 涂层制备与性能测试

（1）样品制备

本次所用的粉末总量为 1.0mol，根据表 5-16 中的名义成分分别称取相应纯粉质量，具体质量如表 5-17 所示。

表 5-16 熔覆涂层粉末名义成分

样品	成分(原子分数)/%					
	Co	Cr	Ni	Mo	B	C
Co0	0	40.5	40.5	14	4	1
Co0.3	10.60	35.2	35.2	14	4	1
Co0.6	18.70	31.15	31.15	14	4	1

表 5-17 激光熔覆涂层初始粉末质量

样品	粉末质量/g				
	Co	Cr	Ni	Mo	B_4C
Co0	0	21.06	23.77	13.43	0.55
Co0.3	6.25	18.30	20.66	13.43	0.55
Co0.6	11.03	16.20	18.28	13.43	0.55

（2）表征与测试

本节首先通过 XRD 表征了熔覆涂层的主要物相，扫描范围 30°～100°，扫描速率 4(°)/min。采用 SEM 与 EDS 表征了涂层在微米尺度的物相结构与成分分布，同时采用 TEM 与 HRTEM 结合能谱分析了涂层中不同物相之间的界面结构特征与纳米尺度的成分分布，并通过 SAED 确定不同物相的晶体结构。通过 SKPFM 测定不同物相之间的电位差异，以评价 Co 元素的添加对于调整不同物相之间的功函数的作用，进而分析其对腐蚀行为的影响。

TEM 试样的制备方法有两种：用于组织特征、成分分布与物相晶体结构分析的样品，采用常规研磨与离子减薄相结合的方式制备；而磨痕表面组织结构分析需要在制样过程中保护磨损表面，无法采用机械研磨的方式进行制样，因此，采用 FIB 的方式在磨痕表面提取试样，样品的长度方向沿着摩擦磨损实验的往复方向，高度方向为涂层沿着磨痕向基体的深度方向，其尺寸为 $10\mu m \times 10\mu m$，减薄后的样品厚度在 50nm 左右。磨痕的宏观形貌通过三维形貌仪分析，包括磨痕 3D 形貌、截面轮廓、磨损体积等信息。

性能测试方面，首先通过显微硬度计测试不同 Co 元素含量的涂层沿厚度方向的硬度变化趋势，所采用的载荷为 2N，加载时间为 15s，压痕间隔为 $100\mu m$，以消除彼此干扰。然后通过往复干滑动摩擦磨损试验测试涂层的磨损行为，其加载载荷为 5N，磨损时间为 1h。通过电化学测试方法测试涂层的腐蚀行为，包括动电位极化 Tafel 测试、静电位极化测试，电位为 0.2V（vs SCE），极化时间 1h，EIS 测试以及 Mott-Schottky 测试以分析涂层的腐蚀行为以及钝化膜的成分、结构信息。最后，结合磨损-腐蚀试验研究 Co 元素对涂层在力-电耦合作用下的磨损-腐蚀电化学行为的影响，分析涂层在外载荷下的磨损-腐蚀行为及其相应的机理。具体测试包括 OCP 测试、动电位极化测试、阴极电位极化测试以及阳极电位极化测试。

（3）第一性原理计算

第一性原理计算基于量子力学来处理电子在系统中的运动，得到电子的波函数和相应的本征能量。根据绝热近似和单电子近似得到体系的总能量和结合键等信息。利用普朗克常数、电子质量和核电荷三个物理量进行自洽计算，求解薛定谔方程，不需要任何经验参数。本研究的理论计算基于密度泛函理论（DFT）和平面波赝势方法。

为分析 Co 元素对相界面结合的力学性能与电化学性能的影响，根据两相之间 cube-on-cube 的位向关系，建立计算模型，$<001>$FCC//$<001>$$M_{23}(B,C)_6$。根据涂层 Co0 与 Co0.6 在界面位置的能谱分析结果确定原子比例。其中 Co0 涂层，FCC 基体由 Cr 元素与 Ni 元素组成，元素采用特殊准随机模型（SQS）随机占位，固溶 Mo 元素含量低，不予考虑。在 $M_{23}(B,C)_6$ 中 Mo 元素首先占据 8c 位置，Cr 元素占据其他金属位置，根据元素含量，不考虑 Co 与 Ni 元素。针对 Co0.6 涂层，FCC 基体由 Co、Cr 和 Ni 三种元素组成，在 $M_{23}(B,C)_6$ 中 Co 的加入取代了其中的部分 Cr 与 Mo 元素，非金属位置全部为 C 元素。计算收敛条件为作用在每个原子上的力小于 0.001eV/A，原子最大位移小于 5.0×10^{-4}Å，总能量变化小于 5.0×10^{-4}eV/atom。

5.4.2 加工硬化与电位差调控

（1）涂层物相与微观组织分析

对激光熔覆 Co_xCrNiMoCB 涂层进行 XRD 物相表征，结果如图 5-43 所示。三种涂层均由 FCC 固溶体和 $M_{23}(B,C)_6$ 组成。Co 元素含量的增加并没有促进新物相的生成，说明 Co 在各物相中处于固溶状态，与 $CoCrNiMo_{14}(B_4C)_1$ 的物相相同。观察发现，随着 Co 元素含量的增加，(111) 和 (311) 峰出现向左的轻微偏移，但 Co 元素的原子半径与 Ni、Cr 元素的原子半径相似，不会导致晶胞的膨胀，通过后续对物相成分的表征

得出，Co 元素的增加使得基体中的 Mo 元素固溶度提高，而 Mo 元素的原子半径大于其他几种金属元素，从而导致衍射峰向左偏移。

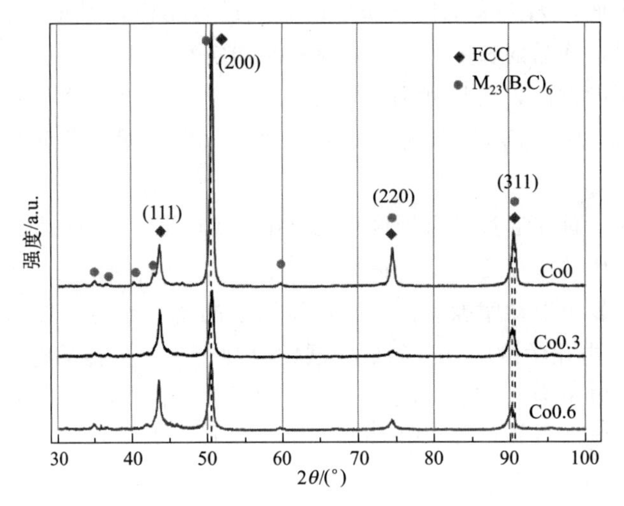

图 5-43 每组涂层的 XRD 图谱

图 5-44 显示了不同 Co 元素含量下涂层的显微组织和成分分布。三种涂层的树枝晶为 FCC 相和枝晶间 $M_{23}(B,C)_6$ 相。通过 ImageJ 软件对 SEM 图像进行分析，可以得出 Co0 涂层的枝晶间面积占比 29.1%，Co0.3 涂层枝晶间占比 33.9%，Co0.6 涂层枝晶间占比增加到 42.2%，同时发现 Co0.6 涂层的晶粒尺寸小于其他两组涂层，说明 Co 元素的加入起到了一定的细化晶粒的作用。原因可能是 Co 加入引起的高熵效应以及迟滞扩散效应提高了溶体黏度，液相的凝固速率降低，从而细化晶粒。

从图 5-44 的 EDS 结果看出，树枝晶区域富含 Ni 和 Co 元素，枝晶间区域 Cr、Mo、C 和 B 含量较高，与第 3、第 4 章结果一致。通过对两相的线扫描可以看出，随着 Co 元素含量的增加，树枝晶中 Ni 含量明显降低，由 60%（原子分数）逐渐降低至 40%（原子分数）。而 Mo 与 Co 元素的含量增加，Cr 元素的含量变化不明显，维持在 25%（原子分数）左右。而在枝晶间区域 Ni 元素的含量从 10%（原子分数）增加到 20%（原子分数），Cr 元素含量则从 45%（原子分数）左右降低到 35%（原子分数），Mo 元素从高于 30%（原子分数）降低到 20%（原子分数）。点扫描成分分析结果趋势同样如此。因此，可以看出，随着 Co 元素含量的增加，各元素在两相之间的浓度差异随之降低。两相之间元素浓度差异的降低，可以有效降低两相之间的化学性质与电位的差异，从而可以有效降低电偶腐蚀驱动力，提高涂层的耐蚀性能。这一推测将通过后文中的 SKPFM 测试进一步确定。同时发现，在 Co0.6 涂层不同物相界面处的线扫描中，Co 元素的含量有一微小峰值，如图 5-44(e)与(f)的虚线圆，可以看到在 $M_{23}(B,C)_6$ 相的边缘区域存在厚度约为 30～50nm 的富 Co 元素区域。该富 Co 区域对其界面性能可能会有较大影响，下文中将通过第一性原理计算，从功函数与结合能角度分析 Co 元素对界面结合强度和电化学性能方面的影响。

为研究 Co 元素的添加对相界面结构的影响，分别对三组涂层的物相界面进行 HR-TEM 分析，结果如图 5-45 所示。图 5-45(a)、(c)表明涂层 Co0 与 Co0.3 的衍射晶带轴相

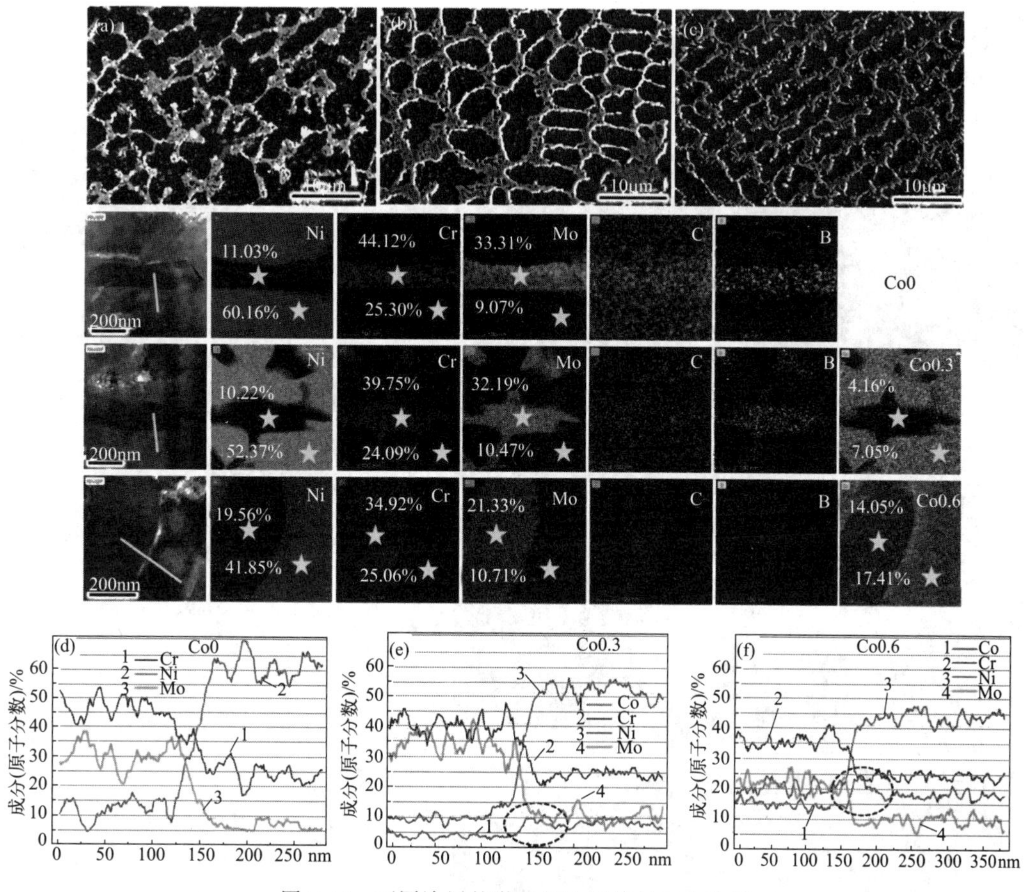

图 5-44 不同涂层的微观组织形貌与成分分析

同，且相互平行，即 $[001]_{FCC}//[023]_{M_{23}(B,C)_6}$，从界面的 IFFT 可以看出，两相之间的界面具有完全共格的特征。通过对晶面间距的计算得出 $3d_{(020)FCC}=d_{(020)M_{23}(B,C)_6}$，这与第 3、4 章的表征结果一致。Co0.6 涂层的相界面衍射轴为 $[001]_{FCC}//[001]_{M_{23}(B,C)_6}$。该区域的衍射与第 3 章中相界面衍射相似，但两相相对转了一定的角度，通过对其晶面间距的计算，发现两相之间仍然能够具有良好的共格关系。共格界面的存在有利于降低界面能，提高界面原子的稳定性，从而能提供比其他界面更强的界面结合强度，因此在承受外部载荷时，可以抑制或者减缓界面处微裂纹的萌生与扩展，从而获得更好的力学性能。同时，共格界面还能激活更多的形核位点，从而有效减小晶粒尺寸，促进细晶强化作用。因此，共格界面的形成有利于提升涂层的耐磨性。

(2) 涂层摩擦性能测试及磨损机理

图 5-46(a) 为涂层沿厚度方向的显微硬度分布。可以看出随着 Co 元素含量的增加，涂层的硬度由不含 Co 时的 430HV0.2 左右提高到高于 500HV0.2，提高幅度比添加 Mo 元素时的小，原因是其固溶强化与细晶强化效果不如 Mo 元素明显，但其硬度同样要比 304ss 基体高出 2 倍以上。其硬度提高的原因主要是：如前所述，$M_{23}(B,C)_6$ 陶瓷相随着 Co 的加入而增加，这是直接依据；同时涂层的晶粒尺寸也得到了一定降低，细

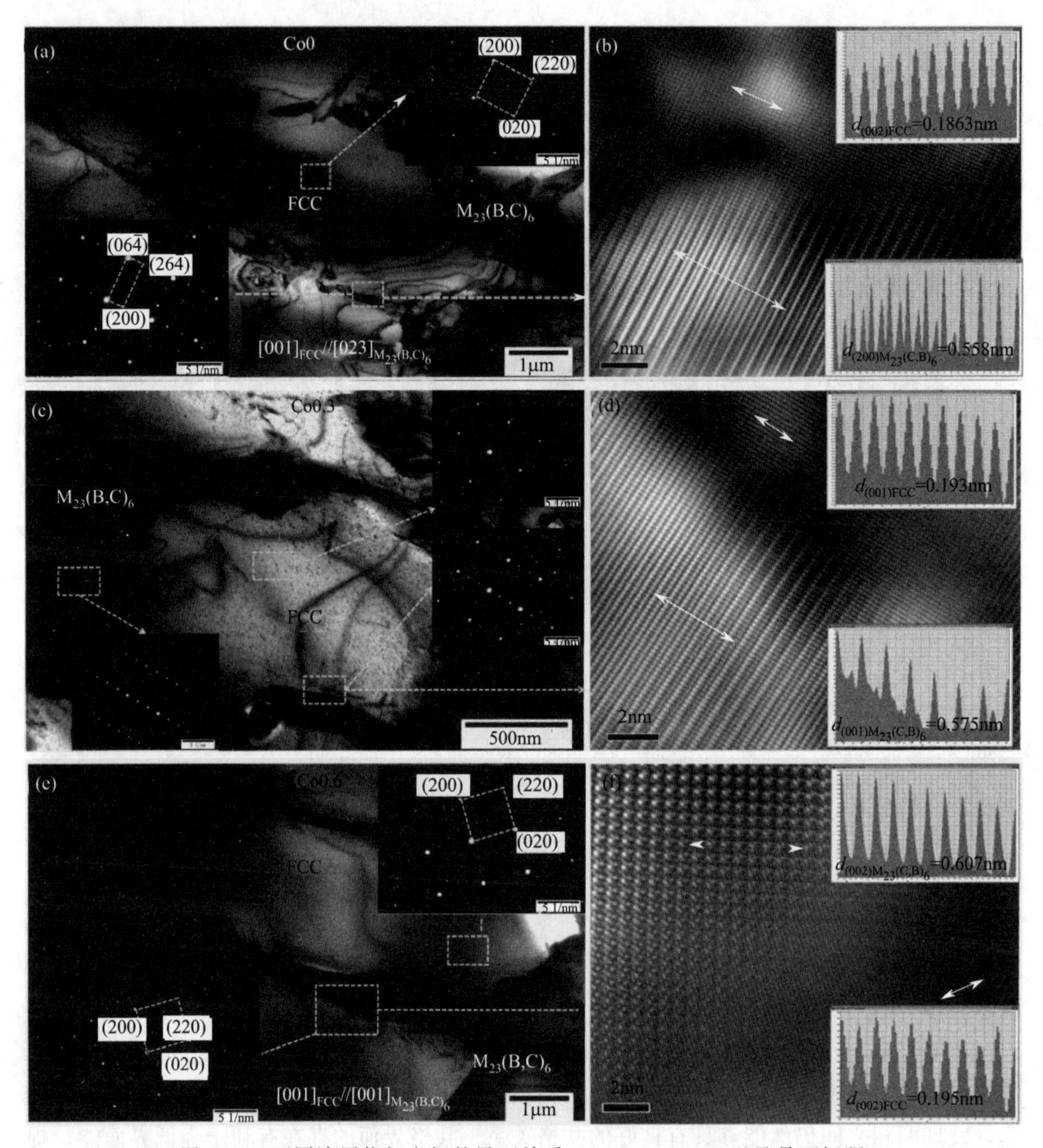

图 5-45　不同涂层物相之间的界面关系，SAED，ITTF 以及晶面间距

晶强化效果得到进一步提高；从对 XRD 与成分分析的结果可得，Co 元素的添加导致了 FCC 基体相中 Mo 元素含量有所提高，因此固溶强化效果也有改善。

图 5-46(b)为涂层在磨损实验过程中的摩擦系数变化曲线，可以看出随着 Co 元素含量的增加摩擦系数从 Co0 的 0.45 左右降低到 Co0.3 的 0.37，最终下降到 Co0.6 的 0.2 以下，其中从 Co0.3 到 Co0.6 变化更为显著，其变化趋势与硬度的变化满足 Archard 原理。涂层 Co0.6 曲线的变化更为平稳，说明在初始磨合阶段以后，涂层的磨损机制没有发生明显变化。并且涂层 Co0.6 的摩擦系数要远小于另外两者，意味着该涂层可能会有不同的磨损机制出现。图 5-46(c)为涂层磨痕区域的界面轮廓，可以看出随着 Co 元素含量的增加，截面的深度与宽度明显减小，有效降低了涂层的磨损体积，如

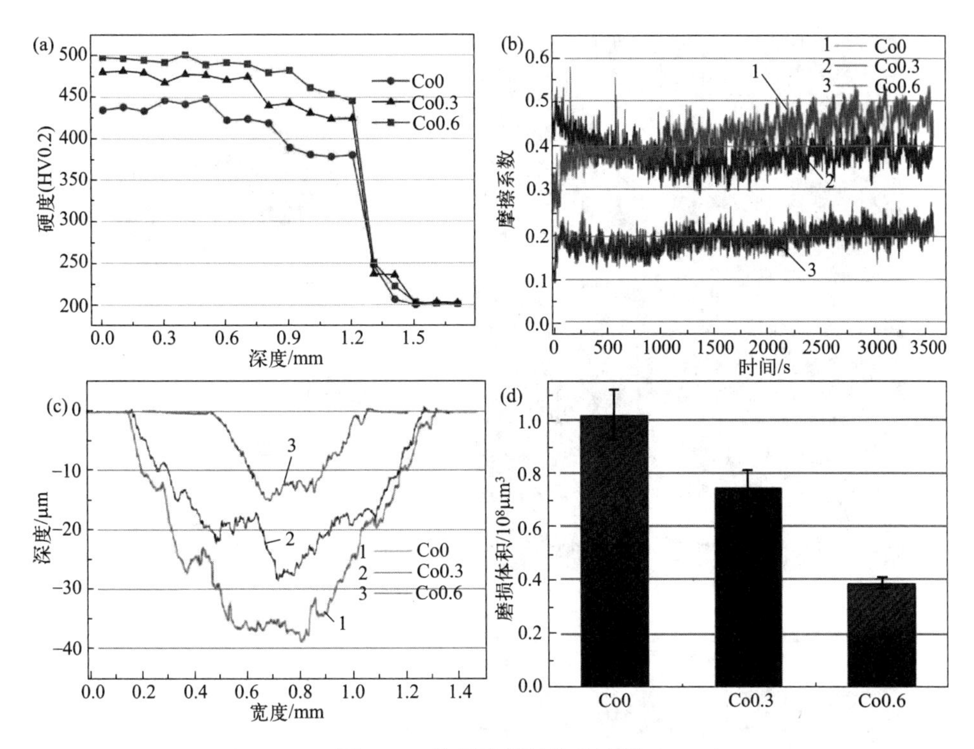

图 5-46　涂层摩擦性能及磨损

（a）三组涂层沿厚度方向显微硬度分布曲线；（b）涂层摩擦系数曲线；

（c）涂层磨痕截面轮廓；（d）涂层的磨损体积

图 5-46(d)所示。Co0.6 涂层的磨损体积小于 Co0 涂层的一半。最高的硬度和最小的 COF 使得 Co0.6 涂层具有最佳的耐磨性。因此，随着 Co 元素的增加，涂层的耐磨性得到了显著的改善。

硬度的提高可以改善材料的耐磨性，但从本文的研究可以看出，涂层的硬度从 430HV0.2 提高到 500HV0.2 左右，硬度提高幅度有限，但是其磨损体积却降低了一半之多，因此推测除了硬度改善了其耐磨性，Co 元素的加入还从其他角度改善了涂层的耐磨性能。因此，其磨痕形貌以及深度方向的应力响应变得尤为重要。

图 5-47 为各涂层磨痕表面的 SEM 图和对应的 3D 形貌。在 Co0 涂层的磨痕表面出现大量的块状黏结层，同时伴随着片层状磨屑的剥落，表面粗糙度大，这是明显的塑性黏着磨损的表现，原因是该涂层硬度较低（同时加工硬化能力弱），抵抗摩擦副表面微凸体挤压、犁削的能力较差，在轴向载荷作用下的往复摩擦过程中，出现了较为严重的塑性变形，并逐渐从涂层中剥离出来，经过摩擦副的往复挤压逐渐黏结成块，并随时在剪切作用下脱落，此时的摩擦副压入深度与宽度均为最高。当一定量的 Co 元素加入后，涂层硬度有所提高（加工硬化能力得到改善），表面抵抗外载荷能力有所提升，在摩擦过程中塑性黏着层消失，取而代之的是深度不一的犁沟，与 Co0 涂层相比磨痕表面更为光滑，同时磨痕的深度、宽度均有所下降，说明涂层承载能力增强，耐磨性得到了提高。当 Co 元素含量进一步提高时，如图 5-47(c1)所

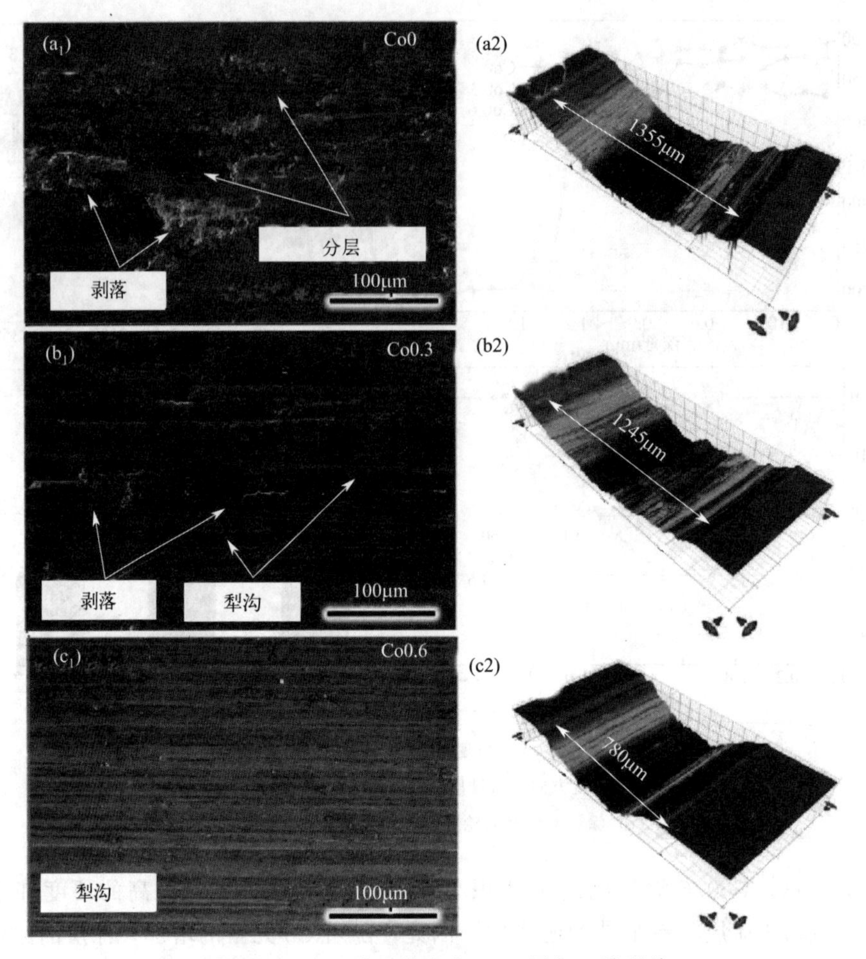

图 5-47　三组涂层的磨痕 SEM 图与三维形貌

示，Co0.6 涂层的磨痕表面变为细小密集的犁沟痕迹，无明显的塑性变形特征，此时的摩擦副表面凸起难以挤压进入涂层表面，说明此时磨损特征由塑性黏着磨损变成了明显的磨粒磨损，磨痕的宽度与深度进一步减小。Co 元素的含量改变了涂层的磨损机制，降低了摩擦阻力，这就解释了 COF 明显降低的原因。结合图 5-44 的涂层组织特征分析，Co0.6 涂层中硬质枝晶间相的间隔更小，抵抗摩擦副微凸体的挤压作用更加连续，有效保护了低硬度的树枝晶区域。下文将从加工硬化角度分析 Co 元素能够有效提高涂层磨损抗力的原因。同时 Co 元素是否提高了界面的结合强度将从第一性原理计算的角度加以验证。

除了通过观察磨痕表面的形貌特征来分析涂层磨损行为外，磨痕厚度方向的组织特征及其演化规律能够更好地反映涂层在动态受载时的应力响应与磨损机理。因此，通过 FIB 技术从磨损表面提取试样，进行更为微观尺度的表征。取样形式如图 5-48(a)所示，箭头方向为磨损试验时摩擦副的往复运动方向。同时对不同往复次数下的磨痕深度进行了统计，以计算单次摩擦所能去除的涂层的平均厚度。此处以摩擦次数在 6000 到 7200 次的摩擦深度变化为基准，因为此时计算出的单次磨损深度能近似

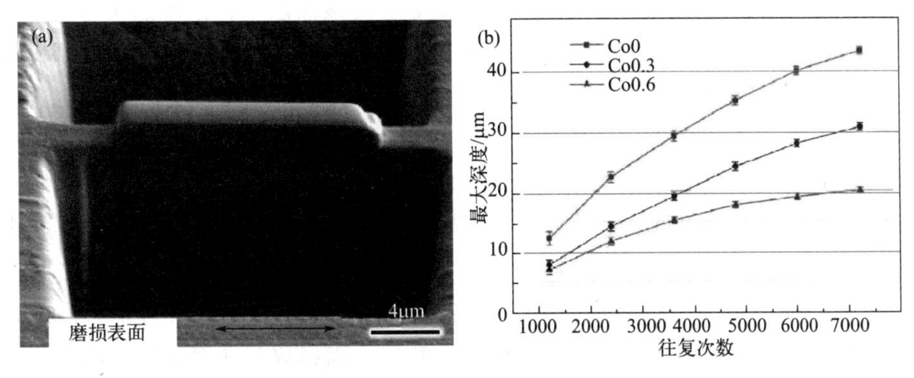

图 5-48　FIB 取样位置（a）及磨损次数与磨痕深度关系图（b）

与所取的 FIB 试样的表面状态相对应。计算得出的 Co0、Co0.3 与 Co0.6 涂层单次划痕的平均去除厚度分别为 2.75nm、2.33nm 和 0.84nm。结合图 5-49～图 5-51 的微观组织分析，三组涂层的表层纳米晶层厚度均在微米尺度，远大于单次摩擦所去除的涂层厚度，因此得出纳米晶层是由摩擦副往复运动不断积累的塑性变形导致的，而不是单次摩擦。

图 5-49、图 5-50 和图 5-51 是三组涂层沿摩擦副往复运动方向的磨痕深度组织特征。从图中可以明显看出磨痕由表面到内部形成了三种形态不同的微观组织结构，结合放大图可以将其区分为：近表面纳米晶层、中间过渡层以及底部未变形层。

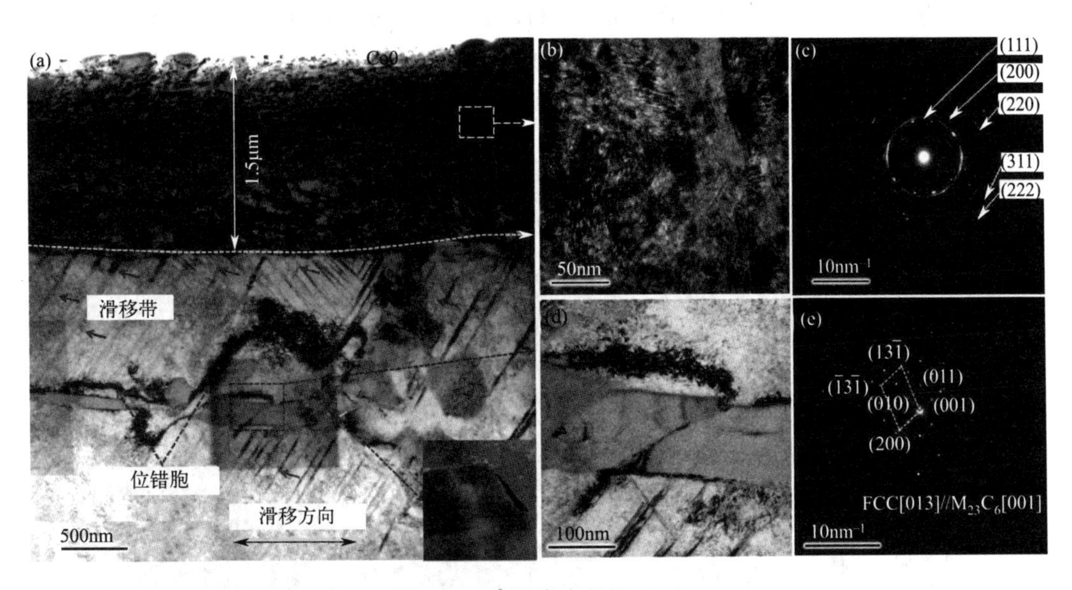

图 5-49　涂层磨痕组织（一）

（a）Co0 涂层磨损深度方向的微观组织分布；（b）磨痕顶部纳米晶结构；
（c）顶部纳米晶 SAED 结果；（d）过渡层脆断的陶瓷相；（e）断裂的陶瓷相与基体的 SAED 结果

如图 5-49(a)所示，Co0 涂层的纳米晶层厚度约为 1.5μm。图 5-49(c)为纳米晶层中方形虚线区域的 SAED 结果，多晶环的衍射特征证实了纳米晶结构的存在。图 5-49（b）中的独立纳米晶结构并不明显，这是由于摩擦副的往复作用导致纳米晶内部产生大量塑性变形，位错相互缠绕、交织在一起导致的。在该涂层中，纳米晶层与过渡层之间具有明显的边界，如图中虚线所示，两区域存在明显的梯度变化。中间过渡层区域的主要特征：由在两个方向上相互平行的滑移带组成，如图中箭头所示，并有少量位错缠结，形成位错墙，这是由 Al_2O_3 球的往复摩擦运动引起的。如图 5-49(d)所示，在距离虚线约 1.5μm 处观察到了陶瓷相的脆性断裂，断口的尖端具有明显的位错缠结。究其原因，该过渡层中大量的滑移带导致 FCC 基体发生了较为严重的塑性变形，但由陶瓷相与基体之间的共格界面提供的足够的结合强度，限制了 FCC 基体与陶瓷之间的相对位移，且由于 $M_{23}(B,C)_6$ 具有较高的层错能（SFE)，很难激活其滑移系，因此在摩擦副往复加载过程中，陶瓷相被滑移带剪切发生断裂，以释放基体变形导致的内应力的增加。图 5-49(e)为图 5-49(d)中断裂的陶瓷相和 FCC 基体的 SAED 结果，可以观察到 $M_{23}(B,C)_6$ 的［013］晶带轴在剧烈塑性变形后仍平行于 FCC 基体的［001］晶带轴，同时 FCC 相的（200）晶面平行于陶瓷相的（001）晶面，进一步说明了界面足够高的结合强度。但是陶瓷相的脆性断裂往往会导致三体磨损的发生，脱落的高硬度陶瓷相夹杂在摩擦副与涂层之间会加剧对涂层的犁削作用，降低涂层的磨损抗力，因此应当尽量避免陶瓷相的脆性断裂，后文将观察到 Co 元素的添加对陶瓷相变形形式的影响。

图 5-50 为涂层 Co0.3 磨痕深度方向的微观结构，可以看出纳米晶层的厚度略有增加，其中包含了很多陶瓷碎屑，如图 5-50(b) 所示，在界面处没有观察到任何裂纹，说明此时小尺寸的陶瓷相同纳米晶层一同发生变形。在图 5-50(c) 中可以观察到纳米晶的尺寸约为 10nm，并且发生了严重的晶格畸变。中间过渡层中的滑移带数量明显减少，反而形成了由于大量位错缠结而导致的位错胞。从图 5-50(d) 中还可以看到在纳米晶层与中间过渡层之间存在一个厚度约为 1μm 的中间变形区域，该区域的存在使得

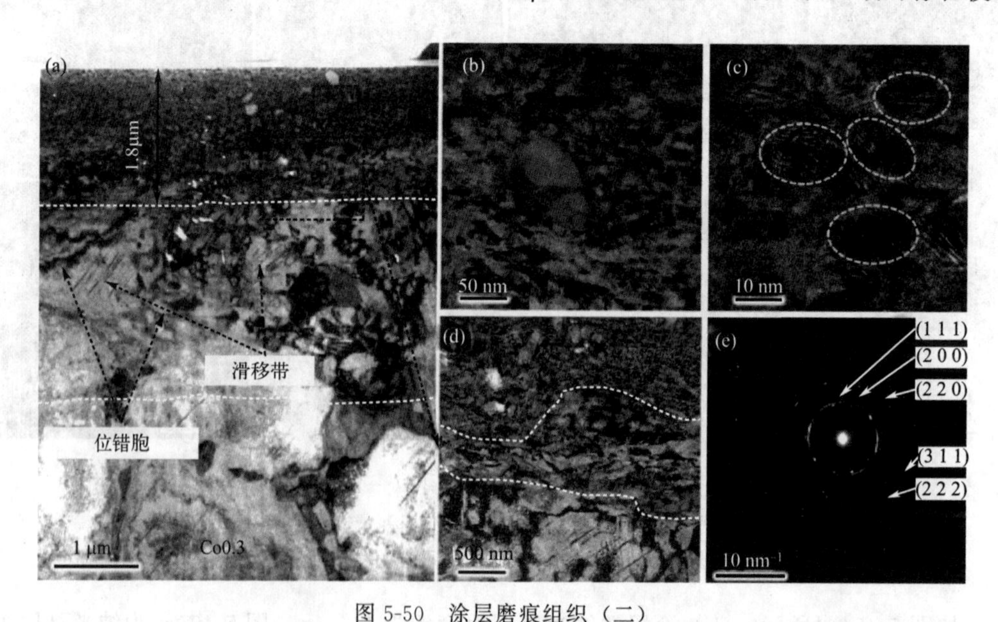

图 5-50　涂层磨痕组织（二）

(a) Co0.3 涂层磨损深度方向的微观组织分布；(b) 磨痕顶部纳米晶结构；(c) 纳米晶粒局部放大图；(d) 纳米晶与过渡层之间的区域；(e) 顶部纳米晶 SAED 结果

纳米晶层与中间过渡层的分界线变得不再明显，该区域的结构特征介于纳米晶与中间过渡区之间，充满了位错墙堆积而成的层片状的结构，在随后的往复挤压过程中，层片结构破裂，逐渐变形成为纳米晶。涂层对往复载荷的响应深度增加，且组织的梯度特征不再像Co0涂层那样明显。

如图5-51所示，Co0.6涂层的纳米晶层厚度进一步增加到2.5μm以上，其中嵌入了两个尺寸为2μm的陶瓷颗粒。在该过渡层中滑移带已经变得不再明显，取而代之的是形成了大量的位错胞，并延伸至10μm以上的厚度，说明涂层对载荷的响应深度明显增加，深度方向的组织结构均匀变化，能够有效抵抗外部载荷侵入，降低磨损速率。图5-51(c) 中纳米晶层的SAED结果表明其FCC结构与Co0和Co0.3涂层的纳米晶结构相同。对顶部陶瓷相的放大图5-51(d)、(e) 进行分析，该陶瓷相位于磨损表面的顶部，在摩擦副的往复摩擦过程中与Al_2O_3球直接接触，该位置所承受的载荷比图5-49 Co0涂层中断裂的陶瓷相承受的载荷更高，并且可以看出陶瓷相的上表面已经被磨平整，但是没有出现Co0涂层中的脆性断裂，而是形成了许多层错和位错来降低内应力，这种变形方式的改变有效避免了陶瓷相的脱落，从而有效降低了三体磨损，使涂层具有更高的耐磨性。

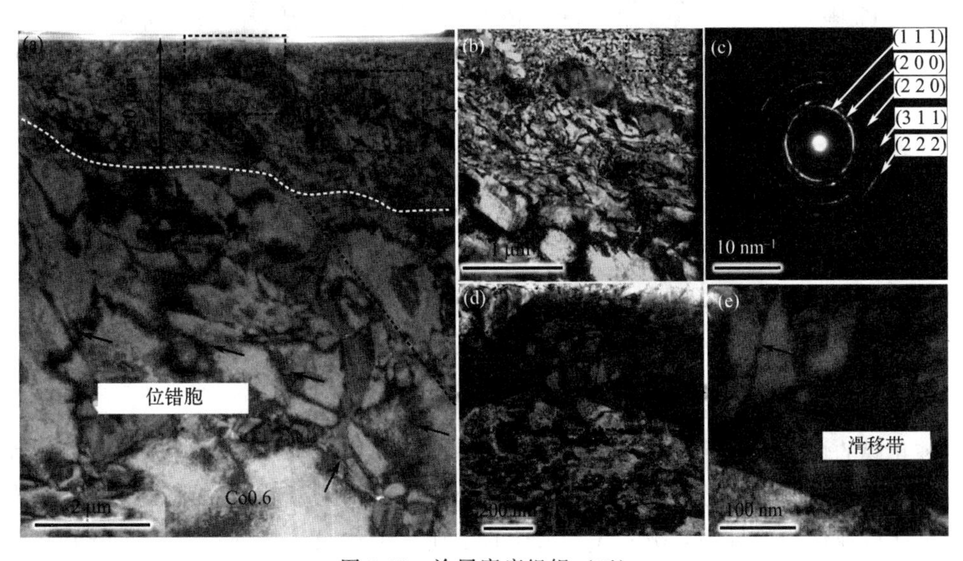

图5-51 涂层磨痕组织（三）

(a) Co0.6涂层磨损深度方向的微观组织分布；(b) 磨痕顶部纳米晶结构；
(c) 顶部纳米晶SAED结果；(d) 磨痕顶部陶瓷相；(e) 陶瓷相内部层错放大图

根据上述对磨痕沿厚度方向的微观组织表征，图5-52描绘了Co元素的加入对涂层在磨损载荷作用下磨损表面结构变化和加工硬化行为的作用。研究表明，镍基合金中加入Co元素可有效降低合金的层错能，提高材料的加工硬化能力。因此，在本次研究的涂层中，FCC基体相随着Co元素含量的升高，其自身加工硬化能力提高，表层纳米晶层厚度提高，应力响应的深度增加，形成大量位错缠结，有效提高了涂层的加工硬化能力，从而更为有效地抵抗摩擦副的往复磨损作用，同时表层结构由明显的梯度过渡变为了纳米晶与位错胞的均匀过渡，这样有利于充分发挥基体的作用，降低材料的磨损速率。并且研究同样发现，层错能越低，合金的加工硬化速率越高，因此含Co元素涂层在磨损过程中可以更快地形成硬化层，对摩擦载荷提供更快的响应。而此时Co元素的加入同样改变了陶瓷相的变形形式，使其由脆性断裂变成了滑移带与位错墙的形式，有效提高了陶瓷相的承载能力，避免裂纹出现。Xiao的研究表明，$Cr_{23}C_6$的不同滑移系的层错能高于2000mJ/m^2，在外载荷作用下其滑移面很难被激活，因此显示出了明显的脆性，滑移面附近的化学键的强度是影响位错与层错运动的主要因素。因此推测Co元素的加入对滑移面附近化学键的强度有弱化作用，降低了层错能，使位错滑移成为可能。同时晶粒的细化作用使得陶瓷相的分布更加均匀，进一步提高了对摩擦副的支撑能力。

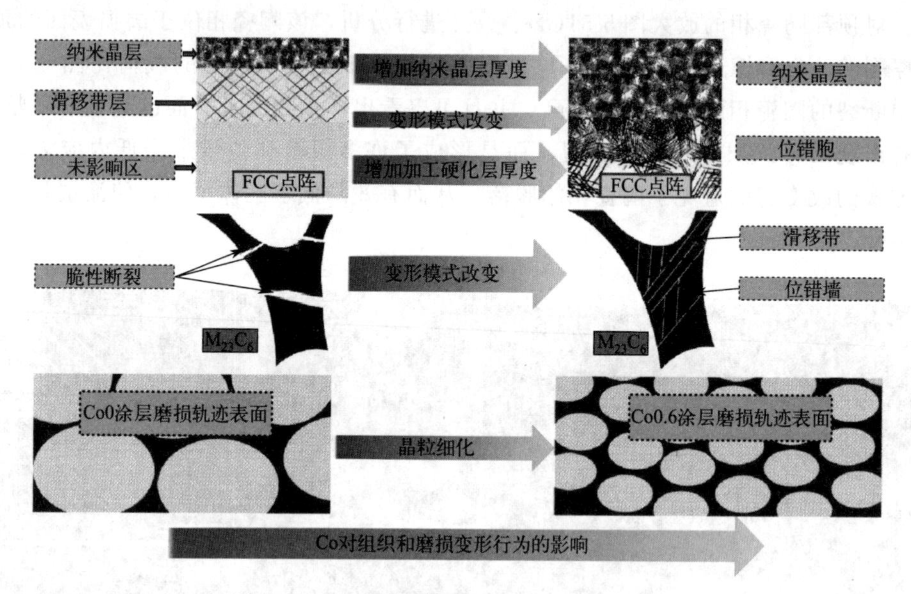

图5-52　Co元素提升涂层耐磨性机理示意图

(3) 涂层电化学性能测试及腐蚀机理

钝化膜的性能，包括成分、结构以及形成速率决定了材料在腐蚀介质中的腐蚀行为。本节通过动电位极化、静电位极化、Mott-Schottky分析以及EIS测试来评价腐蚀环境下涂层钝化膜的性质，分析Co元素的添加对钝化膜性能的影响，并研究其腐蚀机理。

图5-53为不同Co元素含量的涂层在3.5%NaCl溶液中的Tafel曲线。Co1.0曲线来自于第3章中的测试结果。可以看出，随着Co元素含量的增加，涂层在溶液中的钝化电流密度有着明显的减小趋势，从Co0涂层的5×10^{-4}A/cm^2降低到Co1.0时的10^{-6}A/cm^2，这一显著变化说明了Co元素可以有效降低涂层的腐蚀溶解速率，也就意味着Co元素的添加能够提高钝化膜的保护能力，提高涂层的耐蚀性。

同时还可以看出Co0与Co0.3涂层的钝化电流不仅密度大，而且波动较为明显，说明此时形成的钝化膜结构不均匀，性能不够稳定。同时发现，当电位从0V（vs SCE）逐渐增加到0.2V（vs SCE）时，这两组涂层的电流密度快速增加，说明在该电位下，涂层表面的某种元素遭到了选择性溶解或者此时电偶腐蚀驱动力逐渐增大，而表面形成的钝化膜无法起到有效的保护作用。而当 Co 元素进一步增加后，涂层在该电位下未出现明显的溶解，而是直接进入了稳定的钝化区间，根据 SKPFM 的测试结果，这意味着此时的 Co 元素含量已经能够有效降低电偶腐蚀的驱动力，减缓腐蚀速率，并进一步稳定钝化膜，提高膜的形成速率。

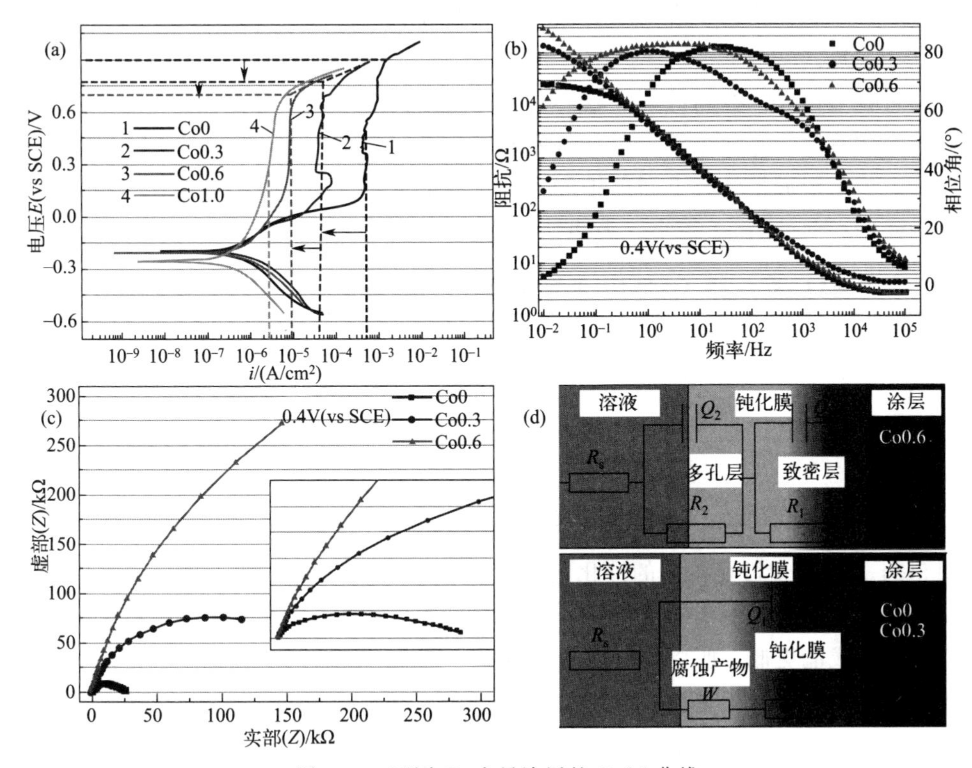

图 5-53 不同 Co 含量涂层的 Tafel 曲线

(a) 动电位极化曲线；(b)、(c) 静电位极化后钝化膜 EIS 测试的 Bode 图与 Nyquist 图；(d) EIS 测试等效拟合电路

从表 5-18 的 Tafel 拟合结果可以看出，除了 Co1.0 涂层外，其他三组涂层的自腐蚀电流密度（i_{corr}）与自腐蚀电位（E_{corr}）无明显变化。但是钝化膜的过钝化电位（E_b）则是随着 Co 元素含量的增加有所降低，Co0 涂层为 825mV，Co0.6 与 Co1.0 涂层为 690mV。出现这一变化的原因是当 Co 元素含量低时，涂层的钝化电流密度大，腐蚀速率快，导致腐蚀产物形成速率高，无法快速扩散到溶液中，导致其堆积在涂层的外表面，形成了腐蚀产物扩散层，从而提高了表面的过钝化电位（E_b）。

表 5-18 动电位极化曲线拟合电化学参数

样品	E_{corr}(vs SCE)/mV	i_{corr}/(nA/cm^2)	E_b(vs SCE)/mV
Co0	−200.0	683	825
Co0.3	−193.3	633	770
Co0.6	−210.0	651	690
Co1.0	−255.0	186	690

为了研究 Co 元素的含量对钝化膜的影响，采用静电位极化的方法对不同涂层进行

阳极极化，以获取相应的钝化膜，对其进行结构分析。所采用的极化电压为 0.4V（vs SCE），极化时间 24h。选取的等效拟合电路如图 5-53(d) 所示，用于解释涂层-钝化膜-溶液体系的关系。选取原则在前面章节中已经详细描述，由于腐蚀产物层的出现，本节中对于 Co0 涂层的拟合电路采用了一个 Warburg impedance element（W）扩散电阻，用于表示腐蚀产物在钝化膜表面的堆积导致的电阻值，这与上述 Tafel 曲线中的过钝化电位升高相一致。

时间常数 Q_1、R_1 控制低频区域，对应着钝化膜内层的介电性能，Q_2、R_2 对应着钝化膜外层的溶解与沉淀过程。拟合结果列于表 5-19，Co 元素的加入使钝化膜的阻抗显著增加，说明形成了具有更高保护能力的钝化膜。内层 n_1 均大于 0.9，表明钝化膜内层结构致密，而外层 n_2 较小，表明结构疏松。

表 5-19　在 0.4V（vs SCE）下静电位极化形成的薄膜的 EIS 测试拟合参数

样品	R_s/(Ω·cm²)	R_1/(Ω·cm²)	R_2/(Ω·cm²)	Q_1		Q_2		W/(Ω⁻¹·cm⁻²·s^n)	χ^2
				n_1	Y_1/(F/cm²)	n_2	Y_2/(F/cm²)		
Co0	2.832	2.242×10^{4}	—	0.907	3.424×10^{-5}	—	—	2.26×10^{-3}	2.26×10^{-3}
Co0.3	3.505	1.598×10^{5}	1460	0.928	5.051×10^{-5}	0.625	3.45×10^{-4}	—	9.83×10^{-4}
Co0.6	2.593	7.934×10^{5}	2266	0.931	1.437×10^{-5}	0.706	2.12×10^{-5}	—	1.13×10^{-3}

图 5-54 是静电位极化得到的钝化膜的 Mott-Schottky 测试结果，所有曲线的斜率为正，说明钝化膜具有 n 型半导体特征，主要的载流子为氧空位或者金属阳离子间隙。因为氧空位的形成能更低，所以推测缺陷以氧空位为主。根据图 5-54(a) 所记录的实线斜率计算各钝化膜的载流子密度，结果如图 5-54(b) 所示。涂层 Co0.6 的载流子密度只有 Co0 与 Co0.3 涂层的一半，缺陷更少，这与 Tafel 曲线和 EIS 拟合结果相吻合。因此，Co 元素的加入可以有效降低钝化膜中载流子的密度，提高钝化膜的阻隔能力。

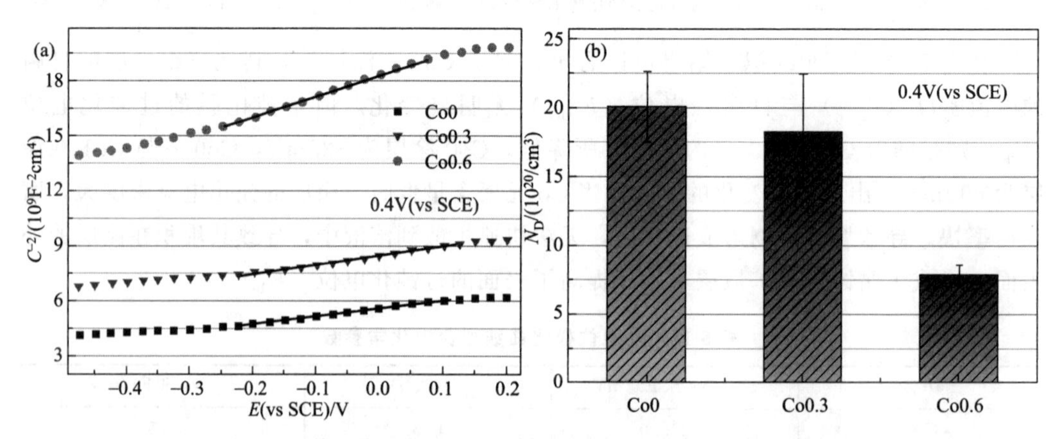

图 5-54　静电位极化得到的钝化膜的 Mott-Schottky 测试结果

(a) Mott-Schottky 测试曲线；(b) 静电位极化获得的不同涂层钝化膜的缺陷密度

为了更好地模拟实际工况下涂层的磨损、腐蚀响应，对各个涂层进行了不同极化电位下的磨损-腐蚀交互作用测试。

如图 5-55(a) 所示，浸泡 2000s 后，OCP 曲线达到相对稳定的电位，表明此时涂层表面钝化膜的形成和溶解已经达到了一个动态平衡。当往复摩擦开始后，OCP 值快速下降，涂层腐蚀速率加快。其原因有两个，一是通常表面的钝化膜遭到破坏，使涂层表面的金属与腐蚀介质直接接触，加速金属原子的离子化，腐蚀加剧；二是如上文分析，磨损作用诱发涂层表面金属发生严重的塑性变形，导致晶格畸变，原子偏离稳定位置，形成大量层错与位错缺陷，使得涂层表层原子能量升高，腐蚀激活能降低，同时为腐蚀性离子的侵入提供了更多的扩散通道，从而加速阳极溶解。

磨损几百秒后，Co0 和 Co0.3 涂层的 OCP 在更低的电位下达到动态平衡，表明此时钝化膜的形成和磨损破坏之间达到动态平衡。此时 Co0.3 涂层的 OCP 略大于 Co0 涂层，而 Co0.6 涂层的 OCP 在磨损开始阶段快速下降后，逐渐升高，1h 后达到－0.4V (vs SCE) 以上。这说明在初始磨损阶段受损的钝化膜在随后的摩擦过程中迅速恢复，且每一次磨损不会完全去除再钝化所形成的钝化膜，从而使腐蚀电位逐步上升，这表明涂层具有优异的钝化膜修复再生能力。由此推测在 Co0.3 与 Co0.6 涂层之间存在某一临界 Co 元素含量，高于该含量时，钝化膜的自修复能力大于摩擦磨损对其破坏作用。

图 5-55(b) 显示了摩擦腐蚀过程中在－0.3V 下阳极极化电流密度的变化。该电位的选择基于图 5-56 中的磨损-腐蚀 Tafel 曲线。可以看出，三组涂层的电流密度变化趋势都是先增大后减小。在上升阶段是磨损刚开始阶段，钝化膜的破坏面积迅速增加，导致电流的增加速率远大于磨痕表面再钝化所造成的电流的减小。随着往复磨损的逐渐进行，当磨痕表面尺寸达到某一临界值时，电流密度开始下降，该阶段磨痕表面的钝化膜自修复导致的电流密度降低程度要高于磨损导致的钝化膜破坏造成的电流升高，最终二者趋于平衡，达到相对稳定的电流密度。

随着 Co 元素含量的增加，不同涂层在各个阶段的电流密度逐渐减小，涂层达到的最大电流密度也减小。这一现象与纯腐蚀条件下的结论一致，即 Co 元素的添加可以降低涂层的腐蚀速率。此外，Co0.6 涂层的电流密度下降最快，意味着更强的钝化膜修复能力，与图 5-55(a) 的结论一致。

图 5-55(c)、(e) 为阳极（摩擦腐蚀）和阴极（纯摩擦）电位下的 COF 变化曲线。涂层在阳极电位下的 COF 远低于阴极电位，充分说明了钝化膜能够有效降低摩擦阻力，提高润滑效果。结合图 5-55(b) 得出的结论，由于 Co0.6 涂层具有最佳的再钝化能力，因此其 COF 最低，而 Co0 涂层在阳极电位下 COF 最大，磨损阻力大，电流密度最高，腐蚀速率最快。阴极极化下的摩擦可以看作涂层在腐蚀介质溶液中的纯机械磨损。初始状态金属表面尚未形成钝化膜，阴极反应速率快，电流大，随着时间的推移，涂层表面有部分的钝化膜开始逐渐形成后，因为钝化膜能够阻止阴极反应（氧还原反应）的进行，因此电流减小。不断的往复磨损使得磨痕面积增大，更多的金属裸露出来，阴极反应逐渐增加，电流逐渐变大。电流的大小受控于阴极反应动力学。Co0 涂层电流密度最大，氧还原反应最强烈，形成的氢氧化物吸附在金属表面，起到一定润滑作用，所以此时的 COF 最小。

图 5-55(f) 显示了不同涂层在阳极和阴极极化电位下摩擦腐蚀后的磨损体积损失。可以看出，在两种情况下，Co 元素的加入都会降低涂层的磨损体积。由于腐蚀与磨损的协同作用，阳极电位下的磨损损失要大于阴极电位下的磨损损失。但在这两种条件

下，Co0.6 涂层的磨损量几乎相同，这是因为 Co0.6 涂层具有优异的再钝化能力，可以有效降低 COF，从而降低磨损损失，以弥补腐蚀及其磨损腐蚀协同作用所造成的体积损失。

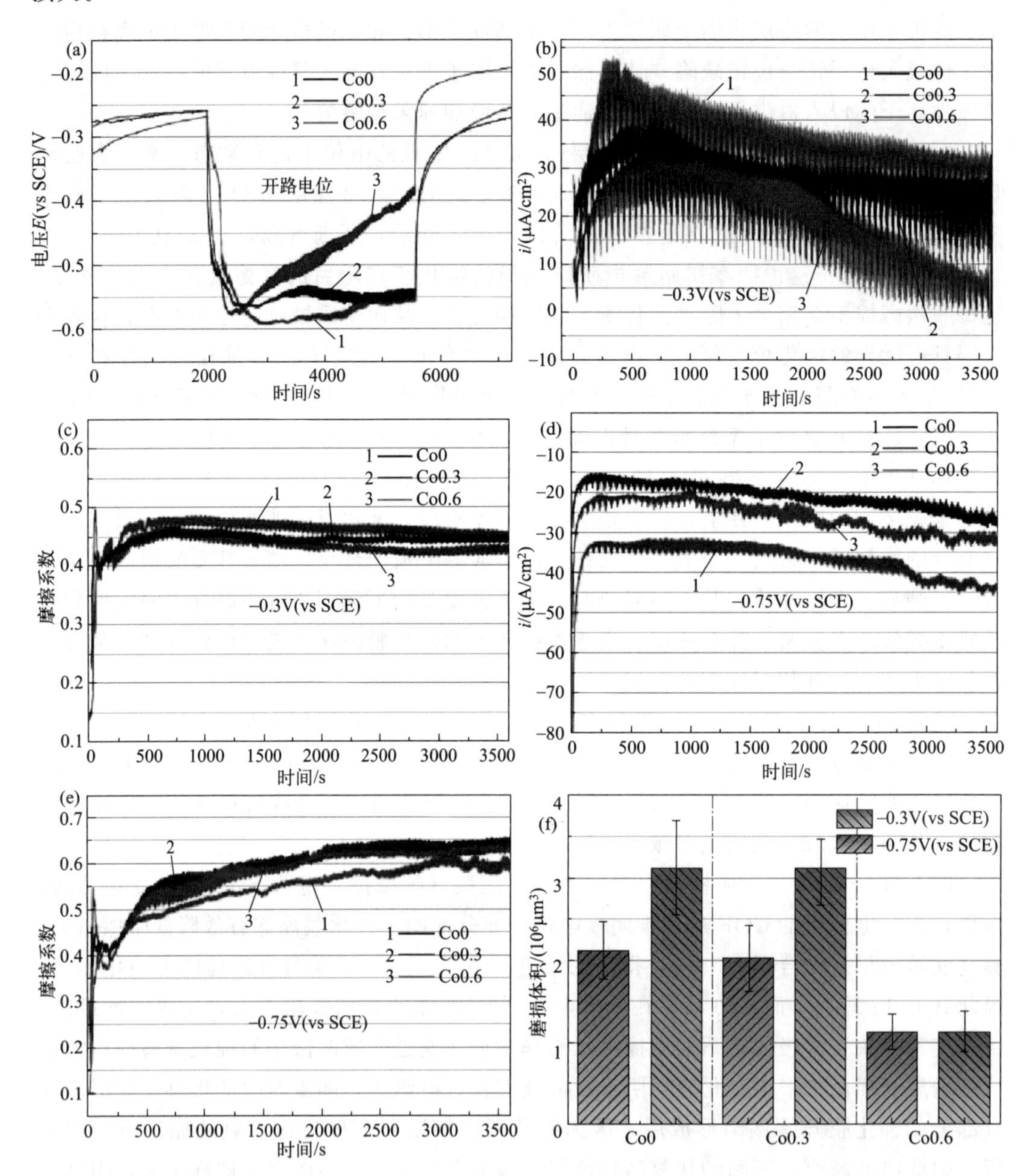

图 5-55 涂层 Co0、Co0.3 与 Co0.6 在 3.5%的 NaCl 溶液中的磨损腐蚀交互作用测试结果

(a) 浸泡/磨损时 OCP 变化曲线；(b) 磨损过程中阳极极化电流密度变化曲线；(c) 阳极极化下的 COF 曲线；(d) 磨损过程中阴极极化电流密度曲线；(e) 阴极极化下的 COF 曲线；(f) 阳极与阴极电位下的磨损体积损失

图 5-56 显示了磨损过程中的 Tafel 曲线和相应 COF 的变化过程。摩擦实验开始 100s 后，Tafel 极化测试开始。可以看出，在阴极极化阶段 COF 有增加的趋势，说明在几乎没有钝化膜的情况下，摩擦阻力逐渐增加，与图 5-55(e) 中的趋势一致。进入阳

极极化区后，COF 的增加趋势开始下降，如 Co0.3 涂层的区间 1 和 Co0.6 涂层的区间 4 所示。此时，涂层在阳极极化作用下表面的钝化膜形成能力逐渐增强，在摩擦副和涂层之间的运动中起到了更好的润滑作用。

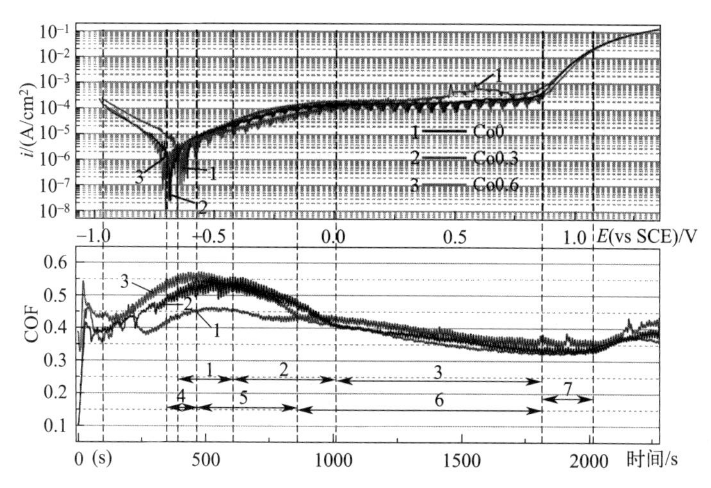

图 5-56 磨损过程中的 Tafel 测试曲线以及相应的摩擦系数变化

当腐蚀电位进一步增大时，COF 开始下降，阳极区可分为 COF 快速下降区，如 Co0.3 对应的 2 区间，Co0.6 对应的 5 区间，缓慢降低区，如 Co0.3 对应的 3 区间，Co0.6 对应的 6 区间，以及 COFs 上升区。COF 的快速降低是由于钝化膜在进入阳极区域后迅速形成，有效地降低了摩擦阻力。COF 升高是由于电位高于钝化膜的过钝化电位后，表面钝化膜开始溶解，氧化物逐渐减少，润滑效果降低，溶解到一定程度后导致 COF 的再一次升高。同时观察到进入过钝化电位后，COF 并没有直接开始上升，而是进入了一个相对稳定的区间（区间 7），这表明虽然钝化膜开始溶解，但快速的形成能力仍然可以保持 COF 的稳定性。在阳极极化区间 COF 的缓慢下降区，Co0.6 涂层不仅具有最低的电流密度，而且 COF 最小，因此耐磨损腐蚀能力最好。

（4）第一性原理计算

通过第一性原理计算进一步分析 Co 元素的添加对相界面在电子尺度的影响。从图 5-57 与图 5-58 中的差分电荷可以看出，相界面处的电荷转移明显，说明两相之间具有很强的相互作用。通过对两相平均功函数的分析发现，添加 Co 元素后，涂层的功函数从 0.57eV 提高到 0.61eV，说明界面处的电子更加稳定，对涂层的耐蚀性有积极影响。同时计算出界面结合能从不添加 Co 元素的-0.263eV/Å^2 降低为－0.289eV/Å^2，这说明添加 Co 元素后，界面能量降低，稳定性提高。

（5）分析与讨论

① 共格界面的界面结合强度与成分调控 众所周知，由于原子的无序排列，晶界往往比晶内具有更高的能量，因此，在腐蚀环境中，晶界处的原子就会发生选择性溶解，导致晶间腐蚀。研究表明，不同晶粒或不同物相之间的晶体学取向关系（CORs）对其力学和化学性质起着至关重要的作用。同时，晶界工程（GBE）普遍认为，通过调整晶界之间的错配角或改变晶界类型，可改善材料的性能，降低晶界腐蚀。

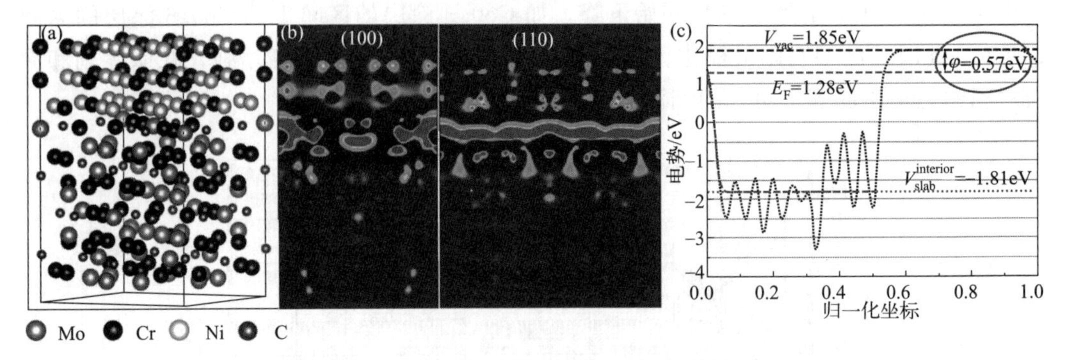

图 5-57 Co0 涂层相界面第一性原理计算

(a) 界面结构模型；(b) 相界面差分电荷密度分布；(c) 功函数变化

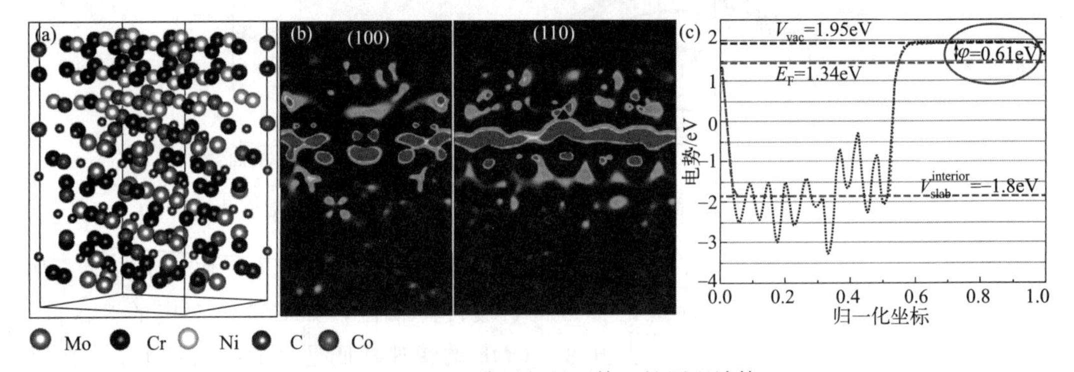

图 5-58 Co0.6 涂层相界面第一性原理计算

(a) 界面结构模型；(b) 相界面差分电荷密度分布；(c) 功函数变化

与大角度晶界相比，共格界面可以有效降低原子在界面位置的畸变，减少原子扩散通道，增加原子扩散能垒。因此，在本次研究的体系中，共格界面可以降低$M_{23}(B,C)_6$在凝固过程中对周围 Cr 和 Mo 的吸收，避免出现钝化元素的贫乏区域，使得各元素的浓度差异大大减小，正如图 5-44 所示一样。这使得涂层在腐蚀环境中能够形成更均匀的钝化膜。同时，由于共格界面处的原子能量相对较低，因此可以提供比无序界面更强的界面结合强度，从而推迟界面微裂纹的萌生，赋予涂层更好的耐磨性。这样，既可以改善其化学性能，又可以提高其力学性能。

② Co 元素诱导提升涂层加工硬化能力　Co 元素的添加会影响 FCC 基体相的层错能，从而对涂层的变形行为产生影响。在往复摩擦过程中，磨损表面结构和加工硬化过程对涂层的耐磨性起着重要作用。对于 FCC 基体相，根据前人的研究，在 Ni 基合金中加入 Co 元素能够降低其层错能，从而提高合金的硬度与加工硬化能力。因此，可以提高基体对陶瓷相的滞留力，从而提升耐磨性。同时层错能越低，合金的加工硬化速率越高，因此含 Co 元素的涂层能够更快地形成加工硬化层以抵抗摩擦副的往复磨损作用。

在图 5-49(a) 的 Co0 涂层中形成了许多沿着两个方向平行分布的大量滑移带。滑移带有效地降低了由往复摩擦引起的内应力和塑性变形，从而降低了位错密度。而加入 Co 元素后，FCC 相的层错能降低，滑移带的形成不能充分降低内应力，从而激活较高的位错密度，增加了应力影响深度。在往复摩擦作用下，大量位错相互缠绕，形成许多位错胞。

Xiao 的研究表明 $Cr_{23}C_6$ 中不同滑移系的层错均大于 $2000mJ/m^2$，位错很难被激活，因此表现出脆性。他们还指出，滑移面附近的化学键是影响位错运动的主要因素。在 Co0 涂层中观察到陶瓷相在往复摩擦下呈脆性断裂。而 Co0.6 涂层中陶瓷相的变形方式由脆性断裂转变为两个方向的层错，并且观察到了位错的缠结，使陶瓷相能更好地抵抗往复磨损力。这是由于 Co 元素的加入削弱了滑移面附近的化学键强度，导致了层错能的降低。

由以上分析可知，Co0 涂层加工硬化能力较低，纳米晶层和过渡层厚度相对较小，FCC 基体的滑移带和陶瓷的脆性断裂是该涂层过渡层的主要变形方式。加入 Co 元素后，合金的显微硬度有所提高，纳米晶层厚度也有所增加。FCC 基体的变形方式由滑移带转变为位错滑移，形成了许多位错胞，且位错胞的深度大大增加，加工硬化能力大大提高，进一步增强了其承载能力。同时，陶瓷相的变形方式由脆性断裂转变为堆叠断裂，增强了其承受往复摩擦的能力。

③ Co 元素诱导降低相界面电位差　成分调节是提高合金抗电偶腐蚀性能的重要因素。由以上分析可知，Co 元素的加入并没有改变两相的相组成和相间的共格界面关系，而是通过固溶的方式改善两相的性能。如图 5-44 所示，随着 Co 元素的加入，相界的浓度差逐渐减小。为了评价成分调控对其化学性质的影响，进行了 SKPFM 测试。三组涂层的 V_{CPD} 测试结果如图 5-59 所示，可以清楚地看到两个衬度，亮区对应高 V_{CPD} 和低 W_F 相位，暗区对应低 V_{CPD} 和高 W_F 相位。根据图 5-44 的微观结构分析，可以推断出亮相为 FCC 基体，暗区为 $M_{23}(B,C)_6$。因此，涂层中 FCC 基体相具有较高的电位和较低的 WF，即 FCC 基体在腐蚀环境中容易被选择性腐蚀，而枝晶间区域的 $M_{23}(B,C)_6$ 具有较低的电位和较高的 WF，因此，$M_{23}(B,C)_6$ 比 FCC 基体更稳定。

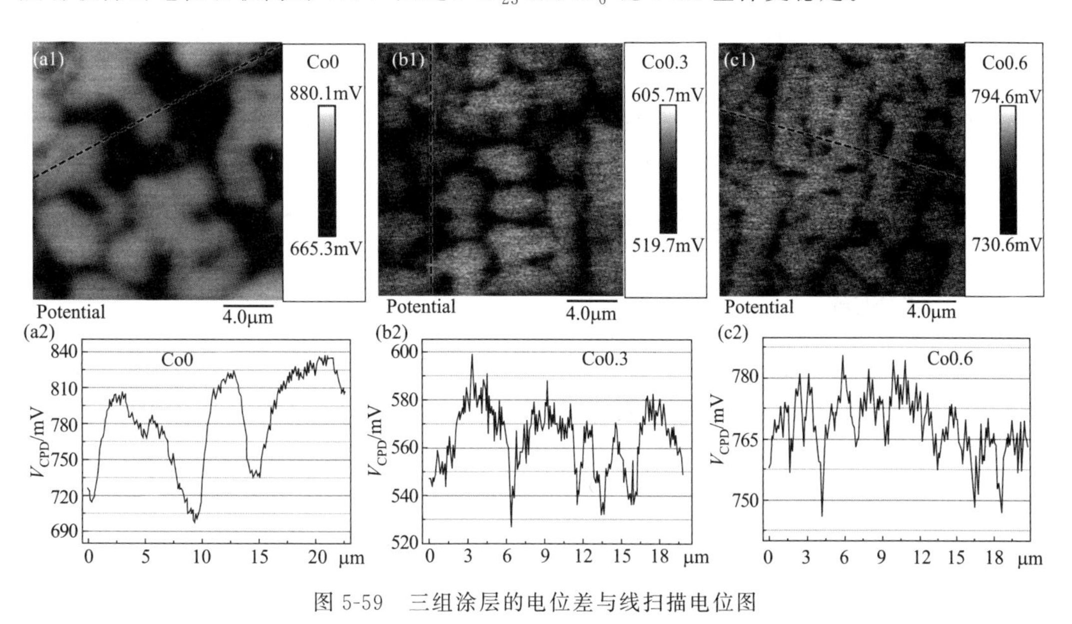

图 5-59　三组涂层的电位差与线扫描电位图

Co 元素的加入使 FCC 基体与 $M_{23}(B,C)_6$ 之间的电位差从 Co0 涂层的 214.8mV 降低到 Co0.6 涂层的 64mV。根据图 5-59(a_2)、(b_2)、(c_2) 的线扫描电位分布，计算得 Co0、Co0.3 和 Co0.6 涂层的平均界面电位差分别为 105mV、42mV 和 17mV。因此，随着 Co 元素的增加，两相之间的电位差大大减小，从而降低了电偶腐蚀的驱动力，从而提高了耐腐蚀性能。

5.4.3 小结

Co 元素作为重要的战略资源，主要用于各种装备的关键部件，以 Cantor 合金为基础发展起来的高熵合金含有大量 Co 元素，而对其所起到的作用却很少被研究，因此，在前几章研究的基础上，本节重点分析了 Co 元素的加入对激光熔覆 CrNiMoCB 高熵合金复合涂层的作用。发现其加入对涂层磨损、腐蚀以及磨损-腐蚀交互作用均起到促进作用。主要结论如下：

① 本次研究通过激光熔覆的方式成功制备共格 $M_{23}(B,C)_6$ 陶瓷强化 FCC 基体相高熵合金复合涂层，Co 元素的添加没有对相界面关系产生影响。

② 随着 Co 元素含量的增加，在细晶强化、第二相强化和固溶强化的共同促进下涂层的显微硬度得到提高，耐磨性得到改善。

③ Co 元素的加入改变了涂层中基体与陶瓷相的变形形式，在往复干滑动摩擦条件下，FCC 基体相的变形方式由以滑移带为主的变形形式逐渐向以位错缠结为主的形式转变，而陶瓷相则由脆性断裂向层错与位错滑移的形式转变，如此一来，涂层的加工硬化能力得到了显著提高，延缓了陶瓷相的破裂与脱落，改善了涂层的耐磨性。

④ Co 元素的添加能够调整 FCC 基体相与 $M_{23}(B,C)_6$ 陶瓷相之间的元素浓度差异，降低物相之间的电位差，同时没有改变相界和晶界结构，电偶腐蚀驱动力降低，促进形成更为均匀的钝化膜，提高了膜的形成速率，因此，耐腐蚀性能得到进一步提升。

⑤ Co0.6 涂层具有最高的硬度、最好的加工硬化能力和优异的再钝化能力，因此该涂层具有最佳的耐磨耐蚀性能。

⑥ Co 元素的添加提高了相界面电子功函数，有助于耐蚀性提高，同时界面结合能降低，界面更加稳定，提高界面结合强度。

5.5 Cr 元素调控 CoCrNiMoCB 涂层耐磨耐蚀性能

传统的不锈钢，如 304、316 等，要求 Cr 元素含量必须要达到 11%（质量分数）以上，才能在其表面形成钝化膜，对金属起到有效腐蚀防护。大量的研究表明，Cr 元素是材料耐蚀性提高的必要元素，其以 Cr_3O_2 的形式存在于钝化膜中，有效抵抗腐蚀环境的攻击。在高熵合金中，根据等原子比的原则，Cr 元素的占比通常较高，五元合金可以达到 20%（原子分数），这一含量远高于传统不锈钢，因此，诸多的含 Cr 高熵合金具有良好的耐蚀性。目前为止，对于含 Cr 元素的高熵合金耐蚀性研究较多，但是单独针对 Cr 元素对合金耐磨性的作用的研究较少，因此，本章探索了 Cr 元素对于 Co-Cr_xNiMoCB 高熵合金涂层在磨损与腐蚀方面的影响，以明确 Cr 元素在该体系中的最佳成分含量。

5.5.1 涂层制备与性能测试

(1) 样品制备

合金粉末的名义设计成分见表 5-20。本次所配备的粉末总量为 1.0mol，根据表 5-20 中的名义成分分别称取相应纯粉质量，具体质量如表 5-21 所示，球磨后粉末 SEM 图与 EDS 成分分布如图 5-60 所示。

表 5-20 熔覆涂层粉末名义成分

样品	成分(原子分数)/%					
	Co	Cr	Ni	Mo	B(B_4C)	C(B_4C)
Cr0	40.5	0	40.5	14	4	1
Cr6	37.5	6	37.5	14	4	1
Cr12	34.5	12	34.5	14	4	1
Cr18	31.5	18	31.5	14	4	1
Cr27	27	27	27	14	4	1

表 5-21 激光熔覆涂层初始粉末质量

样品	粉末质量/g				
	Co	Cr	Ni	Mo	B_4C
Cr0	23.87	0	23.77	13.43	0.55
Cr6	22.10	3.12	22.01	13.43	0.55
Cr12	20.33	6.24	20.25	13.43	0.55
Cr18	18.56	9.36	18.49	13.43	0.55
Cr27(S1)	15.91	14.04	15.85	13.43	0.55

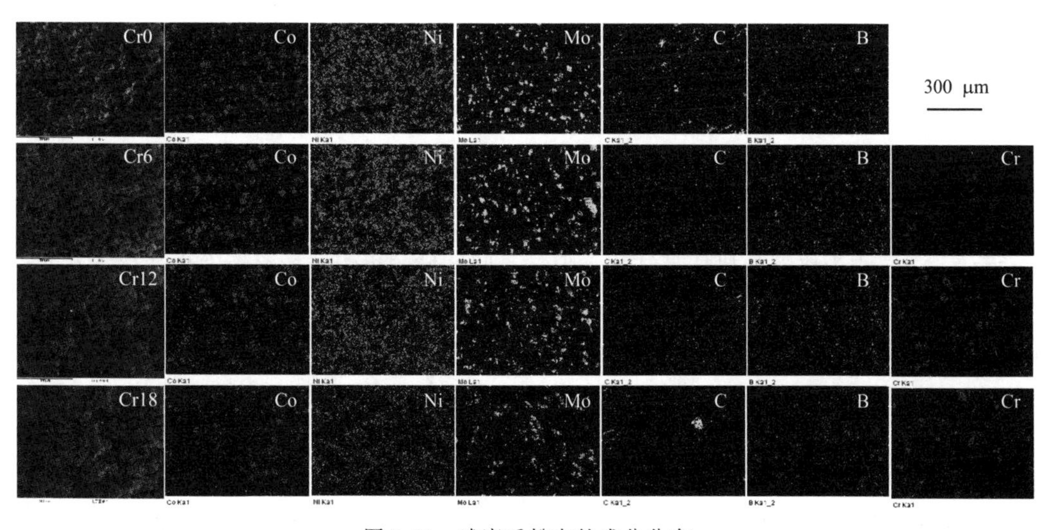

图 5-60 球磨后粉末的成分分布

（2）表征与测试

本节首先通过 XRD 表征了熔覆涂层的主要物相，扫描范围 30°～100°，扫描速率 4 (°)/min。采用 SEM 表征了涂层在微米尺度的物相结构，同时采用 TEM、SAED 结合能谱分析了涂层中不同物相之间的界面结构特征与纳米尺度的成分分布，并通过 SAED 确定不同物相的晶体结构。

性能测试方面，首先通过显微硬度计测试不同 Cr 元素含量的涂层沿厚度方向的硬度变化趋势，所采用的载荷为 2N，加载时间为 15s，压痕间隔为 100μm，以消除彼此干扰。然后通过往复干滑动摩擦磨损试验测试涂层的磨损行为，其加载载荷为 30N，磨损时间为 1h。通过电化学测试方法测试涂层的腐蚀行为，包括动电位极化 Tafel 测试、EIS 测试。

5.5.2 纳米共晶诱导耐磨性提升与钝化性能研究

（1）涂层物相与微观组织分析

对激光熔覆 $CoCr_x$NiMoCB 涂层进行 XRD 物相表征，结果如图 5-61 所示。Cr 元素的加入使得 FCC 物相的衍射峰向左偏移，原因是 Cr 元素的原子半径略大于 Co 与 Ni 元素，导致晶面间距变大。第二相由 CoMoB 相变为 $M_{23}(B,C)_6$ 相，与前述章节研究一致。

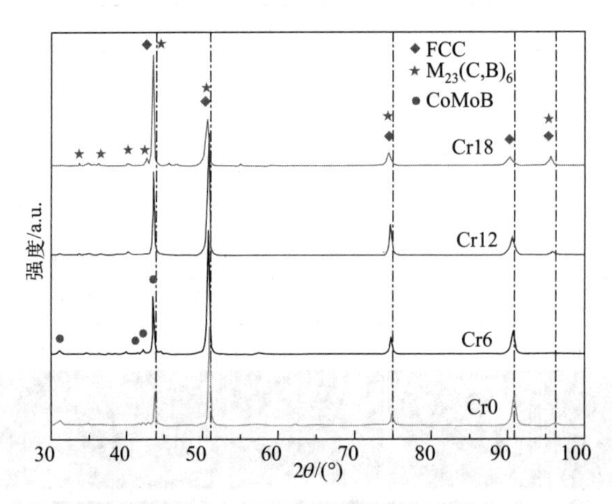

图 5-61 每组涂层的 XRD 图谱

采用电化学的方法对涂层施加较高的电位进行腐蚀，以观察其微观组织，如图 5-62 所示。涂层均为典型的树枝晶结构，但枝晶间区域的组织结构逐渐发生变化。在 Cr0 与 Cr6 涂层中枝晶间为纳米共晶结构，且 Cr0 涂层的共晶组织更多，进一步增加 Cr 元素含量后，共晶结构消失，在 Cr18 涂层枝晶间呈现出双层结构，而 Cr27 涂层又变为单一组织。观察发现，随着 Cr 元素含量的增加，树枝晶与枝晶间在腐蚀过程中作为阴阳极的角色存在转变。在 Cr0 涂层中，与枝晶间区域相比，枝晶区腐蚀速率更高，且在相界面处电偶腐蚀严重。在 Cr6 与 Cr12 涂层中，树枝晶区域的耐蚀性得到了明显改善，但是在相界面处仍然存在较为严重的电偶腐蚀。当 Cr 元素含量增加到 18%（原子分数）时，树枝晶与枝晶间区域在腐蚀过程中的阴阳极再次发生转变，枝晶区域变为阳极，选择性溶解，枝晶间区域腐蚀速率降低，同时界面处的电偶腐蚀倾向减弱，并且发现枝晶间区域由两相构成，呈核壳状结构，外层腐蚀更为严重，这样就形成了梯度的腐蚀形貌，意味着三种组织不同的耐蚀性能。当 Cr 元素含量增加到 27%（原子分数）时，此时即为第 3 章中的 S1 涂层，枝晶间区域为 $M_{23}(B,C)_6$ 相，已经证明该涂层具有优异的耐腐蚀性能。

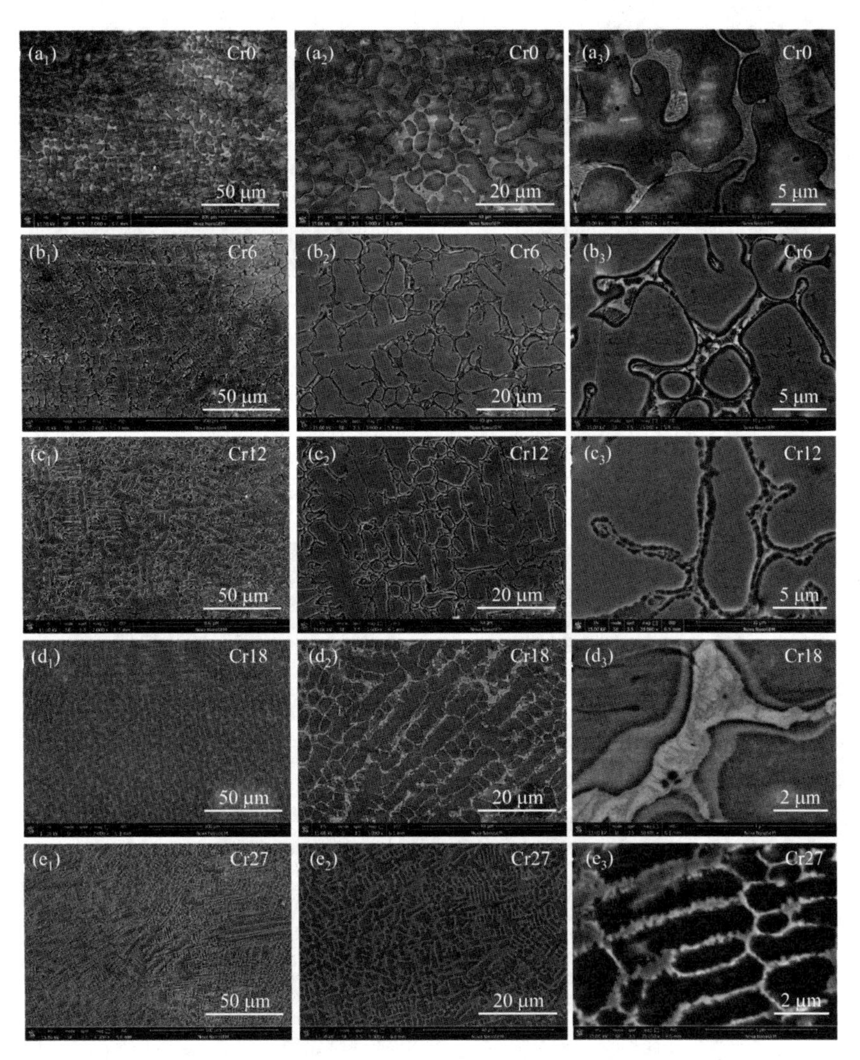

图 5-62　每组熔覆涂层的 SEM 微观组织形貌

从图 5-63 涂层的成分面扫分析可知，Cr0 涂层树枝晶富含 Co 与 Ni 元素，枝晶间区域为富 Co、Ni 的 FCC 基体与富 Mo、Co、B 和 C 元素的共晶结构。通过图 5-63(b) 的 SAED 分析，结合 XRD 得出枝晶间第二相为 CoMoB 相，且存在 $Z_{FCC}=[011]//Z_{CoMoB}=[123]$，$(\bar{3}1\bar{1})//(2\bar{1}0)$的晶面关系。

加入 6%（原子分数）的 Cr 元素后，与 Co0 相比，Cr6 涂层的微观组织没有明显变化，如图 5-64 所示。Cr 元素主要富集在枝晶间区域，与 Mo、B 和 C 元素分布一致。

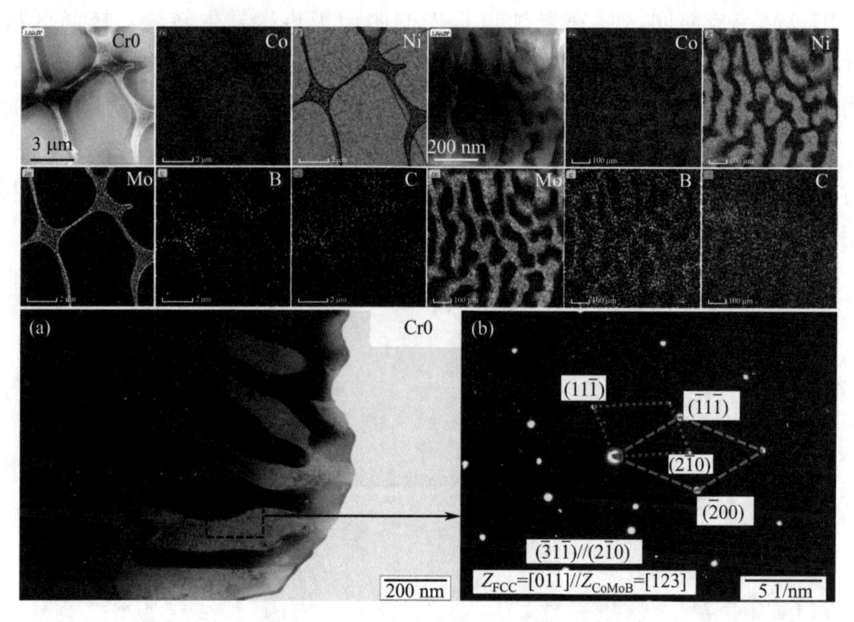

图 5-63　Co0 涂层微观组织结构、成分分布与 SAED 结果

结合图 5-64(b) 的 SAED 分析，此时的共晶组织为 FCC 与（Co，Cr）MoB 相，且存在 $Z_{FCC}=[01\bar{1}]//Z_{CoMoB}=[001]$、(200)//(010)的晶面关系。

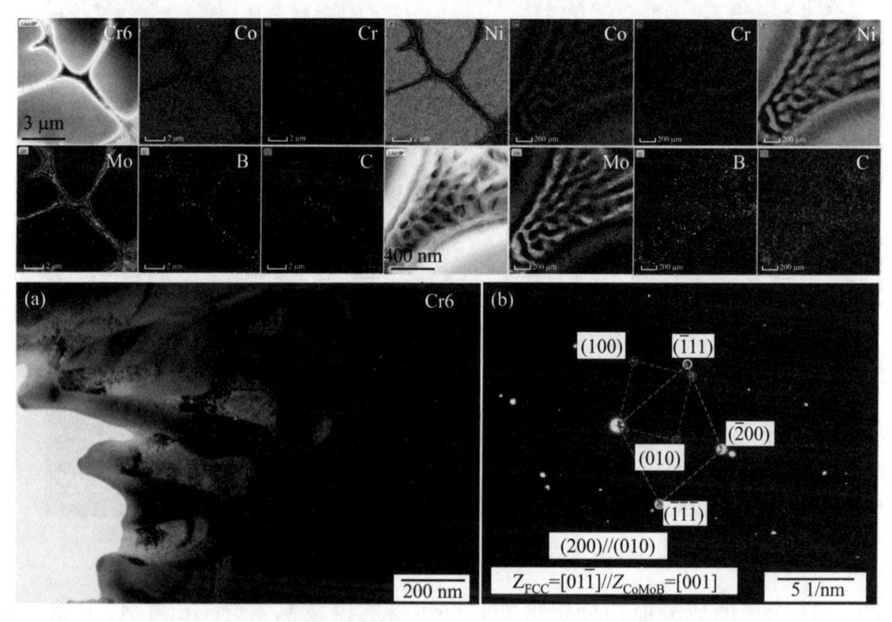

图 5-64　Co6 涂层微观组织结构、成分分布与 SAED 结果

Cr12 涂层枝晶间区域共晶组织逐渐消失，如图 5-65 所示。Cr 元素的分布趋势以及物相与 Co6 涂层一致，枝晶间区域出现少量富 Mo、Cr、C 和 B 元素的树枝状陶瓷相，且出现两种成分的衬度，SAED 结果显示 $Z_{FCC}=[111]//Z_{CoMoB}=[121]$。

如图 5-66 所示，当 Cr 元素增加至 18%（原子分数）时，Cr18 涂层的 FCC 基体中

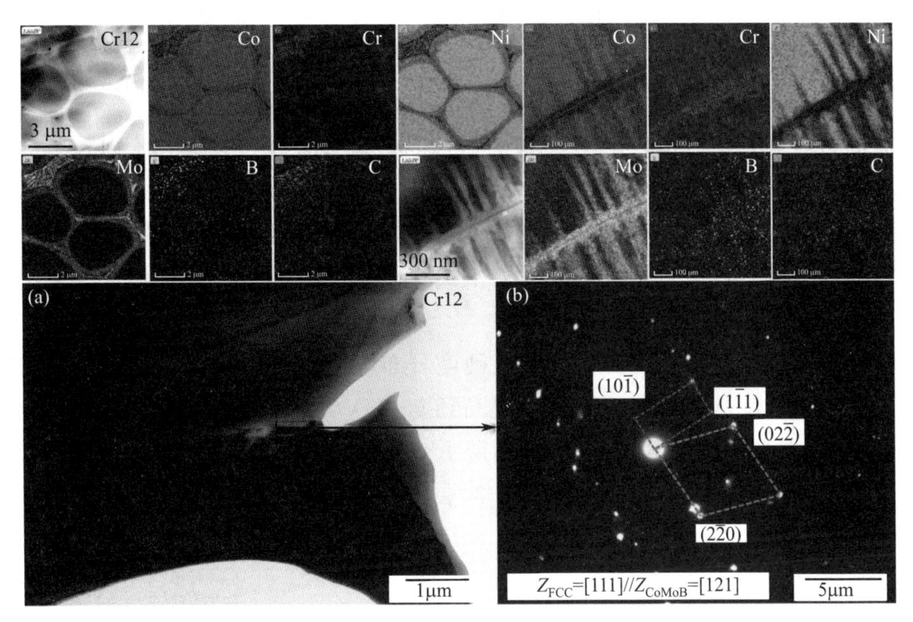

图 5-65　Co12 涂层微观组织结构、成分分布与 SAED 结果

出现大量纳米孪晶，说明基体具有较低的层错能，有利于材料的加工硬化。通过元素分布、SAED 和 XRD 的结果确定陶瓷相转变为 $M_{23}(B,C)_6$ 相，但此时未发现陶瓷相与 FCC 基体界面的共格关系。

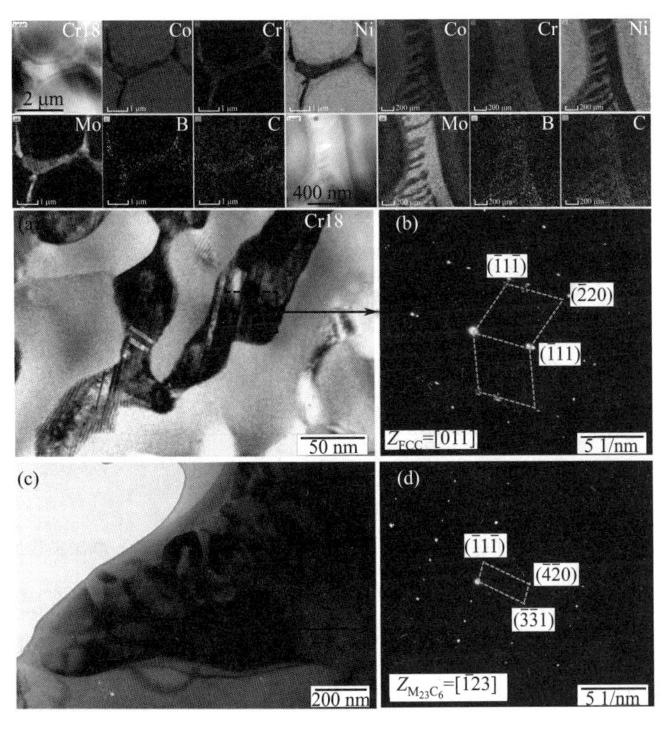

图 5-66　Co6 涂层微观组织结构与成分分布

另外，与 Cr12 涂层一致，在枝晶间区域的边缘出现一层富集 Mo 元素的组织，通过 SAED 分析该物相也具有 FCC 结构，晶格常数 $a=0.338$nm，高于树枝晶内部基体 $a=0.320$nm，原因是 Mo 元素的原子半径大，导致 FCC 晶格常数增大。其形成原因是，在凝固过程中，富含 Co 与 Ni 元素的树枝晶形核长大，将其他元素向枝晶间排挤，逐渐富集 Mo、Cr、C 和 B 元素，然后导致富 Mo 与 Cr 元素的陶瓷相逐渐形成，由于 Mo 元素原子尺寸大，相对密度大，且扩散激活能高，枝晶间内部的区域陶瓷相迅速形成，而枝晶间外部区域尚未组合形成陶瓷相就以 FCC 结构凝固，从而形成了双层结构。

（2）涂层摩擦性能测试及磨损机理

图 5-67(a) 为涂层沿厚度方向的显微硬度分布，可以看出，随着 Cr 元素含量的增加，涂层的显微硬度从 375HV0.2 逐渐提高到 520HV0.2 以上。COF 曲线的变化表明，随着 Cr 元素的增加，平均 COF 先升高后降低，且曲线逐渐由平滑稳定变得起伏波动，涂层 Cr0 的 COF 曲线最为平稳，而 Cr27 涂层的平均 COF 最低。

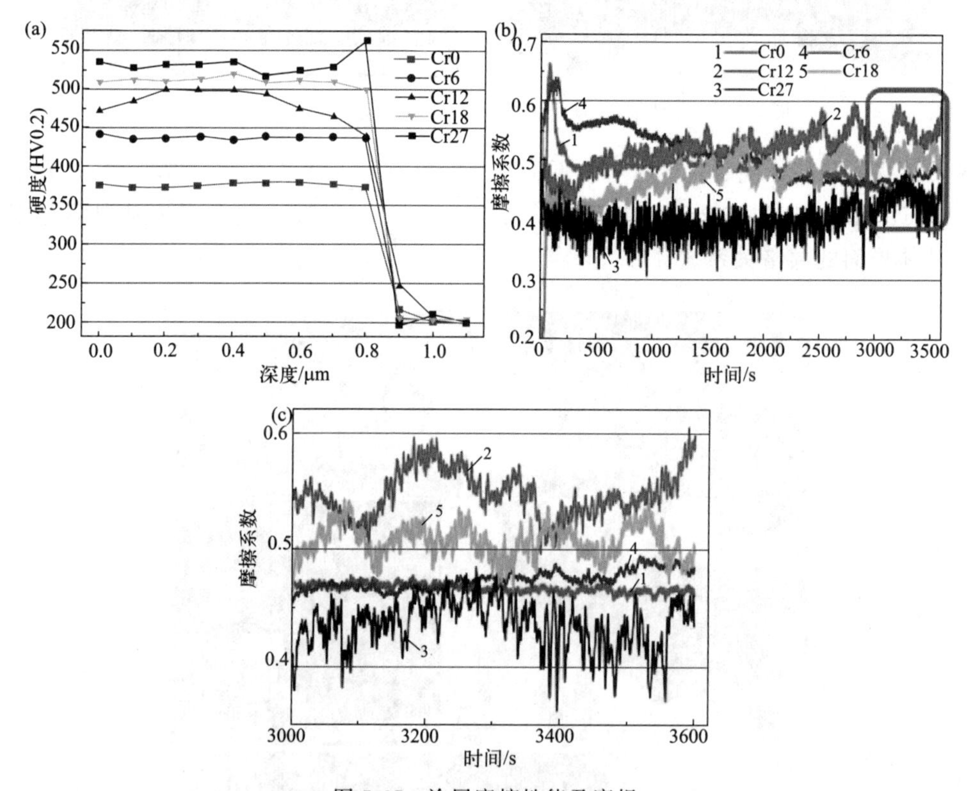

图 5-67 涂层摩擦性能及磨损

（a）涂层沿厚度方向显微硬度分布曲线；（b）涂层摩擦系数曲线（COF）；（c）摩擦实验最后 10min 的 COF

从图 5-68 磨损试验后的磨痕三维形貌可以看出，Cr0 与 Cr6 涂层的表面有明显磨屑堆积（如磨痕的 SEM 图所示），这层磨屑夹杂在摩擦副与涂层之间，将涂层与摩擦副隔离，起到了良好的润滑作用，促进了 COF 的稳定性，正是由于这层稳定氧化物的存在，有效保护了涂层材料，使得该涂层虽然具有最低的硬度，但是其磨损体积最小，不足 Cr12 和 Cr18 涂层的十分之一。但是随着 Cr 元素的加入，这层氧化物在磨损过程

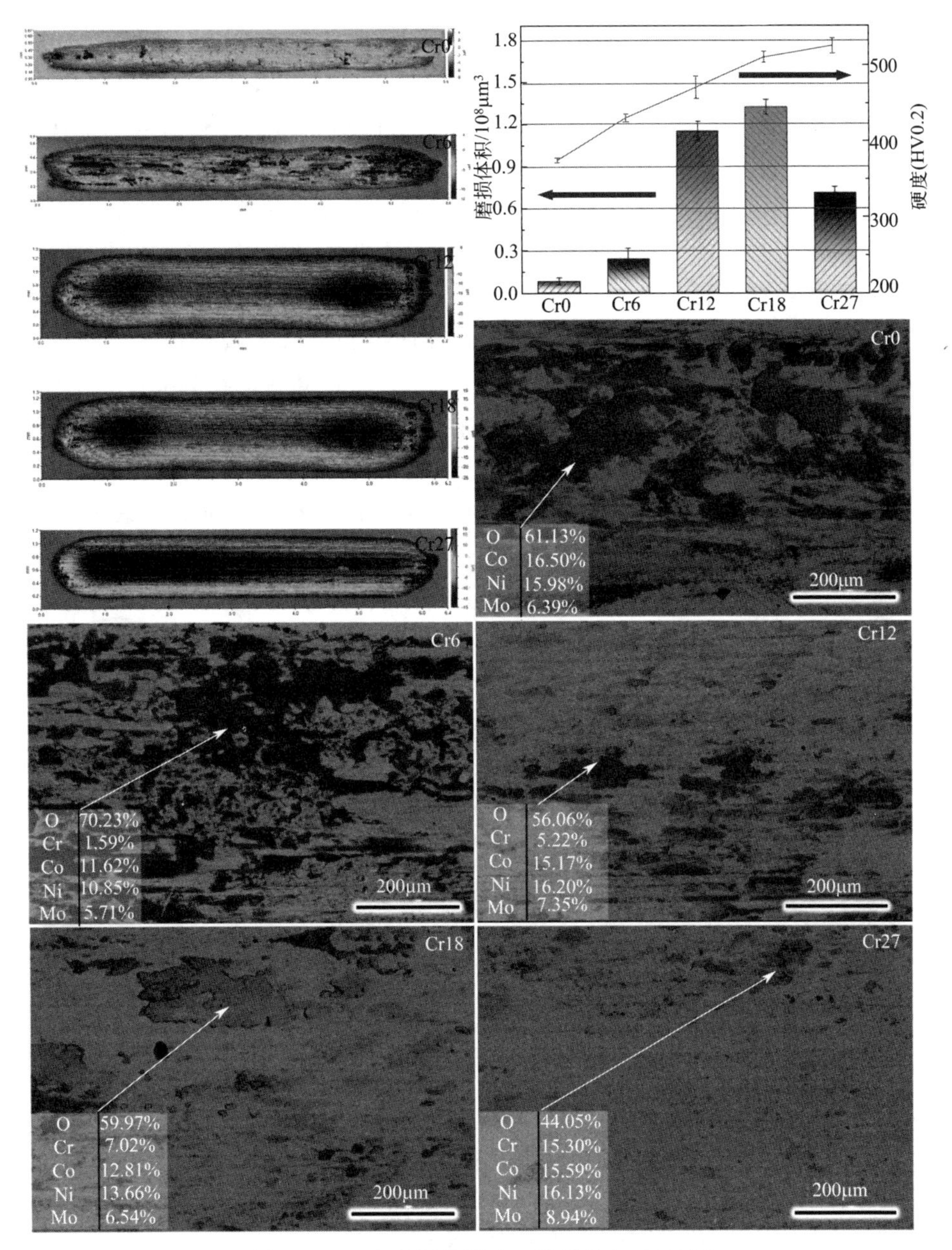

图 5-68　三组涂层的磨痕三维形貌与 SEM 图

中逐渐脱落，导致 COF 波动增大，磨痕表面由于氧化物的脱落变得粗糙不平，磨损体积增大。当 Cr 元素增加到 12%（原子分数）时，三维形貌与 SEM 图表明磨痕表面几乎没有了氧化物的覆盖，即在往复磨损过程中磨屑随着摩擦副的运动被带离磨痕表面，无法起到润滑与保护作用。当涂层中 Cr 元素含量由 18%（原子分数）进一步增加到 27%（原子分数）时，由于此时磨痕表面的氧化物已不再起作用，硬度成为决定涂层耐磨性的主要因素，因此硬度提高，耐磨性提高，Cr27 涂层的磨损体积开始下降。通过上述分析可知，磨损过程中氧化物层的形成可有效提高涂层的耐磨性，即使涂层具有较低的硬度。Cr 元素的加入导致磨损形成的氧化物无法稳定堆积在摩擦副与涂层之间，致使氧化物对涂层的保护能力下降，虽然涂层硬度有所提高，但由于没有了氧化物附着层的保护，磨损体积大幅增加。

图 5-69 为 Cr 元素的添加对涂层耐磨性能影响的示意图。具有纳米尺度共晶结构的涂层材料在磨损初期，层片状结构在应力作用下出现裂纹，由于纳米尺度金属比表面积大，原子活性高，暴露金属快速与氧反应，形成氧化物，随着摩擦副的往复运动，逐渐脱落，形成纳米尺度氧化物颗粒，而纳米尺度的氧化物具有很强的团聚、附着力，吸附在磨痕表面，经过不断剪切、挤压逐渐形成纳米氧化物堆积层，将涂层与摩擦副阻隔。而当 Cr 元素含量过高，枝晶间变为大尺寸陶瓷相时，摩擦副的作用使得陶瓷相脆性断裂，从基体脱落，由于尺寸大、硬度高，在磨痕中作为第三体，对涂层造成犁削作用，加剧了磨损，同时随着往复运动的进行，脱落的陶瓷相逐渐被排出磨痕，无法在磨痕表面形成保护性氧化层，摩擦副与涂层直接接触，磨损体积增大。由此得出，纳米尺寸的共晶结构在磨损过程中有效促进磨痕表面氧化物层的堆积，避免材料进一步磨损。

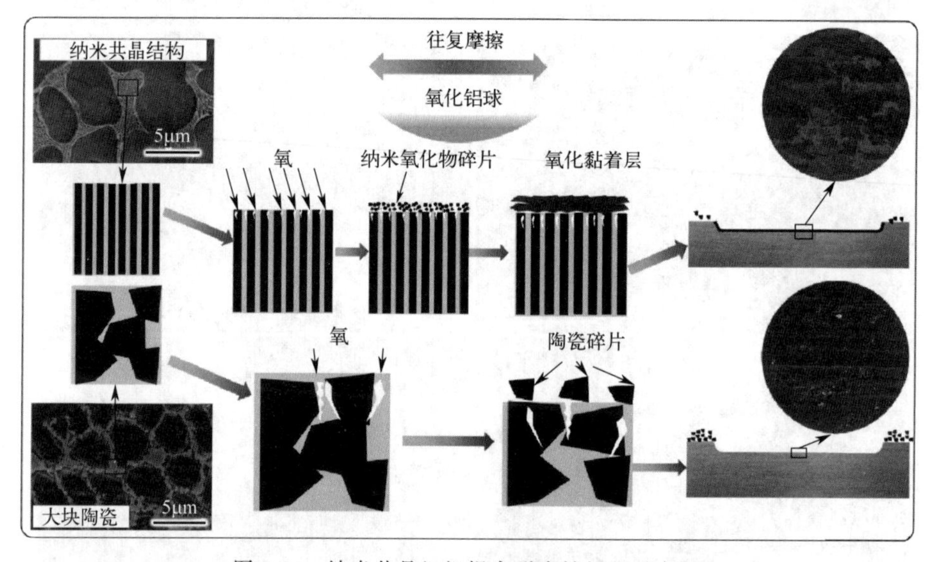

图 5-69 纳米共晶组织提高耐磨性机理示意图

5.5.3 涂层电化学性能测试及腐蚀机理

本节通过动电位极化与 EIS 测试来评价腐蚀环境下涂层钝化膜的性质，分析 Cr 元素的添加对涂层耐蚀性能的影响。

图 5-70 为不同 Cr 元素含量的涂层在 3.5%NaCl 溶液中的 Tafel 曲线，拟合结果列于表 5-22。从中可以看出，Cr 元素的添加使得钝化区间明显扩大，涂层的自腐蚀电流密度 i_{corr} 降低了两个数量级，从 9.27$\mu A/cm^2$ 降低到 0.19$\mu A/cm^2$，E_{corr} 也有所提高。根据 Bode 图与 Nyqusit 图的拟合结果，见表 5-23，涂层的阻抗随着 Cr 元素的添加提高了两个数量级，钝化膜更加致密。因此得出，涂层 Cr27 具有最佳的耐腐蚀性能，即与 Co、Ni 元素具有等原子比时耐蚀性最佳。

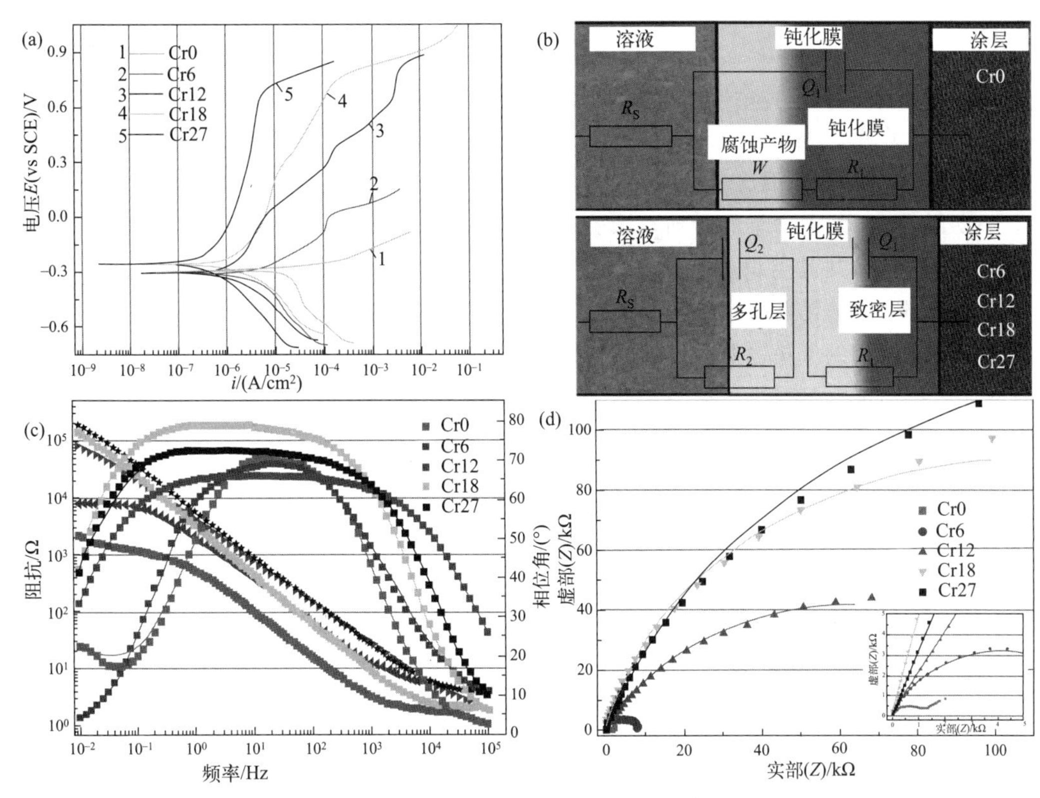

图 5-70 不同 Cr 含量涂层的 Tafel 曲线

(a) 动电位极化曲线；(b) 拟合电路；(c)、(d) OCP 下的 EIS 测试 Bode 与 Nyquist 曲线

表 5-22 动电位极化曲线拟合参数

样品	E_{corr}(vs SCE)/mV	i_{corr}/(μA/cm²)
Cr0	−286	9.27
Cr6	−293	8.14
Cr12	−307	1.87
Cr18	−260	1.31
Cr27	−255	0.19

表 5-23 在 OCP 下形成的钝化膜的 EIS 测试拟合参数

样品	R_s/(Ω·cm²)	R_1/(Ω·cm²)	R_2/(Ω·cm²)	Q_1		Q_2		$W/(\Omega^{-1}\cdot cm^{-2}\cdot s^n)$	χ^2
				n_1	Y_1/(F/cm²)	n_2	Y_2/(F/cm²)		
Cr0	1.665	1149	—	0.826	3.195×10^{-4}	—	—	4.201×10^{-3}	1.1×10^{-3}
Cr6	3.722	8413	7235	0.847	9.599×10^{-5}	0.534	1.702×10^{-3}	—	3.3×10^{-4}
Cr12	1.351	1.252×10^{5}	1884	0.743	6.113×10^{-5}	0.476	7.597×10^{-3}	—	2.5×10^{-4}
Cr18	1.828	2.024×10^{5}	10870	0.895	6.109×10^{-5}	0.621	2.362×10^{-3}	—	2.1×10^{-4}
Cr27	3.377	3.192×10^{5}	4869	0.875	5.887×10^{-5}	0.741	9.674×10^{-5}	—	1.7×10^{-4}

5.5.4 小结

Cr 元素作为耐蚀合金中的关键钝化元素，在本次设计的高熵合金复合涂层中起到至关重要的作用，在前述章节的研究基础上，本章分析了 Cr 元素含量的变化对激光熔覆 CoCrNiMoCB 高熵合金复合涂层的作用。主要结论如下：

① 随着 Cr 元素含量的增加，涂层中的陶瓷相由 CoMoB 相逐渐转变为 $M_{23}(B,C)_6$ 相，枝晶间纳米共晶组织逐渐转变为单一陶瓷相，且涂层的硬度得到明显提升。

② 未添加 Cr 元素的涂层由于磨损表面黏附氧化层的保护作用，使其具有最低的磨损体积与最稳定的摩擦系数。Cr 元素的加入导致磨痕中的氧化物脱落，硬度虽然提高，但磨损体积增加，耐磨性下降。纳米共晶组织有助于磨痕表面氧化物的堆积，有助于耐磨性的提升。

③ Cr 元素的增加不断降低涂层腐蚀电流密度，增大阻抗，提高涂层的钝化性能，耐蚀性显著提高。

参考文献

[1] 姚建华，张群莉，李波．多能场激光复合表面改性技术及其应用［M］．北京：机械工业出版社，2020.

[2] 李嘉宁，等．激光熔覆技术及应用［M］．北京：化学工业出版社，2015.

[3] 崔爱永，胡芳友．激光改性再制造技术［M］．北京：化学工业出版社，2017.

[4] 徐滨士，等．再制造技术与应用［M］．北京：化学工业出版社，2014.

[5] 王振廷．氩弧熔覆原位合成金属基复合材料涂层［M］．哈尔滨：哈尔滨工业大学出版社，2012.

[6] 陈家壁，彭润玲．激光原理及应用［M］．北京：电子工业出版社，2019.

[7] 崔洪芝．等离子束表面强化技术［M］．北京：化学工业出版社，2023.

[8] 李亚江，李嘉宁，高华兵．激光焊接/切割/熔覆技术［M］．北京：化学工业出版社，2019.

[9] 王振廷，孟君晟．摩擦磨损与耐磨材料［M］．哈尔滨：哈尔滨工业大学出版社，2013.

[10] 熊华平，郭绍庆，刘伟．航空金属材料增材制造技术［M］．北京：航空工业出版社，2019.

[11] 李瑞峰，李铸国．非晶复合涂层大功率激光制备技术［M］．上海：上海交通大学出版社，2017.

[12] 姚建华．激光表面改性技术及其应用［M］．北京：国防工业出版社，2012.

[13] 赵玉陶，陈刚．金属基复合材料［M］．北京：机械工业出版社，2019.

[14] 张朝晖．放电等离子烧结技术及其在钛基复合材料制备中的应用［M］．北京：国防工业出版社，2018.

[15] 廖文和，田威，曾超，等．激光熔覆再制造产品热损伤与寿命评估［M］．北京：科学出版社，2017.

[16] 鲁金忠，崔承云，罗开玉，等．激光先进制造技术［M］．北京：机械工业出版社，2023.

[17] GB/T 40737—2021. 再制造 激光熔覆层性能试验方法．

[18] 闫晓玲．激光熔覆再制造零件的超声检测［M］．北京：机械工业出版社，2017.

[19] 丁林．低碳钢表面激光熔覆Co基合金涂层耐磨性能研究［M］．武汉：华中科技大学出版社，2023.

[20] 付明，田保红，齐建涛，等．材料先进表面处理与测试技术［M］．北京：化学工业出版社，2024.

[21] 杨军，朱圣宇，程军，等．高温摩擦学［M］．北京：科学出版社，2022.

[22] 郭士锐，崔英浩，崔陆军．激光熔覆增材制造技术［M］．北京：中国纺织出版社，2022.

[23] 刘衍聪，伊鹏，石永军．激光熔覆修复再制造技术［M］．北京：科学出版社，2018.

[24] 曾晓雁，吴懿平．表面工程学［M］．2版．北京：机械工业出版社，2022.